丛书编委会

跨流域空气动力学丛书

GPU 并行算法

——N-S 方程高性能计算

GPU PARALLEL COMPUTING ALGORITHM

— HIGH PERFORMANCE SOLUTION OF N-S EQUATIONS

白智勇　李志辉　著

科 学 出 版 社

北 京

内 容 简 介

本书共九章，重点通过基础知识讲解、算例剖析和技巧提示，引导读者熟悉 GPU 并行算法、CUDA Fortran 基础知识，进而掌握基于 CUDA Fortran 的 GPU 高性能计算应用软件设计方法。其中，第 1 章介绍相关研究背景；第 2~6 章介绍基于 CUDA Fortran 的 GPU 通用计算基本概念、编程方法与优化原则；第 7~9 章介绍基于 MPI+CUDA 的 N-S 方程数值求解。书中的示例的构思以及分析过程是本书最具价值的部分，读者通过阅读这些内容，对 GPGPU 技术做到融会贯通、举一反三，只要掌握了这些简单的示例，更复杂的问题也能迎刃而解。在本书的帮助下，读者不需熟悉 GPU 硬件或者 CUDA C（虽然熟悉这两者有助于使用本书）就可完成 GPU 的学习和使用。

本书可供高等学校计算数学、流体力学等相关专业的教师、研究生与高年级本科生使用，也可供相关专业的科研工作者和工程技术人员使用。

图书在版编目(CIP)数据

GPU 并行算法: N-S 方程高性能计算/白智勇，李志辉著．—北京：科学出版社, 2020.11

（跨流域空气动力学丛书）

ISBN 978-7-03-066466-2

Ⅰ. ①G… Ⅱ. ①白…②李… Ⅲ.①流场模拟–并行算法–研究 Ⅳ. ①TB24

中国版本图书馆 CIP 数据核字 (2020) 第 204585 号

责任编辑：刘信力　孔晓慧／责任校对：彭珍珍

责任印制：吴兆东／封面设计：无极书装

科学出版社 出版

北京东黄城根北街 16 号

邮政编码：100717

http://www sciencep com

北京虎彩文化传播有限公司 印刷

科学出版社发行　各地新华书店经销

*

2020 年 11 月第　一　版　开本: 720 × 1000　B5

2022 年　1　月第二次印刷　印张: 18 3/4

字数: 358 000

定价：188.00 元

(如有印装质量问题，我社负责调换)

丛 书 序

航空航天的工业经济、推进技术是创新驱动发展起来的，空气动力学作为伴随航空航天一起成长起来的一门学科，其在揭示飞行器同气体作相对运动情况下的力/热特性、流动规律和伴随发生物理化学变化过程中展现了巨大生命力，集聚了数理化的知识建模并综合应用科技解决难题。如载人航天工程空间返回任务对飞船返回舱气动外形的需求，不仅要考虑返回性能，还要考虑发射阶段火箭、运行阶段航天器的约束条件，载人、运物等任务要求的设计准则；以及低地球轨道 300~1000 km 运行的板舱式桁架结构大型航天器在轨服役与离轨再入安全寿命评估，空气动力学是决定成败设计关键基础。

空气动力学不仅在航空航天飞行器本身研制过程，包括概念研究和预先研究，初样设计、正样设计及试飞阶段起先行支撑作用，而且在航天器天地往返飞行动力学与定轨预报，尤其对连接地面与外层空间跨流域高超声速气动力/热绕流环境和结构非线性力学行为的准确预测，是关键因素。为加快航天再入跨流域空气动力学前沿基础研究对接解决国家需求问题应用的步伐，基于国家杰出青年科学基金项目“跨流域空气动力学研究”(批准号 11325212)、国家重点基础研究发展计划 (973 计划)“航天飞行器跨流域空气动力学与飞行控制关键基础问题研究”(批准号 2014CB744100)、国家自然基金重大研究计划“高性能科学计算的基础算法与可计算建模”集成项目 (批准号 91530319)、载人航天工程 2017 年度计划“天宫一号目标飞行器无控陨落预报及危害性分析”(装航 [2018]3 号) 等支持，围绕我国回收类航天器如载人飞船返回舱、月地高速再入返回器，与非回收类航天器如“天舟一号”货运飞船、“天宫一号”目标飞行器、“天宫二号”空间实验室服役期满离轨再入坠毁两类典型科学问题，我们有针对性开展了返回舱 (器) 再入跨流域非平衡气动力/热绕流与姿态配平模拟、服役期满大型航天器离轨陨落跨流域气动环境一体化模拟/金属 (合金) 桁架结构响应变形熔融/复合材料热解烧蚀/解体飞行航迹落区数值预报分析等系统研究工作，在载人航天领域两个核心系统研究方向上，拓展了前沿基础验证平台对接工程需求集约化发展的应用前景。

本套丛书结合载人航天工程近三十年返回再入空气动力学发展历程，翔实阐述了 Boltzmann(玻尔兹曼) 方程碰撞积分物理分析与可计算建模跨流域复杂高超声速绕流问题气体动理论统一算法理论与再入气动分析应用、高超声速再入热化学电离辐射通讯中断非平衡真实气体效应 DSMC 方法、(滑移)N-S 方程解算器及 N-S/DSMC 耦合算法、高超声速低密度风洞稀薄过渡流区复杂气动力/热、流场诊断实验方法、跨流域多物理场复杂流动机理与气动力热高性能大规模并行计算、航天飞行器再入气动辨识与跨流域空气动力设计、非常规再入气动环境致结构热力响应非线性力学行为有限元算法、结构热传导弹塑性失效、烧蚀、解体分离与跨流域再入预报关键技术等研究中取得的系列原创性突破成果、理论方法和新的模拟手段，进一步夯实了航天再入跨流域空气动力学前沿领域研究基础，有助于丰富和推动载人航天空气动力学基础理论、预测方法、模拟手段与结构、飞行动力学融合轨道计算飞行航迹数值预报研究发展。丛书内容涉及 Boltzmann 方程可计算建模气体动理论统一算法与应用、跨流域空气动力学模拟方法与返回舱 (器) 再入应用、服役期满航天器离轨再入解体落区数值预报理论与应用、高超声速飞行器烧蚀防热理论与应用、GPU 并行算法与 N-S 方程高性能计算应用、空间返回与跨流域空气动力设计、多体分离数值方法与应用、航天飞行器再入气动辨识方法与应用等。以一套丛书，将航天再入跨流域空气动力学基础研究、工程应用近三十年所取得系列阶段性成果和宝贵经验记录下来，希望为广大研究人员和工程技术人员提供一套科学、系统、全面的跨流域空气动力学研究的专业参考书。

丛书得到国家科学技术部综合交叉科学领域 973 计划项目专家组张涵信院士、李家春院士、包为民院士、崔俊芝院士、李伯虎院士、李椿萱院士、张晓林教授、马晖扬教授、张柏楠研究员、毛国良研究员、徐翔研究员与课题负责人梁杰研究员、唐志共研究员、吴锤结教授、唐歌实研究员等的技术把关和顾问指导，重点突出了航天再入跨流域空气动力学特色，同时体现了学科交叉，尤其是气动、结构、弹道飞行力学融合发展，确保了丛书的系统性、前瞻性、原创性、专业性、学术性、实用性和创新性。既可为相关专业人员提供学习和参考，又可作为研究指导与从事航空航天飞行器研制设计参考及研究生教材。期望本套丛书能够为航天再入空气动力学领域的人才培养、工程研制和基础研究提供有益补充，更期望本套丛书能够吸引更多的新生力量关注投身于这一领域发展，为我国航天再入空气动力学事业，尤其是我国空间站建设赖以依靠的两个重要系统跨流域气动设计做出力所能及的贡献。

特此为序！

李志辉

2019.12.26

前　　言

科学计算与高性能计算 (High Performance Computing, HPC) 是相互促进、相互依赖的两个紧密联系的学科：一方面，科学计算的发展依赖于 HPC 系统的可用性；另一方面，HPC 系统的构建需要以科学计算的应用为牵引。在经历遵循摩尔定律的迅猛发展阶段后，受限于集成技术、散热技术等瓶颈，HPC 系统不得不向异构方向发展，其中，图形处理器 (Graphics Processing Unit, GPU) 强大的并行计算能力吸引了全球广泛的研究兴趣。然而，在实现通用并行计算时，GPU 计算模式存在一些限制。首先，GPU 的设计初衷是为了加速应用程序中的图形绘制运算，因此早期的开发人员需要通过 OpenGL 或者 DirectX 等应用程序接口 (Application Programming Interface, API) 来访问 GPU，这不仅要求开发人员掌握一定的图形编程知识，而且要想方设法将通用计算问题转换为图形计算问题；其次，GPU 架构与多核 CPU 有着很大不同，GPU 更注重于数据并行计算，即在不同的数据上并行执行相同的计算，而对并行计算中的互斥性、同步性以及原子性等方面支持不足。这些因素都限制了 GPU 在通用并行计算中的应用范围。

计算统一设备架构 (Compute Unified Device Architecture, CUDA) 的出现解决了上述问题，CUDA 专门为 GPU 计算设计了一种全新的结构，目的正是减轻 GPU 计算模型中的这些限制。在 CUDA 下，开发人员可以通过 CUDA 对 GPU 实现编程。CUDA Fortran 是对 CUDA C 的一种扩展，对于以 Fortran 为主要编程语言的 HPC 研究人员来说更容易学习和使用。在 CUDA Fortran 帮助下，不需要开发人员具备图形学知识就可以高效地开发利用 GPU 硬件加速技术的高性能并行计算软件。

但是，由于 “研究 CUDA 的人不熟悉 Fortran、熟悉 Fortran 的人不了解 CUDA”，CUDA Fortran 方面的学习资料非常匮乏，除了 CUDA Fortran 编译软件自带的参考手册 (及其中文译本)，读者很难找到其他学习资料，而编译器的参考手册还重点是介绍 CUDA Fortran 组成元素的 (包括函数、子例程、各种属性及其使用限制)，而几乎完全不讲述这些元素的应用技巧，很难作为 CUDA Fortran 本身的学习 (尤其是入门学习) 资料，因而，本书的第一目标是作为 HPC 人员学习、使用通用图形处理器 (General Purpose Graphic Processing Unit, GPGPU) 技术的 CUDA Fortran 入门工具书，介绍 CUDA Fortran 的基本元素及其使用方法。

任何技术的发展都离不开工程问题的牵引，学习 GPU 并行算法、CUDA Fortran 编程艺术，最终必须以解决工程问题为目标。为此，本书的另一目标是通过介绍 GPU 并行算法在高超声速流场数值模拟中的应用，在带领读者学习 CUDA Fortran 驱动 GPU 解决工程问题的一般流程、方法和技巧的同时，期望引起包括 CFD 在内的科学计算软件工程师对 GPU 通用计算技术的重视，从而实现科学计算与 HPC 的相互融合、相互促进。

全书共九章，重点通过基础知识讲解、算例剖析和技巧提示，引导读者熟悉 GPU 并行算法、CUDA Fortran 基础知识，进而掌握基于 CUDA Fortran 的 GPU 高性能计算应用软件设计方法。其中，第 1 章介绍相关研究背景；第 2~6 章介绍基于 CUDA Fortran 的 GPU 通用计算基本概念、编程方法与优化原则；第 7~9 章介绍基于 MPI+CUDA 的 N-S 方程数值求解。

书中示例的构思以及分析过程是本书最具价值的部分，读者通过阅读这些内容，很容易对 GPGPU 技术做到融会贯通、举一反三，只要掌握了这些简单的示例，更复杂的问题也能迎刃而解。在本书的帮助下，读者不需熟悉 GPU 硬件或者 CUDA C(虽然熟悉这两者有助于使用本书) 就可完成 GPU 的学习和使用。

作　者

2020 年 9 月

四川 • 绵阳

目　录

第 1 章　绪　　论

在我们开始学习 GPU 并行计算、CUDA 算法设计之前粗略了解相关技术发展概貌，有助于提升我们对这门学科的认识和学习兴趣，而理解 GPU 硬件的基本工作原理则有助于我们更好地学习和掌握 CUDA 编程特点。本章简要介绍并行计算技术发展历程、通用 GPU 计算基本原理和高超声速流动数值模拟技术特点等相关基础知识。

1.1　一个故事：为什么需要并行

就我们的日常生活来说，串行是最自然的思维：在做完一件事后再去做另一件事。

如图 1.1 所示，张三有一片果园，他每天的任务就是将水果摘下来装入小推车，然后用小推车运到装货台并将小推车推回果园。

图 1.1　单个工人采摘水果

假设小推车载重 100kg，从果园到装货台再返回果园共需 10min，张三摘 100kg 水果需要 20min。

整个摘水果任务由两件子任务组成：子任务 A，摘水果 (数据处理)，耗时 20min；子任务 B，运输水果 (数据传输)，耗时 10min。张三需要先完成子任务 A 然后再完成子任务 B，共耗时 30min 采摘 100kg 水果。

假如需要加快采摘过程，最简单的做法是提高采摘速度、运输速度，比如，提升动作频率，10min 摘 100kg；提升推车速度，5min 完成运输。则任务完成速度提升 1 倍：每 15min 采摘 100kg 水果。

显然，动作频率、推车速度的提升不是无限的，在达到人体极限时，我们需要另一个提速方案：增加工人数量。如图 1.2 所示，请李四帮忙采摘，假如李四的采摘、运输速度与张三一致，则张三和李四各自独立完成采摘任务，两个采摘任务同时开始同时结束，即并行完成。这种并行是最简单也最容易实现的一种：两个串

行任务 (张三采摘、运输水果；李四采摘、运输水果) 同时运行，处理不同的数据 (相互之间没有数据依赖关系)，从而将水果采摘速度提升 1 倍：15min 采摘 200kg 水果。

图 1.2　两个工人一起采摘水果

假如小推车坏掉一辆，两人需共用一辆小推车，那么，当他们同时完成子任务 A(摘水果) 后，李四需要等张三完成子任务 B(运水果) 后再启动自己的子任务 B。故张三不受影响，仍然在 15min 内完成第一次采摘任务，李四的第一次采摘任务则需等待 5min，共 20min 完成。但此后由于张三和李四的子任务时序错开，不再需要等待，都恢复到每 15min 完成一次采摘任务的速度，如图 1.3 所示。由于采摘任务需要重复很多次，所以第一次任务耽误的 5min 可以忽略不计，总的任务完成速度仍然可看作平均 15min 采摘 200kg 水果。这种并行处理方式由于需共享数据传输设备，为了达到理想的并行效果，就必须协调两人的工作时序，即开展并行算法设计。

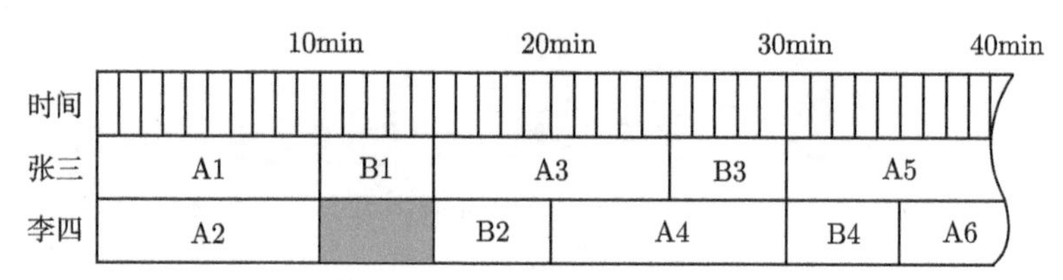

图 1.3　两个工人共享推车采摘水果时序

为了继续提高水果采摘速度，可以再增加工人王五，则工人的工作时序将如图 1.4(a) 所示：第一次采摘任务中，李四等待小推车 5min，王五需要等待 10min，此后由于时序错开而互不干扰。同样，忽略第一次任务的等待，则任务完成速度为每 15min 采摘 300kg 水果。

此时还有另一种思路：三个工人分工合作，张三、李四专管摘水果，王五专管运输，于是形成如图 1.4(b) 所示任务时序，工作效率与各自独立完成任务时相当，但此时对工人的要求有所降低：只需掌握“摘水果”或“搞运输”中一项技能即可，因而可以聘请工资更低的工人而降低成本。这种并行算法中出现一个新的概念：王五的运输任务的输入数据是其他工人采摘任务的输出数据，即王五的任务启动依赖于采摘工人的任务是否已完成，这种数据依赖关系将制约并行算法设计，比如，

图 1.4(b) 中，王五先等待了 10min 以确保水果装满小推车 (经过优化可以将等待时间缩短为 5min)。

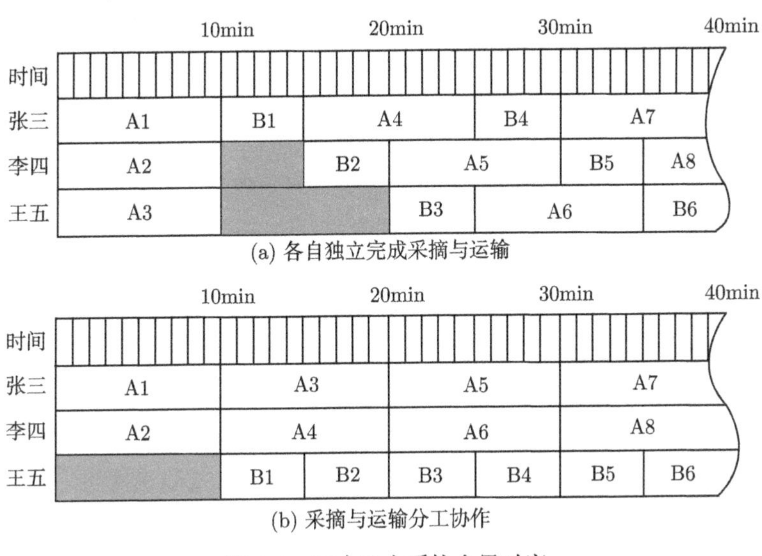

(a) 各自独立完成采摘与运输

(b) 采摘与运输分工协作

图 1.4 三个工人采摘水果时序

这个假想的故事其实在现实中经常上演，只不过大部分时候我们没注意到其中任务的并行性，也没有对任务进行并行设计而已。对于简单的任务，工人自发选择的“并行算法”一般都非常接近最优算法，但对于比较复杂的任务则需通过算法设计提高任务执行效率。

1.2 并行计算简介

自 1946 年第一台真正意义上的数字电子计算机 ENIAC (Electronic Numerical Integrator and Computer) 问世以来，现代计算机经历了三个典型时代的发展：串行计算机、并行计算机、异构计算机。每一代计算机都从体系结构发展开始，接着是系统软件 (特别是编译器与操作系统)、应用软件，最后随着问题求解环境的发展而达到顶峰。

1.2.1 机群系统

早期的计算机只有一个中央处理器 (Central Processing Unit，CPU)，一次只能处理一个任务，各计算任务顺序排队执行。这一时期的计算机主要采用真空电子管、晶体管和印刷电路，因而体积庞大、能耗惊人、故障不断，还价格昂贵。

20 世纪 60 年代，由于集成电路及磁芯存储器的出现，计算机处理单元体积越来越小，以 IBM360 为代表的共享存储多处理器系统的面世标志着计算机发展进入并行计算机时代，尤其是随后出现的大规模集成电路、超大规模集成电路及流水线技术，使得同一处理器可以设置多个功能相同的计算单元，处理器内部并行技术的应用大大提高了并行计算机系统的性能。

20 世纪 80 年代，随着网络通信技术的出现和高速发展，基于消息传递机制的并行计算机开始涌现。这种并行计算机系统不再受限于单台计算机，在相同计算性能下，并行规模、硬件成本都得到了极大降低，因而得到了迅速发展。此后，大规模并行计算机的发展出现共享存储式与消息传递式并行计算机飞速发展、交替领先的局面，并在 20 世纪 90 年代后，主要的几种并行计算机体系结构开始走向融合，消息传递式并行计算机采用多核系统，而共享存储型并行计算机也开始提供用户层的消息传递机制、全局同步机制、消息队列机制等。

随着商品化微处理器、网络设备的发展，以及 MPI/PVM 等并行编程标准的发布，机群架构的并行计算机开始出现并沿用至今 [1-7]：一个机群由多个计算结点组成，各计算结点采用标准的商品化计算机，结点之间通过高速网络连接。到今天，几乎所有的超级计算机 (Super Computer) 都采用如图 1.5 所示的具有极高性能价格比的机群架构，数以千计的计算结点通过网络互联组成超级计算机系统。

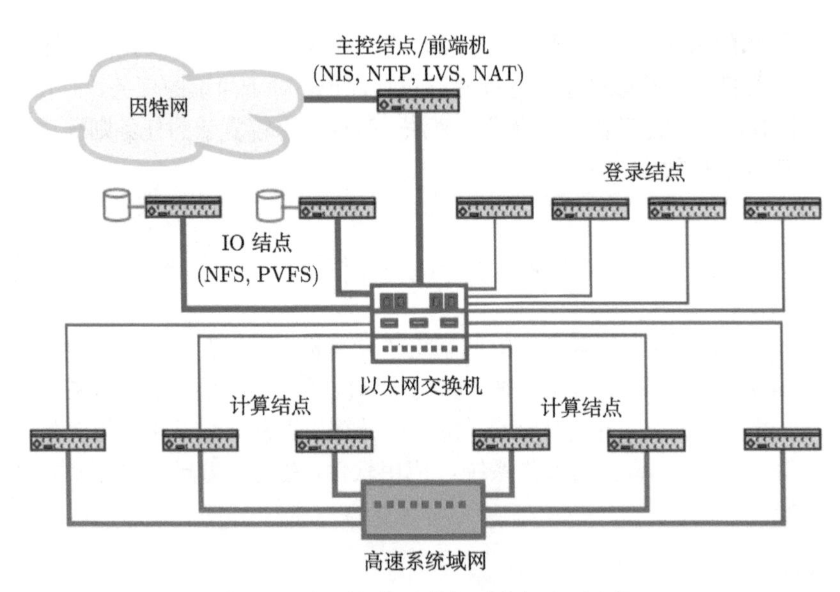

图 1.5 机群架构计算机系统组成示意图

1.2.2 并行计算与多核技术

随着计算机硬件的发展，计算机的功能越来越丰富，不同计算任务的处理也逐渐由单一的处理器控制转为由各功能部件独立控制，单独一个程序很难充分利用不同的硬件资源，为此，进程 (Process) 的概念诞生了。

进程是计算机中具有独立功能的程序关于某数据集的一次运行活动，是程序的一个实例或者说基本执行实体，是系统进行资源分配和调度的基本单位，拥有独立的系统资源 (CPU、内存空间、IO 设备、通信通道等)。在单 CPU 但具有多个功能部件的计算机系统中，通过多个进程的切换可提高硬件利用率。比如，当 A 进程进行数据读写操作时，可以让 B 进程使用计算功能，以免硬件资源闲置。虽然 A 进程与 B 进程实际上都是串行执行的，但通过进程切换，在用户看来，A 进程与 B 进程同时得到了执行。

通常所说的并行计算 (Parallel Computing) 是指将计算任务划分为多个子任务，各子任务同时获得计算资源并得到执行，其主要目的是缩短计算任务的执行时间。因而单处理器系统中的多任务交替执行只能算广义的并行计算，有利于提升硬件利用率、缩短多任务的总执行时间而不是单个任务的执行时间。并行计算的唯一平台是通过网络连接多台计算机组建的高性能计算 (High Performance Computing，HPC) 系统：超级计算机，如图 1.6 所示。超级计算机历经五代发展至今，先后出现多种超级计算机并行体系结构，而代表当今主流的机群式超级计算机系统具有结构灵活、通用性强、安全性高、易于扩展、可用性高和性价比高等诸多优点 [1-4]，目前新建的超级计算机大都使用这种结构。在早期阶段，由于只能从昂贵的大型机、巨型机获得硬件支持，并行计算一直只是那些拥有巨额经

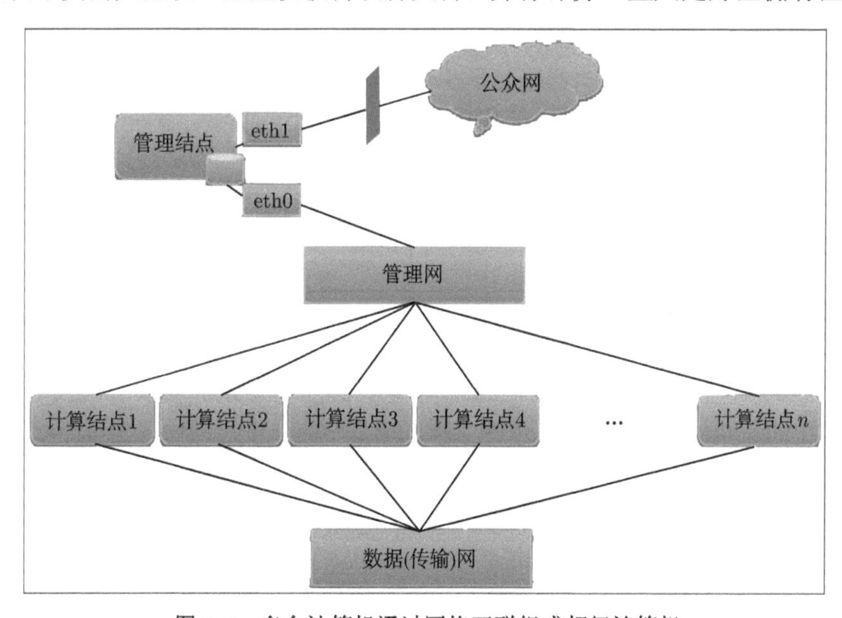

图 1.6 多台计算机通过网络互联组成超级计算机

费支撑的用户的特权。在高性能计算需求 [8-12] 的推动下，计算机硬件技术得到了飞速发展，计算机硬件成本急剧下降，到今天，不仅所有的个人台式机和笔记本电脑具有多核 CPU，甚至大多数手机和平板电脑都有 2~8 个核心，并行计算不仅成了 HPC 的主流，甚至也渗透到人们的日常学习和生活。

在进程级并行计算中，由于进程是完全独立的，需通过消息传递接口 (Message Passing Interface，MPI) 在进程间交换数据或协调各子任务完成计算。基于 MPI 的进程级并行模型沿用至今，并一直被认为是针对 CPU 计算的最佳并行编程模型。

随着硬件发展，并行计算中出现了另一个重要概念：指令级并行，即虽然计算机同一时刻仍然只能运行一个进程，但进程中的某些指令可以在不同硬件中获得同时执行 —— 但这种并行一般由系统进行调度管理，程序员不能或不需要过多干预 (否则会导致代码冗长、难以理解)。

为了适应用户对计算性能的追求，CPU 厂商开始转换研发思路：在单台计算机中使用多颗 CPU(多路计算机) 或在单 CPU 中集成多个运算单元 (多核 CPU)，如图 1.7(a) 所示。

多核架构 CPU 的出现意味着计算硬件成本的降低，但对软件设计人员来说却不是一件幸福的事情：在单核时代，只有那些在超级计算机中使用的代码才使用了并行计算技术，大量的单机软件根本不需要考虑并行计算的问题；而现在，任何不能通过并行充分利用多核技术的代码都不能获得用户的认可。而且，如果计算结点为多核系统，同属一个计算结点的子任务间可以通过共享内存空间避免通信开销，但为了共享内存，需要用到线程。

线程 (Thread) 是程序执行流的最小单元，是组成进程的一个相对独立的、可调度的执行单元。与进程不同，线程的数据空间分为两部分：同一进程内各线程共享的数据空间和线程私有的独立数据空间，因而线程间可以通过公共的数据空间实现信息共享。为了将单核时代的大量串行代码快速移植到多核系统，人们提出了线程级并行模型。基于线程并行的共享内存并行编程模型 (Open Multi-Processing，OpenMP) 可以很好地适应 “各核心独立工作但共享全局内存” 的多核系统，虽然基于 OpenMP 的并行程序的并行性能不比基于 MPI 的并行程序维持，且使用范围受限 (只能在单台计算机内使用)，但其易学易用的特性仍然使其广受欢迎，尤其是 “通过编译指导语句实现串行程序的并行化改造” 的思想沿用至今，并已扩展至异构并行计算系统。

1.2.3　异构计算机

1978 年，Intel 公司在推出 8086 处理器后，紧接着推出了 8087 协处理器，这在并行计算机发展史上是一件里程碑事件：协处理器概念从此登上了历史舞台。顾名思义，协处理器 (Coprocessor) 是协助 CPU 完成其无法执行或执行效率较低的处理工作而开发和应用的处理器。Intel 公司推出 8087 协处理器正是因为 8086 处理器对浮点数运算支持较差，为了弥补这一缺陷，采用专门负责浮点运算的 8087 协处理器增强 CPU 的计算能力。到今天，随着工艺水平的飞速发展，数字协处理器已经被集成到 CPU 中，但协处理器概念并未随之消失，而是向更深、更广的应用方向发展。比如显卡专门负责图形处理、网卡专门负责通信、声卡专门负责声频信号处理等。

在科学计算、人工智能等应用需求的刺激下，Intel、AMD、IBM 等计算机厂商通过提升芯片频率和增加指令级并行，基本保持了 CPU 性能提升的摩尔定律：每 18~24 个月，芯片上可集成的晶体管数量翻倍。在这种发展模式下，计算机在过去的 20 年中性能提升了六个量级。但到今天，两种提升计算性能的传统手段都受到了严峻挑战：晶体管的尺寸已经逐渐接近原子量级，不仅漏电问题愈发严重，单位尺度的能耗和发热量也越来越高，使得处理器的频率很难再像以前那样快速提高；通用计算中的指令级并行需求并不多，即便增加芯片的指令级并行能力，应用由此获得的实际性能提升却并不显著。

面对这种困境，为了继续提升计算性能，人们重新将目光转向协处理器：为了应对各种复杂任务需求，CPU 的多功能性 (多媒体指令、浮点运算、逻辑控制等) 不仅不能削弱还需继续扩展，但可以将其中需求特别大的功能交给协处理器完成，以增加其特定功能的处理能力。比如，对高性能计算系统来说，浮点运算性能需求极大，可通过专门负责处理浮点运算的协处理器增强 HPC 系统的整体计算能力。在这种思想指导下，图形处理器 (Graphics Processing Unit, GPU)、集成众核 (Many Integrated Core, MIC) 等专门用于加速计算机浮点运算的计算设备应运而生。

GPU、MIC 等计算设备在设计上大量增加算术运算单元数量 (如图 1.7(b) 所示)，虽然每个算术运算单元的频率、拥有的缓存数量都有所降低因而性能低于同时期的 CPU 单核，但由于数量众多，因而总体算术运算性能通常远远超过同时期的 CPU。

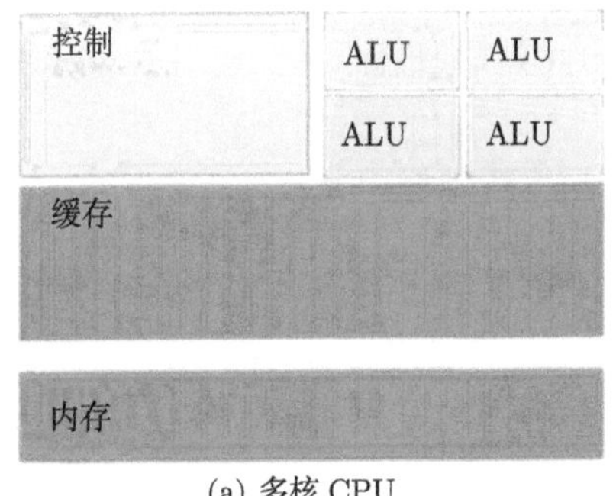

(a) 多核 CPU

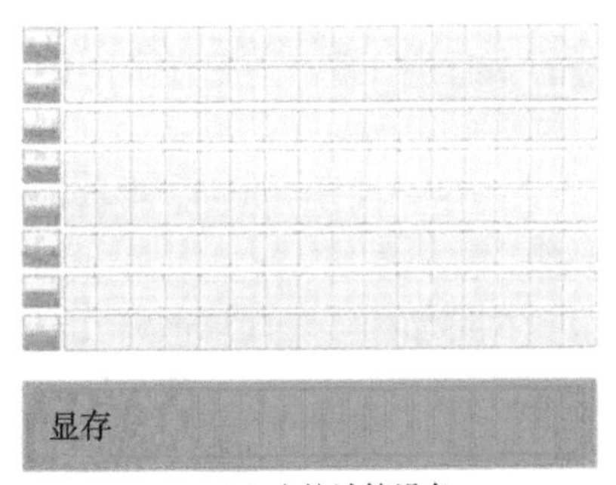

(b) 多核计算设备

图 1.7 多核 CPU 与多核计算设备示意图

计算设备通过主板的 PCIe 接口 (最新的 GPU 设备有些支持 NVLink 接口，但这种 GPU 设备不能用于 x86 架构计算机) 接入计算结点系统总线，由 CPU 统一调度管理，形成如图 1.8 所示异构计算机 (图中计算设备为 GPU，MIC 计算结点与此类似)。异构计算 (Heterogeneous Computing) 是指在异构计算机上进行的并行计算。在如图 1.8 所示配备计算设备的异构计算系统中，计算设备是通过增加计算单元数量提高计算性能的，因而必须采用并行算法才能充分利用计算设备缩短计算任务的完成周期。

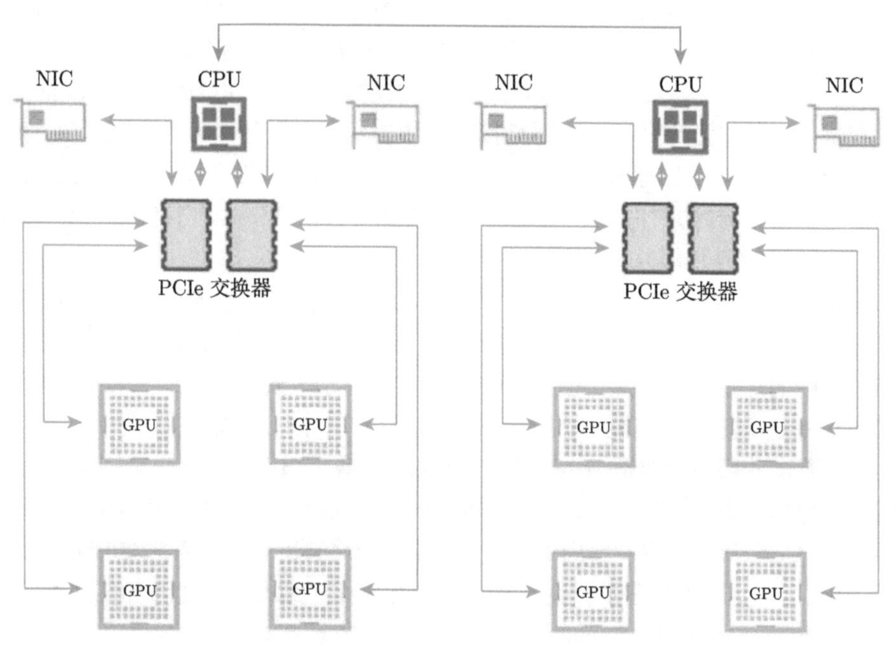

图 1.8　异构计算结点连接示意图

在异构计算中，CPU 主要负责任务的调度管理、文件 IO、数据通信及少量必须串行执行的计算，而把任务中适合多核处理的计算密集型任务交给计算设备执行，如图 1.9 所示。

到 2018 年 6 月 25 日，根据 www.top500.org 最新排行榜 [7,13]，世界排名前 5 的超级计算机系统 (表 1.1) 无一例外全部采用 CPU 加协处理器的异构体系：计算结点以机群结构通过高速网络互联，同时，在计算结点内部以 GPU 或 MIC 作为协处理器以增强浮点运算能力。其中，除中国的两套超级计算机采用 CPU+MIC 的架构外 (其中，天河二号的计算设备为标准的 MIC 卡；神威・太湖之光的计算设备为从核，与主核集成在同一主板上，但从核工作原理与 MIC 卡类似)，美国和日本的超级计算机则全部采用 CPU+GPU 架构。

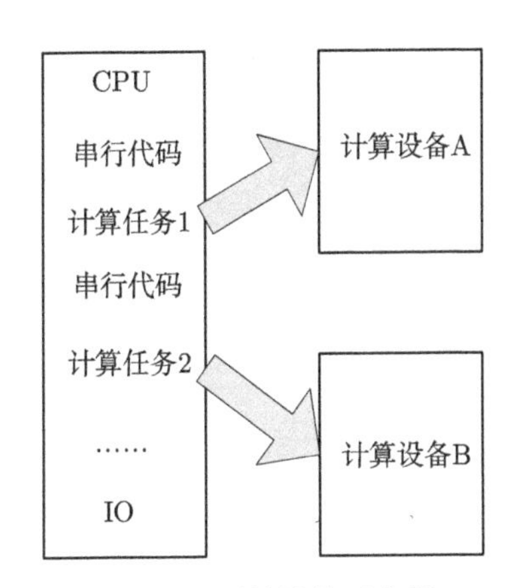

图 1.9 异构计算示意图

表 1.1 2018 年世界排行前 5 的超级计算机

排行	国家	系统名称	峰值速度/PFlops	架构
1	美国	Summit	188	CPU+GPU
2	中国	神威 · 太湖之光	125	主核 + 从核
3	美国	Sierra	119	CPU+GPU
4	中国	天河二号	33.8	CPU+MIC
5	日本	ABCI	32.6	CPU+GPU

1.3 GPU 计算与 CUDA

随着 CPU 频率的逐步攀升，继续通过提高 CPU 时钟频率以提高性能越来越困难，CPU 设计时不得不从单纯以增加时钟频率为主转到以发展多核技术为主，多核技术时代应运而生，多核 CPU 经过短短十多年的发展，核心数已从最初的双核发展到今天的数十核，应该说是成绩斐然，但与动辄数千核且能耗更低的 GPU 相比，运算单元数的差距仍然巨大。因此，人们在尝到 CPU 多核并行技术甜头的同时，把目光转向了 GPU，进一步催生了核心数远超 CPU 的这种 GPU 硬件加速技术的飞速发展 [14-23]。

GPU 概念最早由 NVIDIA 公司在 1999 年提出：他们研制的 GeForce 256 图形处理芯片，如图 1.10 所示，可以代替 CPU 进行全部计算机图形有关的数据运算，从而将 CPU 从繁重的图形处理任务中解放出来 —— 这也造就 (至少是巩固) 了 NVIDIA 在图形工业中的霸主地位。由于 GPU 具有很强的浮点与向量 (矩阵) 计算能力，所以在机群中采用一定数量的以 GPU 作为加速器的计算结点，可实现 CPU 与 GPU 融合的异构协同计算，将能大大提升机群性能与计算效率。

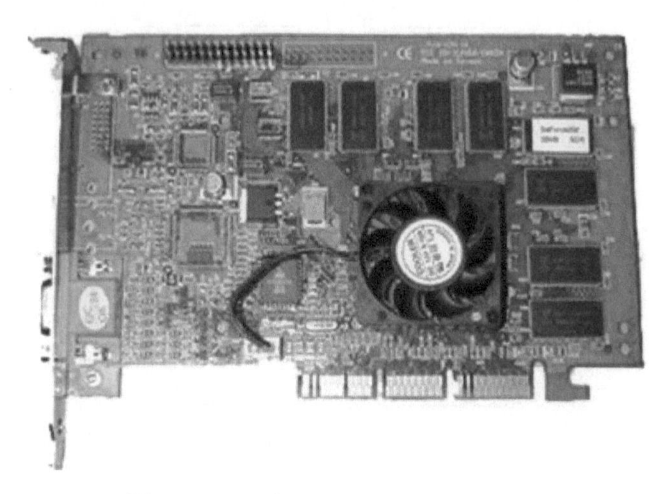

图 1.10　业界第一块 GPU：GeForce 256

最早将 GPU 用于通用计算的是 ATI (Array Technology Industry) 公司 (已被 AMD 公司收购)。GPU 的设计初衷是处理图形渲染所需要的复杂数学和几何运算，因此早期的 GPU 采用纹理、像素和光栅单元对等的管线架构，多管线并行处理复杂的三维图形。ATI 的工程师根据游戏运行的需要，在 R580 显卡研发中采用了像素、纹理不对等的设计，当时称为 3:1 黄金架构，但使用中发现 3:1 的比例太大，会导致大量像素单元闲置，因而 R580 显卡的设计被认为是失败的。由于像素单元的核心其实就是算术逻辑单元 (Arithmetic Logic Unit，ALU)，拥有十分可观的浮点运算能力，于是 ATI 的工程师另辟蹊径提出了采用 GPU 做通用计算的设想，并于 2006 年 9 月与斯坦福大学相关科研人员合作，开发了首款使用 GPU 浮点运算能力做非图形渲染的软件，相应的 GPU 被称为通用图形处理器 (General Purpose GPU，GPGPU)[24-26]。作为比 CPU 更便宜、能耗更低的新型并行计算设备，GPU 在随后的十年间得到了飞速发展，到今天，单块 GPU 卡显存容量达数十 GB (如图 1.11(a) 所示，AMD Firepro S9170 达到 32GB)，流处理器 (Stream Processors，SP) 数目更是高达数千 (如图 1.11(b) 所示，NVIDIA Tesla K80 达到 4992) 核，与此相比，同时期的 Intel 服务器 CPU Intel Xeon E5-2680 v3 也仅有 12 核心。

真正将 GPU 并行计算技术发扬光大的仍然是 NVIDIA 公司。使用 GPGPU 起初是一个挑战性的工作：只能使用应用程序接口 (Application Programming Interface，API) 进行编程。事实证明，API 对能够映射到 GPU 上的算法类型要求非常严格，即便可以映射，它要求的编程技术对计算图形学专业之外的科学家和工程师来说也相当困难，且不直观。正因如此，GPU 在科学和工程计算领域接受缓慢，直到 2007 年，NVIDIA 公司提出计算统一设备架构 (Compute Unified Device Architecture，CUDA)，这种情况才得以改变。

(a) AMD Firepro S9170　　(b) NVIDIA Tesla K80

图 1.11　典型 GPU 设备

CUDA 不但包含 GPU 硬件，也包括软件编程环境，在 CUDA 环境下，GPU 计算的编程模型变得相对简单。如图 1.12 所示，不同架构 GPU 硬件组成相差极大，如果 GPU 计算必须针对具体的硬件架构编码，则不仅程序设计十分困难，而且程序的通用性难以保证。

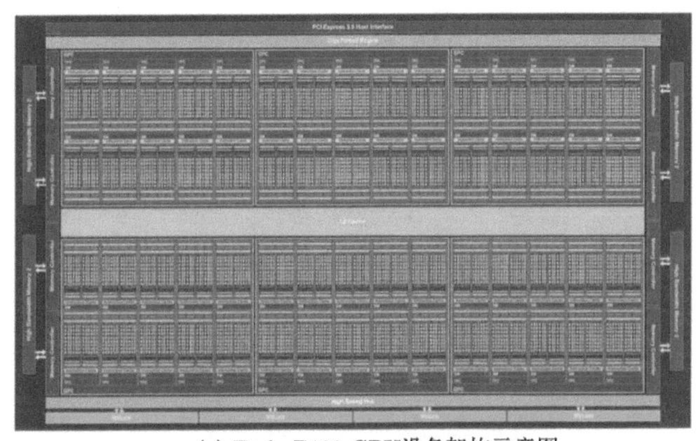

(a) Tesla P100 GPU设备架构示意图

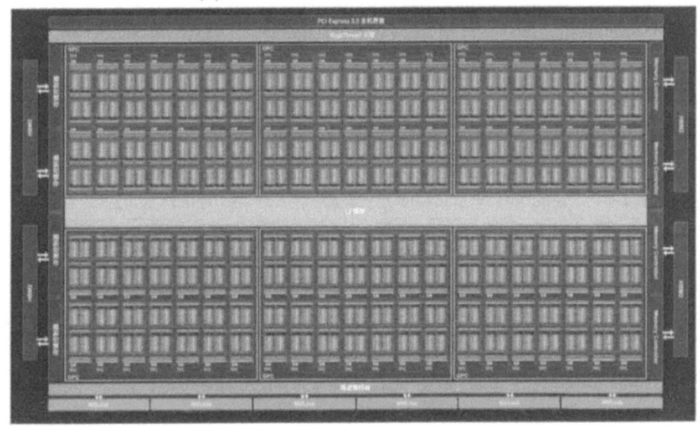

(b) Tesla V100 GPU设备架构示意图

图 1.12　不同架构 GPU 设备

而 CUDA 将 GPU 硬件在逻辑上简化为如图 1.13 所示的有多个 CUDA“核”(与 CPU 核相比，功能更单一)、一定数量的缓存和全局内存组成的多核计算设备，并将整个 GPU 作为计算机的协处理器；而 CUDA 在本质上是对 C 语言的一个扩展，用户只需通过简单地调用 CUDA 提供的一些函数便可将算法的某些部分 (通常是计算密集部分) 加载到 GPU 上进行。在 CUDA 的框架下，使用 GPU 加速设备的 CUDA 程序员甚至可以完全不清楚 GPU 硬件的工作原理，程序设计的过程就是把适合多核并行计算的任务按 CUDA 规则发射到 GPU 设备，因而可以把主要精力投入到算法设计本身，而将 GPU 硬件组成的问题交给 CUDA 编译器，从而极大地简化 GPU 加速程序设计，同时保护用户的软件投资。

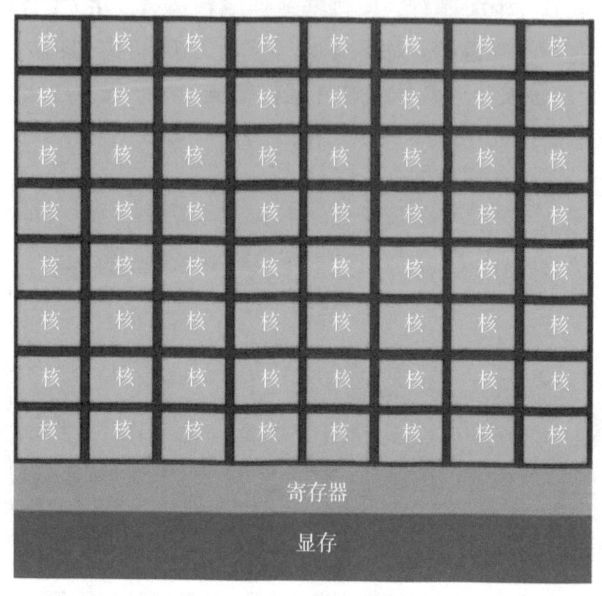

图 1.13　CUDA 程序员眼中的 GPU 架构

在这样的编程模型下，CPU 负责整个任务的流程控制和任务的串行计算部分，而 GPU 采用并行算法完成任务中计算密集部分的计算，如图 1.14 所示。随着 GPU 设备全局内存数量的增加及 CUDA 统一内存寻址机制的改进，基于 CUDA 的 GPU 并行计算程序设计在某种程度上甚至比 CPU 程序更简单。

作为由 NVIDIA 公司提出并提供支持的技术，CUDA 只能用于 NVIDIA 公司的 GPU 卡 (通常称为 N 卡)，而 AMD 公司设计、生产的 GPU 卡 (通常称为 A 卡) 不能运行 CUDA 程序。其中，N 卡分为三个系列：主要用于游戏的 GeForce 系列、主要用于专业图形图像处理的 Quadro 系列和专用于高性能计算的 Tesla 系列。这三个系列是按用途划分的，微架构其实差别不大，一般地，同一架构在三个系列都有对应的产品，而且都支持 CUDA。

图 1.14 CPU+GPU 异构并行计算示意图

CUDA 去除了 GPU 并行计算的推广障碍，所以，2007 年 CUDA 一经推出，GPU 异构并行计算就获得了广泛接受，如表 1.1 所示的世界排名前 5 的超级计算机中的三套都采用了 GPU 作为加速设备。就笔者所知，C 或 Fortran 等高级程序设计语言对 MIC 或从核设备的支持主要通过 OpenACC、OpenMP 或类似的编译指导语句方式实现，虽然 CPU 代码的异构计算移植更简便，但很难获得理想的加速效果，因而 MIC 的市场表现较差。

当然，CUDA 更受欢迎并不意味着只有 CUDA 才能驱动 GPU，另一种通过扩展 C 语言支持 GPU 计算的编程环境“开放运算语言”(Open Computing Language，OpenCL) 在支持异构系统方面具有更好的通用性，它不仅支持不同架构的异构系统 (既支持 AMD 的 GPU 设备，也支持 Intel 的 MIC 设备)，而且其同一代码可在不同设备间方便地移植。但其缺点是致命的：一方面，OpenCL 比 CUDA 更难入门，因而用户数量较少；另一方面，目前为止尚未见到支持 Fortran 语言的编译器，这极大地限制了 OpenCL 在科学计算领域的推广和应用。最常见的支持 GPU 异构并行计算的程序设计语言如图 1.15 所示。

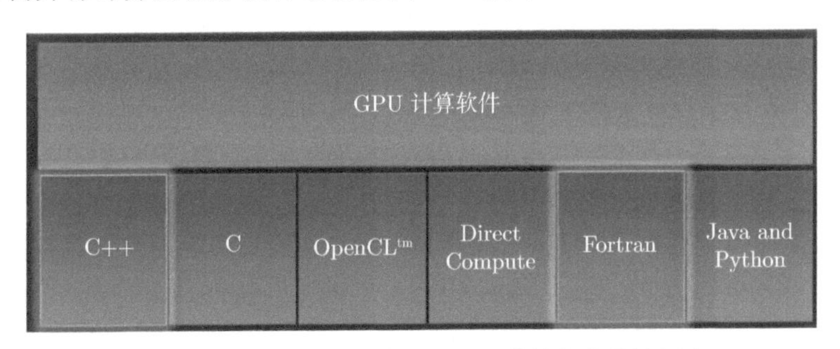

图 1.15 支持 GPU 异构并行计算的程序设计语言

1.4 CUDA Fortran

作为最早的高级程序设计语言，Fortran 号称公式翻译器 (Formula Translation)，是天然的科学计算语言 [27-29]：首先，在科学计算最注重的运算效率方面，Fortran 的内建浮点运算函数库经过多年的优化，因而 Fortran 程序拥有接近汇编程序的执行效率，这一点在高级程序设计语言中无出其右；其次，Fortran 语言应用于科学计算的历史超过 50 年，几乎具备科学计算所需的全部函数库，其他程序设计语言难望其项背；最后，Fortran 对科学计算中常见的矩阵运算、方程求解等需求的支持几乎可与 MATLAB 等数学工具相媲美，而执行效率又远高于基于解释型程序设计语言的数学工具 [30-43]。

不管是历史的原因还是 Fortran 语言本身的优势，Fortran 语言在科学计算领域至少目前还具有不可动摇的统治地位，著名的科学计算软件的核心代码大多由 Fortran 编码，并已投入了大量人力、物力进行验证、优化。如果使用 GPU 并行计算技术就必须采用 CUDA 彻底重写这些成熟的软件代码，则不仅代码重写本身需要较大的投入，更重要的是，软件的可靠性将被彻底破坏，必须重新投入大量资源进行验证，这是工程应用部门难以接受的。因此，尽管 GPU 并行计算方面的研究工作如火如荼，但主要集中在深度学习等新兴领域，而在诸如计算流体力学 (Computational Fluid Dynamics，CFD)、计算电磁学、天气预报等传统数值仿真领域则始终停留在学术研究阶段，少有采用 GPU 并行计算技术的大型行业软件出现。如果能在 Fortran 语言程序中进行局部改动就能使用 GPU 技术加速软件的执行，则这种困境可迎刃而解：仅需对软件的少量模块而不是整个软件进行代码可靠性验证。

为此，在 2009 年下半年，PGI(Portland Group Incorporated) 公司 (已被 NVIDIA 公司收购) 和 NVIDIA 公司共同开发了 CUDA Fortran 编译器。就像 CUDA 是 C 语言的扩展一样，CUDA Fortran 是在 Fortran 90 基础上添加一些扩展，方便用户在计算中调用 GPU 设备加速计算任务的执行。因此，利用 CUDA Fortran 进行 GPU 并行计算程序设计同样十分方便。

由于底层架构是相同的，编写 CUDA C 代码的许多资料都可供 CUDA Fortran 程序员参考，但仍然需要针对性资料指导如何编写高效 CUDA Fortran 代码：一方面，尽管 CUDA C 和 CUDA Fortran 类似，但是它们的实现细节仍然存在不同之处，影响代码的编写方式；另一方面，CUDA C 的某些特性是 CUDA Fortran 不允许的 (如某些类型的纹理)，同时 CUDA Fortran 的一些特性在 CUDA C 中也不支持，例如用来标记数据驻留在 GPU 上的变量属性 device。

但目前为止，除了 PGI 编译器官方帮助文档，比较全面的 CUDA Fortran 介绍资料只有*CUDA Fortran for Scientists and Engineers: Best Practices for Efficient CUDA Fortran Programming*及其中文译本《CUDA Fortran 高效编程实践》。为习惯使用 Fortran 作为编码工具的科学家提供 CUDA Fortran 入门、参考工具，从而帮助他们提高科学计算软件在 GPU 异构并行平台的执行效率，这正是本书的目标之一。

此外，一般关于 GPU 异构程序设计的资料中提到 "CUDA" 一词通常指由 C 语言扩展而来的 GPU 并行计算系统。为避免歧义，本书采用与资料不一样的约定: "CUDA C" 特指由 C 语言扩展而来的 CUDA 系统，而将 Fortran 扩展而来的 CUDA 系统称为 "CUDA Fortran"，简称 "CUDA" 时则包含二者。

1.5 GPU 并行计算技术与高超声速流动模拟

科学计算牵引 HPC 系统的发展，而科学计算的有效性和影响力也在很大程度上由 HPC 系统推动。基于巨型机与互联网技术所发展起来的国家高性能计算环境，已逐渐在诸如基础和应用基础科学研究、航空航天、石油勘探、气象气候、金融交通、医疗卫生及涉及科研、开发、教育等许多领域发挥相当重要的作用。随着大内存、高速度并行计算机突飞猛进的发展，高性能并行计算已经成为复杂科学计算领域的主宰。依托高性能计算机，发展准确可靠的数值计算技术，解决航空航天工程、国防经济建设中许多重大空气动力学难题已迫在眉睫 [44-47]。本书介绍基于 CUDA Fortran 的 GPU 并行算法，将从开展计算流体力学 Navier-Stokes 方程组 (简称 N-S 方程)GPU 并行数值求解方法研究，发展解决近空间高超声速流场 GPU 异构并行算法角度，反映大力发展国家高性能计算环境对航空航天流体力学应用发展的意义。

当飞行器以超声速 (马赫数大于 1) 或高超声速 (马赫数大于 5) 在大气层中飞行时，其流场中不仅有空气与飞行器之间力的相互作用，更会产生激波、旋涡等复杂的物理现象。而且当气流通过激波压缩或黏性阻滞减速时，部分有向运动的动能转化为分子随机运动的能量，产生了高温。高温引起振动激发、热化学反应及烧蚀、辐射等复杂现象，传统的完全气体假设不再成立，气体呈现 "非完全气体" 特性，通常称这类现象为高温 "真实气体效应"。一般而言，"真实气体效应" 主要表现在 [48-50]: ①由于热化学反应吸收了大量的能量，大大降低了流场的温度，从而改变了飞行器的受热环境; ②化学反应改变了激波位置和分离区大小等流动性状，从而影响了飞行器的受力、受热情况; ③化学反应产生的离子和电子可能对通信中的无线电波产生屏蔽作用，导致通信中断 (即 "黑障")，影响飞行器的通信环境。这对高超声速空气动力学提出了精确预测复杂构型体气动力、气动热及气动物理现象模拟能力的苛刻要求。

众所周知，目前研究高超声速空气动力学问题的手段 [51,52] 主要有三种：一是地面试验，二是飞行试验，三是数值计算。针对 “真实气体效应” 问题，一般地面试验很难模拟实际飞行条件，常规风洞的焓值较低，而高焓风洞的流场品质往往不好，弹道靶试验在模型尺寸、气动力测量等方面亦存在困难。飞行试验尽管可得到最接近真实状态的测量数据，但也有明显的不足：代价昂贵、有风险，不易进行广泛详细的数据测量，只能做一些关键性的研究。数值计算可以定量模拟和复现绕飞行物的气体流动性状，而且参数变化范围宽，没有地面风洞试验的局限性 (缩尺影响、洞壁干扰等)，所提供的精细计算结果有助于对复杂流场机理的了解，有利于进行综合优化设计。近十几年来，随着计算机硬件技术、数值算法模型、网格生成技术等的发展，数值计算有了很大的进步，求解复杂流场的能力明显提高。再加上地面试验与飞行试验的补充与验证，对高超声速复杂构型飞行器的气动力、气动热及气动物理现象进行精确的预测和深入细致的构型研究已成为可能。

早期数值模拟方法受计算机硬件和计算方法的限制，只能对全 N-S 方程采用简化假设，得到简化方程进行求解。由于受简化条件的约束，求解往往限于某一特定区域。如 Davis 在 1970 年采用黏性激波层方程计算了轴对称钝头体绕流流场；Lewis 等在 1978 年采用抛物化 N-S 方程计算了球锥体有攻角完全气体绕流。但是对大攻角飞行状态飞船返回舱的气动力特性进行分析则必须得到包含底部流动的全流场气流参数，此时薄激波层的简化假设失效，简化方法无能为力。伴随航天活动频繁开展，对再入飞行器 “真实气体效应” 的认识和研究逐渐深入，对 “真实气体效应” 的数值模拟是与差分格式等数值技术同步发展的。“真实气体效应” 的数值模拟，不仅对各种化学反应模型如空气反应模型 (包括五组元、七组元、十一组元等)、空气与烧蚀防护层反应模型进行了研究，而且考虑了各种扩散模型 (双组元、多组元模型)，提出了热力学模型中的单温度、双温度、多温度模型，还对更复杂的物理现象如辐射等开展了大量的研究工作 [51-54]。

随着计算机的飞速发展和空气动力学理论研究的深入，20 世纪 80 年代以来，国内外出现了一系列可推广应用于多维流数值模拟的高精度差分格式并成功地应用于全 N-S 方程的求解 [55-58]，推动了 CFD 成为一门利用计算机和数值方法求解流体动力学方程获得流动规律和解决流动问题的相对独立的学科，CFD 已经成为航空航天领域最重要的分支。

为了适应现代飞行器设计的高精度、多目标、实时性流场仿真需求，CFD 在非定常分离、高温真实气体效应、复杂湍流等问题数值仿真中所用网格数量越来越庞大，计算量、存储量以惊人的速度增长，如图 1.16 所示，空中客车公司对未来 CFD 计算性能需求及 HPC 可用性预测 [14,59-64] 中，2006 年，单词 CFD 算例模拟仅需 10TFlops，而到 2025 年，实现全流场大涡模拟算例预计需要 50EFlops。

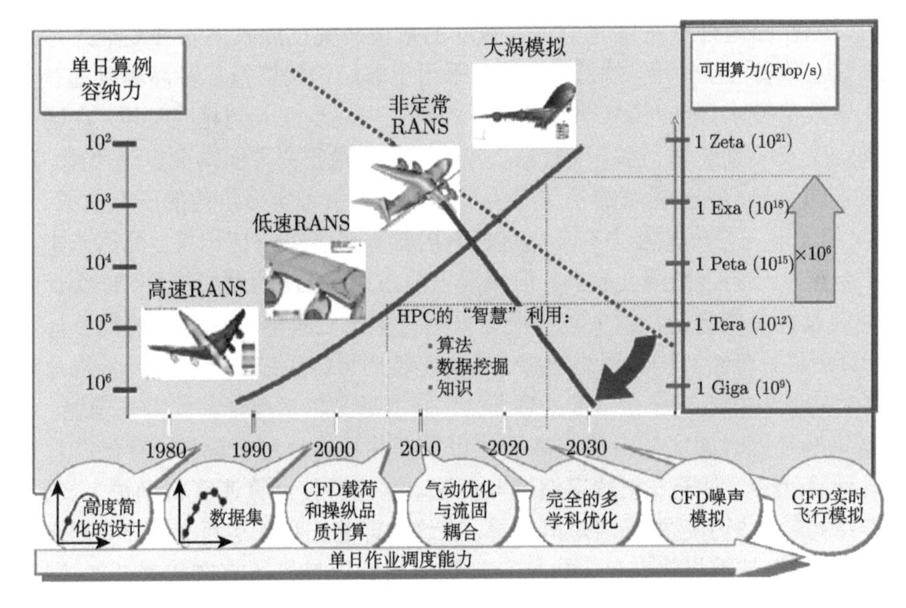

图 1.16 CFD 计算性能需求及 HPC 可用性预测

“真实气体效应”一直是高超声速空气动力学研究的一个重要问题，数值计算方面每年均有相当数量论文涉及化学反应、热力学、辐射等机理问题及格式、网格等数值技术问题。虽然 Apollo 飞船早已登月成功，美国的航天飞机也已成功飞行了二十多年，但“真实气体效应”对再入飞行器压心、力矩系数、平衡攻角等气动力系数的影响至今仍在研究之中。如 Basil Hassan、Graham V. Candler、David R. Olynick 等在 1992 年研究了热化学非平衡对 Apollo 飞船的气动力影响 [53]；Grant Palmer 及 Ethiraj Venkatapathy 在 1995 年比较了采用不同格式求解 Apollo 飞船三维化学非平衡流的效率 [54]。其他针对航天飞机和高超声速验证机的研究论文也非常多。国内对“真实气体效应”曾开展了大量的研究工作。20 世纪 80 年代中期，瞿章华、沈建伟成功地获得了非平衡流数值模拟结果 [65]。进入 90 年代后，这方面的研究论文不断涌现，有力地推动了国内非平衡流的研究进展。中国空气动力研究与发展中心的黎作武采用了五组元模型 (N_2、O_2、NO、N、O) 研究了具有化学反应源项的全 N-S 方程的物理分裂求解 [66]，航天工业总公司 701 所的欧阳水吾采用 TVD 格式研究了球锥七组元电离空气反应流，并考虑了烧蚀产物的影响 [67]。在 20 世纪 90 年代初期，国内开展了飞船返回舱三维全流场完全气体、平衡流和非平衡流数值模拟的研究工作。中国空气动力研究与发展中心的张涵信院士和国防科技大学的瞿章华教授各自领导课题组进行了化学非平衡流对飞船返回舱气动力特性影响的研究 [66,68]。航天工业总公司 701 所、14 所和中国科学院及一些院校、研究所也相继开展了对复杂外形三维完全气体及平衡、非平衡气体气动力、气动热特性的研究。现在国内外对三维完全气体流动的数值研究已深入到各种复杂外形流场、激波与边界层相互作用、湍流等方面，采用了非结构网格及各种高精度的差分格式等先进数值技术。而“真实气体效应”的研究也逐步深入到相应领域，在诸如发动机燃烧室及喷管计算、各类飞行器气动力、热问题研究方面得到广泛应用。随着计算技术的发展，这一领域的工作将为工程应用提供有实用价值的研究成果。

CFD 的发展与使模拟能力有革命性提升的计算机变革密切相关。虽然未来 E 级计算平台架构还会不断演化更新，但根据当前 HPC 系统的发展趋势，E 级计算设备的关键属性是确定的：越来越广泛地采用有多个处理器和加速器的混合计算机，在计算硬件、存储架构和网络链接方面，将转向异构系统；未来的设备将是分级的，包括大型集群式共享存储多处理器，它们本身又包括混合芯片多处理器，这种处理器将低延迟时间序列内核与高吞吐量数据并行内核结合起来；存储芯片甚至也包含计算元件，对于非正规存储读取算法，这能够使计算速度得到很大提升，如由于非结构数据集引起的稀疏矩阵运算。在这种即将出现的运行目标下，未来的 CFD 描述以超级计算机为基础，包括百亿亿次超级计算机所有有代表性的挑战，而这些挑战必定与异构有关 [69]，更加具体地说，可能包括多内核 CPU/GPU 相互影响、分级网络和专用网络、CPU 中较长/可用的矢量长度、CPU 与 GPU 之间的共享存储，甚至 CPU 中矢量单元的较高利用率。

CFD 的巨量计算需求及其依托的 HPC 系统架构演变，既给 CFD 研究人员提供了发展机遇，也对算法设计提出了挑战 [70]。在 CPU 平台，CFD 领域常见的做法是用消息传递 (Message Passing Interface, MPI) 和共享存储 (OpenMP) 并行模型表达问题的并行性。然而，在具有 GPU 或其他协处理器的异构平台，适用的 CFD 算法必然是异构、分层的并行算法。

自通用 GPU 计算技术出现以来，很多研究者开展了 GPU 加速技术在 CFD 领域的应用。早在 2003 年，文献 [15] 就使用共轭梯度法对二维欧拉方程进行 GPU 优化，获得了 12~15 倍的并行加速；文献 [16] 首次在结构网格上利用 GPU 求解了不可压 N-S 方程；2006 年，文献 [17] 首次实现了基于 GPU 的二维和三维可压缩流体模拟，相比于其 CPU 代码获得了 25 倍的加速效果；2008 年，文献 [18] 实现了二维和三维欧拉方程的 GPU 求解，加速比分别达到 29 倍和 16 倍；2011 年，文献 [19] 实现了格心型有限体积的定常/非定常 N-S 方程的 GPU 加速，加速比达到 46 倍；2013 年，文献 [20] 进行了多级并行 GPU 集群计算，总共使用了最多 256 个 GPU。国内开展通用 GPU 计算技术在 CFD 领域的应用研究则相对滞后，虽然也出现了大量研究者 [21-23]，但获得的加速比普遍不高，个别研究中仅相对于单核 CPU 获得 10 倍以下的加速比；文献 [25] 利用 GTX 280 GPU 卡模拟 ONERA M6 机翼流场获得了 28.6 倍加速比，文献 [26] 将两块 GTX 980 GPU 卡用于压气机叶片计算获得了 53 倍的加速比，均为其中比较有价值的尝试。

适应未来 E 级 HPC 架构的应用编程模型预计将会是现有编程模型的混合 (C、C++ 及 Fortran)，并与消息传递接口 (MPI) 相结合。鉴于 OpenACC 等编译指导语句型编程模型的低效性，以及 HPC 应用工程师对 C 语言的排斥，CUDA Fortran 或与其相似的异构计算编程模型也许会成为 HPC 应用向异构并行系统发展的关键，这正是本书的意义所在：由科研人员熟悉的 Fortran 语言扩展而来的支持异构计算的编程语言的推广，对于异构并行计算硬件发展来说有利于得到 HPC 应用项目的支持，对于 HPC 应用工程师来说有利于紧跟未来 HPC 发展方向 [71-74]。

参 考 文 献

[1] Kaufmann N J, Willard C G, Joseph W E, Goldfarb D S. Worldwide high performance systems technical computing census. IDC Report No.62303, 2003.

[2] 贺贤土. 加速发展我国科学技术研究中的高性能计算创新战略//中国科学院学部 "高性能计算战略研究" 咨询组. 高性能计算战略研讨会报告文集. 2006: 1-9.

[3] Shimokawabe T, Aoki T, Takaki T, Endo T, Yamanaka A, Maruyama N, Nukada A, Matsuoka S. Peta-scale phase field simulation for dendritic solidification on the TSUBAME 2.0 supercomputer. Proceedings of 2011 International Conference for High Performance Computing, Networking, Storage and Analysis (IEEE/ACM SC'11), New York, NY, USA, 2011: 3:1-3:11.

[4] 杨学军. 并行计算六十年. 计算机工程与科学, 2012, 34 (8): 1-10.

[5] Ibrahim K Z, Epifanovsky E, Williams S, Krylov A I. Cross-scale efficient tensor contractions for coupled cluster computations through multiple programming model backends. J. of Parallel and Distributed Computing, 2017, 106: 92-105.

[6] Goncharsky A V, Romanov S Y, Seryozhnikov S Y. Comparison of the capabilities of GPU clusters and general-purpose supercomputers for solving 3D inverse problems of ultrasound tomography. J. of Parallel and Distributed Computing, 2019, 133: 77-92.

[7] 张云泉. 2018 年中国高性能计算机发展现状分析与展望. 计算机科学, 2019, 46(1): 1-5.

[8] Frezzotti A, Ghiroldi G P, Gibelli L. Solving the Boltzmann equation on GPUs. Computer Physics Communications, 2011, 182: 2445-2453.

[9] 滕人达, 刘青昆. CUDA、MPI 和 OpenMP 三级混合并行模型的研究. 微计算机应用, 2010, 31(9): 63-69.

[10] Ma A G, Tan C F, Cheng Y. Parallel implementation of neural network model for quadratic programming on GPGPU. International Conference on Fuzzy Systems and Neural Computing (FSNC'11), 2011, IV: 241-245.

[11] 李志辉, 张涵信. 求解 Boltzmann 模型方程的气体运动论大规模并行算法. 计算物理, 2008, 25(1): 65-74.

[12] 徐金秀, 李志辉, 尹万旺. MPI 并行调试与优化策略在三维绕流气体运动论数值模拟中的应用. 计算机科学, 2012, 39(5): 300-303, 313.

[13] http://www.top500.org/; http://www.nas.nasa.gov/hecc/resources/pleiades.html; http://www.doeleadershipcomputing.org/incite-program/2018.

[14] Meuer H W, Gietl H. Supercomputers–prestige objects or crucial tools for science and industry? PIK-Praxis der Informationsverarbeitung und Kommu-nikation, 2013, 36(2): 117-128.

[15] Krüger J, Westermann R. Linear algebra operators for GPU implementation of numerical algorithms. ACM Transactions on Graphics (TOG), 2003, 22(3): 908-916.

[16] Harris M J, Baxter W V, Scheuermann T, et al. Simulation of cloud dynamics on graphics hardware//Proceedings of the ACM SIGGRAPH/EUROGRAPHICS Conference on Graphics Hardware. Eurographics Association, 2003: 92-101.

[17] Hagen T R, Lie K A, Natvig J R. Solving the Euler equations on graphics processing units//International Conference on Computational Science. Berlin Heidelberg: Springer, 2006: 220-227.

[18] Brandvik T, Pullan G. Acceleration of a 3D Euler solver using commodity graphics hardware. 46th AIAA Aerospace Sciences Meeting and Exhibit, 2008.

[19] Asouti V G, Trompoukis X S, Kampolis I C, et al. Unsteady CFD computations using vertex-centered finite volumes for unstructured grids on graphics processing units. International Journal for Numerical Methods in Fluids, 2011, 67(2): 232-246.

[20] Jacobsen D A, Senocak I. Multi-level parallelism for incompressible flow computations on GPU clusters. Parallel Computing, 2013, 39(1): 1-20.

[21] 鞠鹏飞, 宁方飞. GPU 平台上的叶轮机械 CFD 加速计算. 航空动力学报, 2014, 29(5): 1154-1162.

[22] Wei C, 曹维, 徐传福, 等. 高精度气动模拟在天河 1A-HN 超级计算机系统上的 CPU/GPU 异构并行实现. 全国高性能计算学术年会, 2012.

[23] 董廷星, 李新亮, 李森, 等. GPU 上计算流体力学的加速. 计算机系统应用, 2011, 20(1): 104-109.

[24] 曹维. 大规模 CFD 高效 CPU/GPU 异构并行计算关键技术研究. 长沙: 国防科学技术大学, 2014.

[25] 张兵, 韩景龙. 基于 GPU 和隐式格式的 CFD 并行计算方法. 航空学报, 2010, 31(2): 249-256.

[26] 刘宏斌, 苏欣荣, 袁新. 基于 GPU 的内流高精度湍流模拟. 工程热物理学报, 2017, 38(11): 67-73.

[27] The High Performance Fortran Forum(HPFF). High Performance Fortran Language Specification. Version 2.0. http://www. crpc. rice. edu/HPFF /versions/hpf1/index. html.1997.

[28] 李志辉. 从稀薄流到连续流的气体运动论统一数值算法研究. 绵阳：中国空气动力研究与发展中心, 2001.

[29] 李志辉, 张涵信, 符松. 基于 Boltzmann 模型方程的气体运动论 HPF 并行算法. 计算物理, 2003, 20(1):1-8.

[30] 陈国良. 并行计算 —— 结构 • 算法 • 编程. 北京：高等教育出版社, 2003.

[31] 孙家昶, 张林波, 迟学斌, 汪道柳. 网络并行计算与分布式编程环境. 北京：科学出版社, 1996.

[32] 莫则尧, 袁国兴. 消息传递并行编程环境 MPI. 北京：科学出版社, 2001.

[33] Ortega J M. Introduction to Parallel and Vector Solution of Linear Systems. New York: Plenum Press, 1988.

[34] Dongarra J J, Duff I S, Soresen D C, van der Vorst H V. Solving Linear Systems on Vector and Shared Memory Computers. SIAM, 1991.

[35] Golub G, van Loan C. Matrix Computation. Maryland: The Johns Hopkins University Press, 1983.

[36] 迟学斌. 在具有局部内存与共享主存的并行机上并行求解线性方程组. 计算数学, 1995, 17(2): 210-217.

[37] Li G Y, Coleman T F. A Parallel Triangular Solver for a Hypercube Multiprocessor. Cornell University, 1986.

[38] Delosme J M, Ipsen I C F. Positive definite systems with hyperbolic rotations. Linear Algebra Appl., 1986, 77: 75-111.

[39] Lawrie D H, Sameh A H. The computation and communication complexity of a parallel banded system solver. ACM Trans. Math. Soft., 1984, 10: 185-195.

[40] 陈景良. 并行数值方法. 北京：清华大学出版社, 1983.

[41] 张宝琳, 袁国兴, 刘兴平, 陈劲. 偏微分方程并行有限差分方法. 北京：科学出版社, 1994.

[42] Chazan D, Miranker W. Chaotic relazation. J. Lin. Alg. Appl., 1969, 2: 199-222.

[43] 中国科学院理论物理研究所计算模拟与数值实验平台用户手册. 2013.

[44] 李志辉, 张涵信. 基于 Boltzmann 模型方程各流域飞行器绕流问题大规模并行计算. 高性能计算战略研讨会, 上海, 9 月 14-16 日, 2005.

[45] Li Z H, Zhang H X. Gas-kinetic numerical studies of three-dimensional complex flows on spacecraft re-entry. Journal of Computational Physics, 2009, 228(4): 1116-1138.

[46] Li Z H, Peng A P, Zhang H X, Yang J Y. Rarefied gas flow simulations using high-order gas-kinetic unified algorithms for Boltzmann model equations. Progress in Aerospace Sciences, 2015, 74: 81-113.

[47] Bai Z Y, Dang L N, Li Z H. Study of large scale parallel hypersonic flowfield numerical simulation algorithm. The 11th Asian Computational Fluid Dynamics Conference, Dalian, China, Sept.17-20, 2016.

[48] 瞿章华, 曾明, 刘伟, 柳军. 高超声速空气动力学. 长沙：国防科技大学出版社, 1999.

[49] Anderson J D. Hypersonic and Hightemperature Aerodynamics. McGraw-Hill Book Company, 2006.

[50] 黎作武. 含激波、旋涡和化学非平衡反应的高超音速复杂流场的数值模拟. 绵阳：中国空气动力研究与发展中心, 1995.

[51] Park C. Nonequilibrium Hypersonic Aerothermodynamics. New York: John Wiley & Sons, 1990.

[52] 黄志澄. 高超声速飞行器空气动力学. 北京：国防工业出版社, 1995.

[53] Hassan B, Candler G V, Olynick D R. The effect of thermo-chemical nonequilibrium on the aerodynamics of aerobraking vehicles. AIAA 92-2877, 1992.

[54] Palmer G, Venkatapathy E. Comparison of nonequilibrium solution algorithms applied to chemically stiff hypersonic flows. AIAA J., 1995, 33(7): 1211-1219.

[55] Yee H C. Upwind and symmetric shock-capturing schemes. NASA-TM-89464, 1987.

[56] Harten A, Osher S. Uniformly high-order accurate nonoscillatory schemes. I. SIAM J. Num. Analy., 1987, 24(2): 279-309.

[57] 张涵信. 无波动、无自由参数的耗散差分格式. 空气动力学学报, 1988, (2): 143-165.

[58] 张涵信, 贺国宏, 张雷. 高精度差分求解气动方程的几个问题. 空气动力学学报, 1993, 11(4): 3-12.

[59] Bermejo-Moreno I, Bodart J, Larsson J, Barney B, Nichols J, Jones S. Solving the compressible Navier-Stokes equations on up to 1.97 million cores and 4.1 trillion grid points. SC13, Denver, CO, USA, November 17-21, 2013.

[60] Larsson J, Bermejo-Moreno I, Lele S K. Reynolds- and Mach-number effects in canonical shock-turbulence interaction. Journal of Fluid Mechanics, 2013, 717: 293-321.

[61] Hapman D R. Computational aerodynamics development and outlook. AIAA J., 1979, 17: 1293.

[62] Spalart P R, Jou W H, Strelets M, Allmaras S R. Comments on the feasibility of LES for wings, and on a hybrid RANS/LES approach (invited). First AFOSR Int. Conference on DNS/LES, Ruston, Louisiana, Aug. 4-8, 1997. (In Liu C, Liu Z. Advances in DNS/LES. Columbus, OH: Greyden Press).

[63] Spalart P R. Strategies for turbulence modeling and simulations. Int. J. Heat Fluid Flow, 2000, 21: 252-263.

[64] Choi H, Moin P. Grid-point requirements for large eddy simulation: Chapman's estimates revisited. Phys. Fluids, 2012, 24: 011702.

[65] 沈建伟, 瞿章华. 电离非平衡黏性激波层低雷诺数钝体绕流. 空气动力学学报, 1986, (4): 40-48.

[66] 黎作武. 含激波旋涡和化学非平衡反应的高超音速复杂流场的数值模拟. 绵阳：中国空气动力研究与发展中心, 1995.

[67] 欧阳水吾, 等. 高超声速化学非平衡流动研究. 航天工业总公司, 1995.

[68] 沈建伟, 柳军, 瞿章华. 大钝头倒锥体化学非平衡三维流场的数值模拟. 全国第八届高超声速流学术论文集, 1995.

[69] 陈左宁. 国际高性能计算机领域创新研究新动向及我们的选择//中国科学院学部 “高性能计算战略研究” 咨询组. 高性能计算战略研讨会报告文集. 2006: 82-86.

[70] 陈志明. 科学计算: 科技创新的第三种方法. 中国科学院院刊, 2012, 27(2): 161-166.

[71] Mueller T J. Low reynolds number aerodynamics. Lecture Notes in Engineering, 1989, 54: 1-12.

[72] Tucker P G. Computation of unsteady turbomachinery flows: Part 2—LES and hybrids. Progress in Aerospace Sciences, ISSN 0376-0421, 2011.

[73] 徐金秀, 孙俊, 尤洪涛, 李志辉, 张彦彬. OpenACC 众核编程语言在求解 Boltzmann 模型方程的应用研究. 高性能计算技术, 2016, 239(2): 7-12.

[74] 李志辉, 蒋新宇, 吴俊林, 徐金秀, 白智勇. 求解 Boltzmann 模型方程高性能并行算法在航天跨流域空气动力学应用研究. 计算机学报, 2016, 39(9): 1801-1811.

第2章 CUDA Fortran 编译器

由 NVIDIA 开发的 CUDA 系统允许毫无图形处理器硬件知识的程序员将 GPU 用于通用计算。一般地，对于使用 C/C++ 语言的用户，推荐直接使用 NVIDIA 开发的 CUDA C 编译器；但对于使用 Fortran 语言的用户，支持 CUDA 的 Fortran 编译器目前只有 PGI 公司的编译器可用，读者可以在 PGI 网站http://www.pgroup.com/ 免费下载编译器安装软件 (但部分功能的使用许可权限需要购买)。

2.1 PGI Fortran 编译器简介

截至本章成稿时，PGI 编译器已更新至 18.5 版，免费的社区 (Community) 版为 18.4 版，下面的介绍主要针对这两个版本：Windows 可视化版本介绍针对 18.5 版，Windows 工作站版本及 Linux 版本针对 18.4 社区版。

PGI 编译器支持多种 CPU 平台，如表 2.1 所示为 PGI 18.x 版支持的 CPU 列表，所列编译选项不是必选项 (默认采用最适合当前系统 CPU 的编译选项)，若希望指定运行平台，则需在所列编译选项前加 -tp，如 pgfortran-tp p7。

表 2.1 PGI 编译器支持的 CPU 列表

品牌	内核代号	编译选项	品牌	内核代号	编译选项
AMD	Opteron Piledriver	Piledriver	Intel	Haswell	haswell
	Opteron Bulldozer	Bulldozer		Ivy Bridge	ivybridge
	Opteron Six-core Istanbul	Istanbul		Sandy Bridge	sandybridge
	Opteron Quad-core Shanghai	Shanghai		Core i7-Nehalem	nehalem
	Opteron Quad-core Barcelona	Barcelona		Penryn	penryn
	Opteron Quad-core	k8		Pentium 4	p7
	Opteron Rev E, Turion	k8-64e	Generic	Generic	px

PGI Fortran 编译器目前支持三种操作系统：Windows、Linux 和 macOS。支持的 Linux 系统版本包括：

- CentOS 6.4 through 7.4
- Fedora 14 through 27
- OpenSUSE 13.2 through openSUSE Leap 42.3
- RHEL 6.4 through 7.4

- SLES 12 through SLES 12 SP 3
- Ubuntu 14.04, 16.04, 17.04, 17.10

支持的 Windows 系统版本包括：

- Windows Server 2008 R2
- Windows 7
- Windows 8.1
- Windows 10
- Windows Server 2012
- Windows Server 2016

1. 编译器下载

PGI 公司网站提供的版本大致可分为三类：Linux 版、Windows 工作站版和 Windows 可视化版。其中，Linux 版和 Windows 工作站版提供免费的社区版，安装时提供 1 年免费使用的 license 文件 (从推出该版本时算起而不是安装时算起)，通常比最新版本低并对部分功能进行了限制；Windows 可视化版无功能限制，但免费使用权限通常只有一个月 (从推出该版本算起)；所有版本都支持 OpenACC 和 CUDA(安装时需选择安装相应功能包 —— 注意，此处的 CUDA 工具包与 NVIDIA 公司提供的 CUDA C 安装包无直接联系：当且仅当 PGI 编译器安装时选择了 CUDA 工具包才能使用 CUDA Fortran 编译器)；Windows 版 (包括工作站版和可视化版)PGI 编译器安装前必须先安装 Microsoft Visual Studio 2015 版 [1]。

2. Linux 版编译器的安装

GPU 计算通常用于求解较大规模的计算问题，因而 Linux 系统是更好的选择。一般地，PGI 编译器的下载、安装需要如图 2.1 所示三个步骤：

安装准备：首先要确保准备安装 PGI 编译器的目标文件路径有写权限，且存放安装文件的路径有 2.3GB 以上空间、目标路径有 2.6GB 以上空间。建议用 root 账号安装，以便安装完成后可供所有用户使用 (普通用户只能安装在私有路径下，故只能自己使用)。

解压 PGI Fortran 安装文件：从 PGI 下载的 Linux 版 PGI Fortran 安装文件为扩展名 “tar.gz” 的压缩文件，需先解压。解压命令为

```
tar-xzf pgilinux-2018-184-x86-64.tar.gz
```

解压后当前路径下应出现 install 文件 (还有其他文件和目录)，即安装脚本。

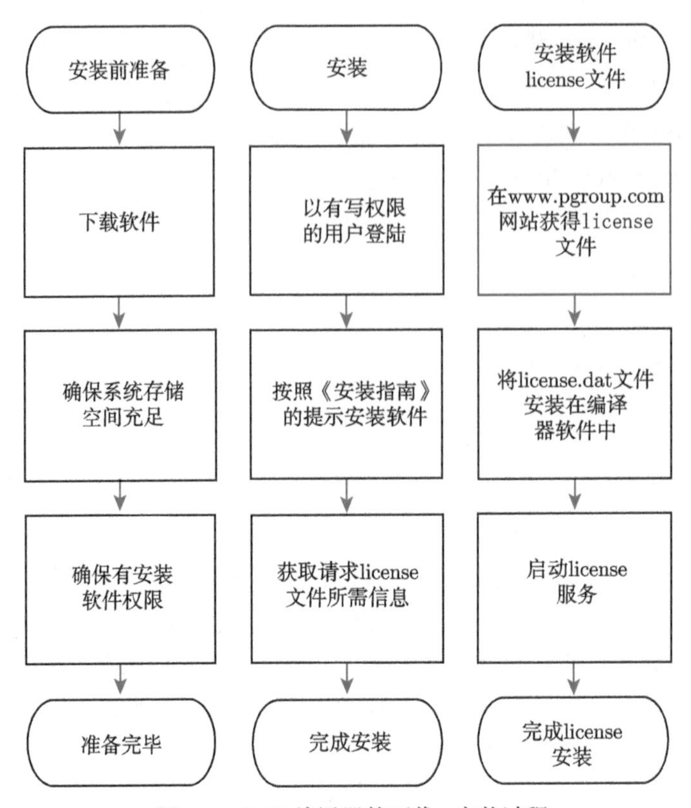

图 2.1　PGI 编译器的下载、安装过程

开始安装：在当前路径输入命令./install 启动安装过程，如图 2.2(a) 所示，根据提示按下回车键后，首先会展示 PGI 公司的软件使用许可条款，如图 2.2(b) 所示，如果已经清楚这些条款的内容，可以使用组合键 Ctrl+C 跳过其展示，必须接受这些条款才能进入安装过程，键入 accept(默认是选择 decline，退出安装过程)，如图 2.2(c) 所示。与其他 PGI 编译器版本安装情形类似，PGI 编译器集成了多个第三方工具，如果想要安装，都会类似展示相应的许可条款并等待用户选择是否接受，若不接受这些条款则不能安装这些工具 (PGI Fortran 安装过程还会继续)，可用类似方法接受软件的许可条款，不再一一介绍。

安装路径：如图 2.3 所示，PGI 编译器有两种安装方式，即网络安装或单机安装。区别是前者一次安装可确保所有计算结点都能使用，后者需要每个使用 PGI 编译器的计算结点都安装一遍。PGI 编译器默认安装在/opt/pgi 路径下，用户可以根据需要修改这个设置：在图 2.3 最下方黑色方框后输入安装路径 (直接回车则使用默认安装路径)。

```
[root@mgt pgi_184]# ./install

Welcome to the PGI Linux installer!

You are installing PGI 2018 version 18.4 for Linux.
Please note that all Trademarks and Marks are the properties
of their respective owners.

Press enter to continue...
```

(a) PGI 软件开始安装

```
NVIDIA End-User License Agreement for PGI Software

NOTICE: PLEASE READ THIS DOCUMENT CAREFULLY BEFORE DOWNLOADING, COPYING OR
USING THE LICENSED SOFTWARE. THIS END-USER LICENSE AGREEMENT ("ELA") IS A
LEGAL AGREEMENT BETWEEN YOU, THE LICENSEE (A SINGLE PERSON, INSTITUTION, OR
LEGAL ENTITY) ("YOU"), AND NVIDIA CORPORATION, A DELAWARE CORPORATION HAVING
ITS PRINCIPAL PLACE OF BUSINESS AT 2701 SAN TOMAS EXPRESSWAY, SANTA CLARA CA
AND ITS SUBSIDIARIES ("NVIDIA") FOR THE LICENSED SOFTWARE, ASSOCIATED MEDIA,
PRINTED MATERIAL, ELECTRONIC DOCUMENTATION OR ANY PORTION THEREOF ("SOFTWARE").
NVIDIA IS WILLING TO LICENSE THE SOFTWARE TO YOU ONLY UPON THE CONDITION THAT
YOU ACCEPT ALL OF THE TERMS CONTAINED IN THIS ELA. PLEASE READ THE ELA
CAREFULLY. BY DOWNLOADING, INSTALLING, COPYING OR OTHERWISE USING THIS
SOFTWARE, YOU ACCEPT ALL OF THE TERMS OF THE ELA. IF YOU DO NOT AGREE TO THE
TERMS OF THIS ELA, DO NOT DOWNLOAD, INSTALL, COPY OR OTHERWISE USE THIS
SOFTWARE.

1)  Ownership

    The Software distributed and licensed to You hereunder, including, if
    and when provided, any updates furnished to You for free or for
--More--(4%)
```

(b) PGI 软件使用许可条款展示

```
NOTICE: PLEASE READ THIS DOCUMENT CAREFULLY BEFORE DOWNLOADING, COPYING OR
USING THE LICENSED SOFTWARE. THIS END-USER LICENSE AGREEMENT ("ELA") IS A
LEGAL AGREEMENT BETWEEN YOU, THE LICENSEE (A SINGLE PERSON, INSTITUTION, OR
LEGAL ENTITY) ("YOU"), AND NVIDIA CORPORATION, A DELAWARE CORPORATION HAVING
ITS PRINCIPAL PLACE OF BUSINESS AT 2701 SAN TOMAS EXPRESSWAY, SANTA CLARA CA
AND ITS SUBSIDIARIES ("NVIDIA") FOR THE LICENSED SOFTWARE, ASSOCIATED MEDIA,
PRINTED MATERIAL, ELECTRONIC DOCUMENTATION OR ANY PORTION THEREOF ("SOFTWARE").
NVIDIA IS WILLING TO LICENSE THE SOFTWARE TO YOU ONLY UPON THE CONDITION THAT
YOU ACCEPT ALL OF THE TERMS CONTAINED IN THIS ELA. PLEASE READ THE ELA
CAREFULLY. BY DOWNLOADING, INSTALLING, COPYING OR OTHERWISE USING THIS
SOFTWARE, YOU ACCEPT ALL OF THE TERMS OF THE ELA. IF YOU DO NOT AGREE TO THE
TERMS OF THIS ELA, DO NOT DOWNLOAD, INSTALL, COPY OR OTHERWISE USE THIS
SOFTWARE.

1)  Ownership

    The Software distributed and licensed to You hereunder, including, if
    and when provided, any updates furnished to You for free or for

Do you accept these terms? (accept,decline)
```

(c) 接受PGI软件使用许可条款

图 2.2　PGI 编译器安装及其软件许可

安装 CUDA Toolkit：只有安装了该工具才能对 PGI Fortran 程序进行编译 (注意，这里的 CUDA Toolkit 与系统中是否安装了 CUDA C 工具包无关)。早期 PGI 编译器可能需要选择是否安装 CUDA Toolkit，但 18.4 版默认安装，如图 2.4 所示，只需同意稍后出现的许可条款即可 (出现选项时输入 accept)。

```
A network installation will save disk space by having only one copy of the
compilers and most of the libraries for all compilers on the network, and
the main installation needs to be done once for all systems on the network.

1  Single system install
2  Network install

Please choose install option: 1

Please specify the directory path under which the software will be installed.
The default directory is /opt/pgi, but you may install anywhere you wish,
assuming you have permission to do so.

Installation directory? [/opt/pgi]
```

图 2.3　安装方式及路径

```
***************************************************************************
CUDA Toolkit
***************************************************************************
This release contains a subset of NVIDIA's CUDA 8.0, CUDA 9.0, and CUDA 9.1
toolkits configured for use by the PGI OpenACC and CUDA Fortran
compilers and required by the PGI profiler.

More information about CUDA technology can be found at the NVIDIA web site,
http://www.nvidia.com/object/cuda_home.html

Press enter to continue...
```

图 2.4　安装 CUDA Toolkit

安装 JRE：PGI Performance Profiler 和 PGI Debuger 工具对于分析、优化 CUDA Fortran 代码非常有效，若希望使用该工具，必须如图 2.5 所示安装 JAVA 运行环境软件包 (JRE)。早期 PGI 编译器需选择是否安装该工具，18.4 版默认安装，只需同意随后的该工具的使用许可条款即可。

```
***************************************************************************
JRE
***************************************************************************
This release of PGI software includes the JAVA JRE. PGI's graphical
debugger and profiler use components from this package. If you choose not
to install JAVA, you will be limited to running command line versions of
pgdbg and pgprof, using the -text option.

The JAVA JRE will be installed into

  /public/apps/pgi/linux86-64/2018/java
  /public/apps/pgi/linux86-64-llvm/2018/java

and will not affect applications other than PGI's pgdbg and pgprof.

Press enter to continue...
```

图 2.5　安装 JRE

安装 MPI：PGI 编译器集成了 Open MPI(早期版本集成的是 MPICH)，如果安装该工具，使用 PGI 进行 MPI 程序的开发会相对方便，建议安装，如图 2.6 所示。

```
*************************************************************************
MPI
*************************************************************************
This release contains version 2.1.2 of the Open MPI library.

Press enter to continue...

Do you want to install Open MPI onto your system? (y/n) y
Do you want to enable NVIDIA GPU support in Open MPI? (y/n) y
Installing package openmpi-2.1.2-2018-x86-64

Installing Open MPI 2.1.2 components into /public/apps/pgi ...
```

图 2.6 安装 MPI

完成安装：短暂的等待后，安装过程顺利完成，如图 2.7 所示。

```
WISH TO BE BOUND BY THE TERMS, THEN SELECT THE "DECLINE LICENSE
AGREEMENT" (OR THE EQUIVALENT) BUTTON AND YOU MUST NOT USE THE
SOFTWARE ON THIS SITE OR ANY OTHER MEDIA ON WHICH THE SOFTWARE IS
CONTAINED.

1. DEFINITIONS. "Software" means the software identified above in

Do you accept these terms? (accept,decline) accept
Installing PGI version 18.4 into /public/apps/pgi
#################################################################


If you use the 2018 directory in your path, you may choose to
update the links in that directory to point to the 18.4 directory.

Do you wish to update/create links in the 2018 directory? (y/n) y
Making symbolic links in /public/apps/pgi/linux86-64/2018
Making symbolic links in /public/apps/pgi/linux86-64-llvm/2018

Installing PGI JAVA components into /public/apps/pgi/linux86-64/2018
```

图 2.7 完成安装

安装的最后会要求用户选择是否生成 license 文件信息。若使用收费版软件，需向厂商提供这些信息，使用免费版可直接跳过。

用户设置：作为多用户系统，Linux 系统下完成软件安装后并不会生成用户使用软件所需配置，用户要使用 PGI Fortran 编译程序，需要手动进行一些简单的设置，包括 PGI 编译器所在路径、license 设置等。在 PGI Fortran 安装路径的下级目录 linux86-64/xx.x(xx.x 为与版本号对应的数字，比如这里是 18.4) 有设置脚本 pgi.sh、mpi.sh(或扩展名为 csh，根据操作系统使用的是 bash 还是 csh 脚本解释器)，可以在每次登录 Linux 服务器第一次使用 PGI Fortran 编译器前运行一次。以 64 位 Linux 系统下的 PGI Fortran 18.4 为例，设安装路径为/public/apps/pgi，则主要用户设置代码如下：

```
export PGI=/public/apps/pgi
export PATH=$PGI/linux86-64/18.4/bin:$PATH
```

```
export MANPATH=$MANPATH:$PGI/linux86-64/18.4/man
export LM_LICENSE_FILE=$LM_LICENSE_FILE:$PGI/license.dat
```

其中，最后一行假定 PGI Fortran 的 license 文件为$PGI/license.dat，用户要么将 license 文件拷贝至 $PGI/license.dat，要么修改这个设置。

3. Windows 版编译器的安装

Windows 版 PGI Fortran 编译器分为两种：工作站版和可视化版。前者借助第三方工具 cygwin(编译器安装软件已含安装包，无需单独下载) 模拟 Linux 环境，安装后与 Linux 版编译器的使用相似；后者借助第三方工具 Visual Studio(需提前安装) 实现 Windows 可视化集成编程环境。这两个版本安装过程大同小异，这里以 18.5 可视化版 (PVF) 安装过程详解 Windows 版 PGI Fortran 编译器安装步骤。

安装准备：需确保系统临时路径 (即系统变量 temp 指向的路径) 及软件安装目标路径所在磁盘分区分别有 2.5GB 以上空间 (若二者位于同一磁盘分区则合计需 5GB)；提前安装 Visual Studio 2015 以上版本；如果操作系统不是 Windows10，需提前安装 Win10SDK(可在微软网站免费下载)。

开始安装：鼠标双击下载的 PGI 编译器安装文件 pvf64-185.exe，经过短暂的解压过程后安装正式开始，如图 2.8 所示，点击 Next 进入下一步。

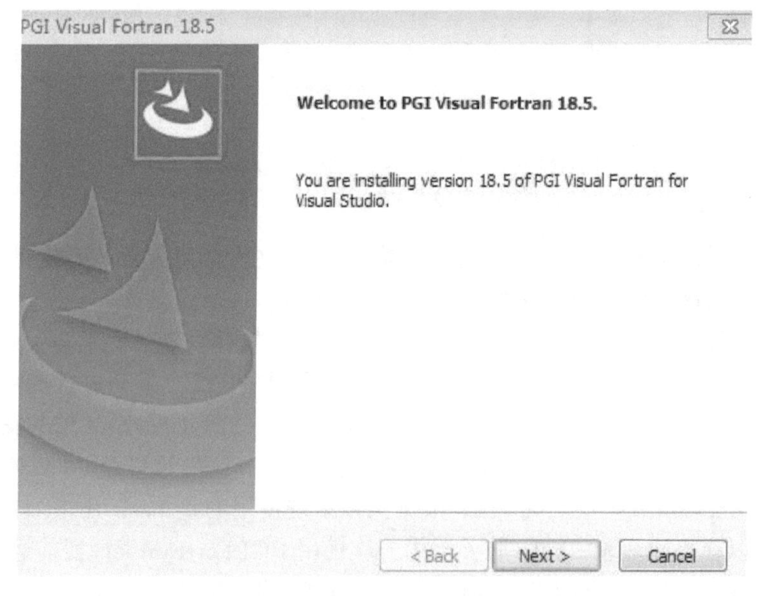

图 2.8 PVF 开始安装

同意 PGI 许可条款：要安装 PGI 编译器，必须同意 PGI 公司软件使用许可条款，默认为不同意该条款，需阅读后切换到 “I accept the terms of the license agreement” 同意该条款才能点击 Next 继续安装过程，如图 2.9 所示。

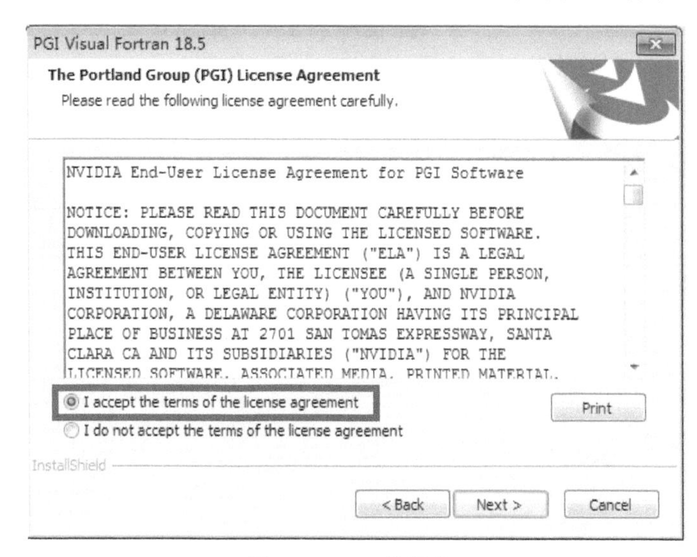

图 2.9　PGI 使用许可

安装 CUDA Toolkit：只有安装了该工具才能支持 CUDA Fortran(否则仍然可以使用标准 Fortran 编译器但不能编译 CUDA Fortran 程序)，选择默认选项 “Yes, install the CUDA Toolkits.” 并同意随后的 CUDA Toolkit 许可条款，继续安装过程，如图 2.10 所示。

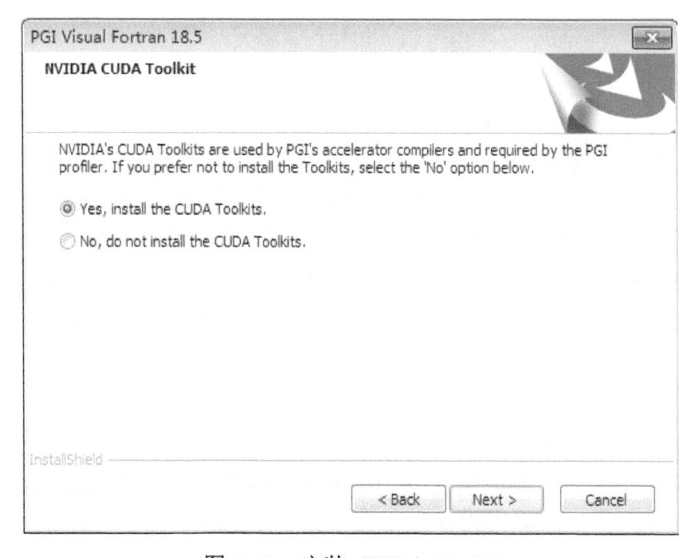

图 2.10　安装 CUDA Toolkit

安装 JRE：PGI Performance Profiler 和 PGI Debuger 工具对于分析、优化 CUDA Fortran 代码非常有效，若希望使用该工具，必须安装 JRE(如果系统已经安装过这个工具，则该安装过程不再出现)。选择 “Yes, install the JRE” 并同意随后的软件使用许可继续安装过程。

用户信息：如图 2.11 所示，安装过程需输入用户及其公司信息。

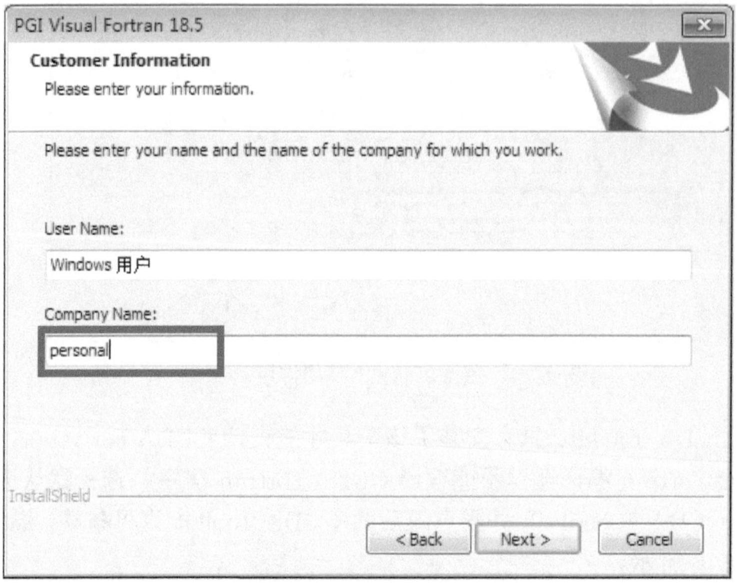

图 2.11　用户信息输入

选择编译器安装路径：PGI 可视化版编译器默认安装在 c:\Program Files\PGI\ 目录 (工作站版默认安装在 c:\Program Files\PGICE)，但用户可根据需要在安装进入如图 2.12 所示界面时鼠标单击 “Browse” 按钮自由选择安装路径。

设置 temp 目录：在编译 CUDA Fortran 程序过程中编译器可能产生大量的中间文件，需要有一个文件夹存储这些中间文件，一般默认使用操作系统变量 temp 指定的文件夹，但建议选择 “读写速度较快且方便用户清空这些中间文件” 的文件夹，比如在根目录下建立 temp 目录，如图 2.13 所示。

程序组：为方便用户打开编译器，安装过程会提示用户建立 PGI 编译器程序组，如图 2.14 所示，默认即可。

License 设置：整个安装过程根据计算机软硬件配置不同持续数分钟至数十分钟，最后如图 2.15(a) 所示生成临时 license 文件，具有自安装软件推出之日起算的大约 1 个月有效期。正式的可视化版 license 文件需向 PGI 公司或其代理商购买，购买前需要如图 2.15(a) 所示生成使用 PGI 编译器的计算机相关信息 (主要是网卡 MAC

地址)。安装完成后，会产生一个系统变量 PGROUPD_LICENSE_FILE，其值为全路径的 license 文件名，默认取值为 "c:\Program Files\PGI\license.dat"，用户可以将购买的 license 文件拷贝至 c:\Program Files\PGI\ 并改名为 licnese.dat 以便与这个设置一致，也可根据实际 license 文件名 (含全路径) 修改 PGROUPD_LICENSE_FILE 取值。

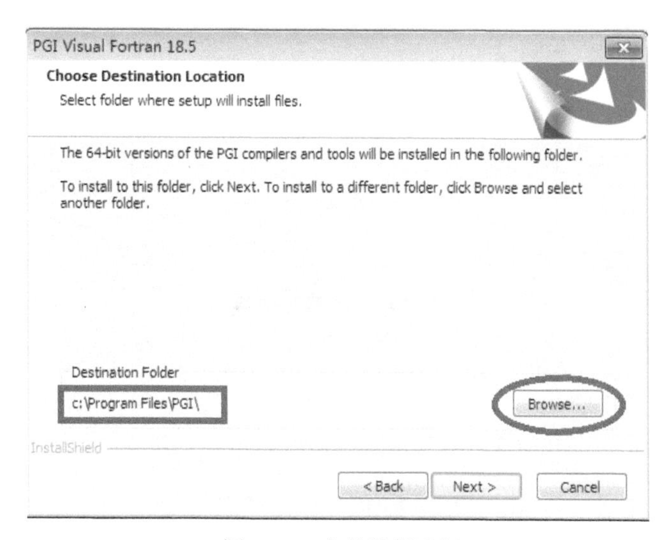

图 2.12 安装路径选择

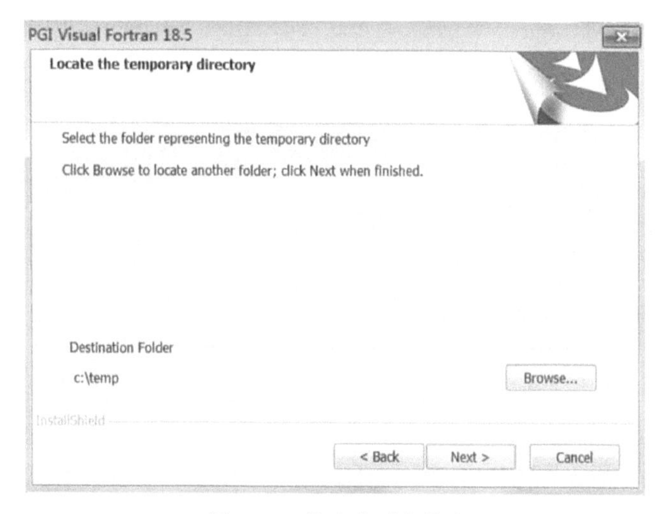

图 2.13 指定临时文件夹

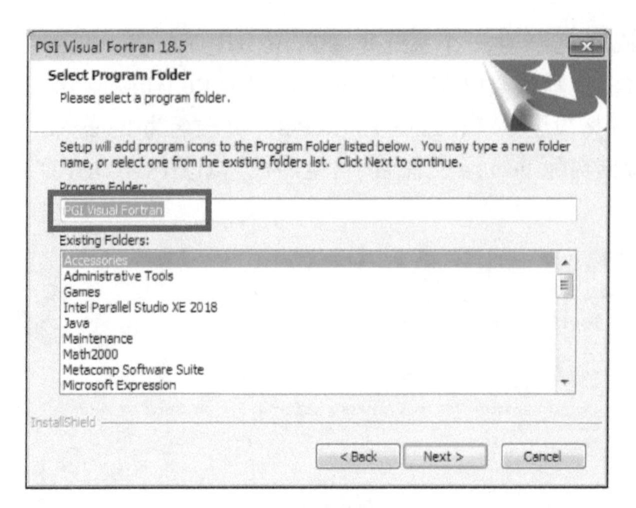

图 2.14　建立程序组

(a) 临时license文件

PGI Visual Fortran 18.5
License Generation
If you have purchased a license, you may obtain your permanent key now.
Would you like to generate a permanent key?
Yes, generate the license key.
No, I'll do it later.
InstallShield
< Back
Next >
Cancel

(b) 生成license文件所需计算机信息

图 2.15　license 设置

Windows 工作站版的安装除了提示信息与可视化版本不一样外，还会提示安装第三方工具 Cygwin。虽然用户也可以在网上下载 Cygwin 并自行安装，但相关 PGI Fortran 的使用环境变量设置比较烦琐，建议工作站版用户使用 PGI 编译器自带的 Cygwin 工具 [2,3]。

2.2 编译 CUDA Fortran 程序

2.2.1 可视化版 PGI 编译器的使用

虽然 HPC 系统很少使用 Windows 系统，但可视化版 PGI 编译器在程序代码编辑、调试方面还是有其方便之处，在 Windows 系统下完成代码编辑、调试后拷贝至 HPC 平台是个不错的选择。这里以 PGI 18.5 版介绍相关设置与使用，供读者参考。

1. 建立解决方案与项目

完成安装后，Windows 开始菜单应如图 2.16 所示。鼠标双击 PGI Visual Fortran 程序启动组中的 “PGI Visual Fortran 2015”(这里的 2015 实际指的是 Visual Studio 版本而不是 PGI 编译器版本)，启动 Visual Studio 集成环境。如果拥有合法的 license 文件 (购买或申请试用)，则在 Visual Studio 的 “新建项目” 对话框中会出现如图 2.17 所示 PGI Visual Fortran 项目模板：在左侧可以选择要建立的项目运行平台，x64 表示 64 位平台，Win32 表示 32 位平台 (作者未安装 32 位编译器，故不出现这一选项)；在右侧可以选择项目类型，“Console Application” “Dynamic Library” “Static Library” “Windows Application” “Empty Project” 分别用于建立控制台应用程序、动态链接库、静态链接库、Windows 应用程序和空项目。选定项目模板后，在对话框下方输入项目名称并单击 “确定” 即可建立一个 PGI Visual Fortran(PVF) 项目，这里以 64 位控制台应用程序模板建立 first_program 项目为例，介绍在 Visual Studio 集成环境下编写 CUDA Fortran 程序最常使用的选项 (Visual Studio 选项非常多，未介绍选项的使用可查阅相关技术手册)。

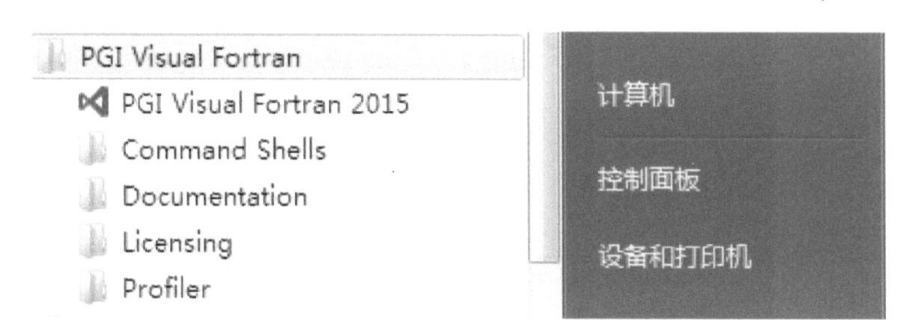

图 2.16 PGI Visual Fortran 程序启动组

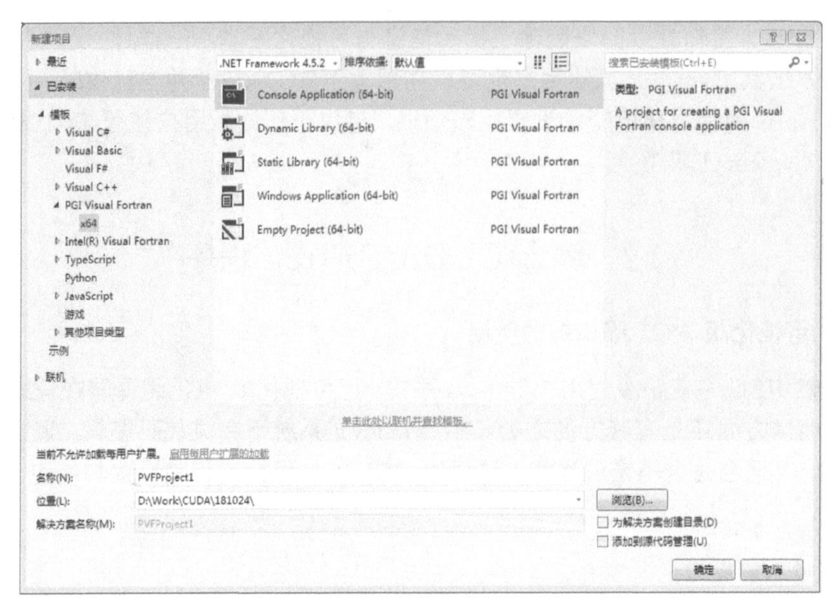

图 2.17　PGI Visual Fortran 项目模板

Visual Studio 在建立第一个项目时，首先会建立 “解决方案”，并默认建立一个与解决方案同名的 “项目”(可右键单击，在弹出菜单中选择 “重命名” 修改解决方案及项目名称)，如图 2.18 所示。

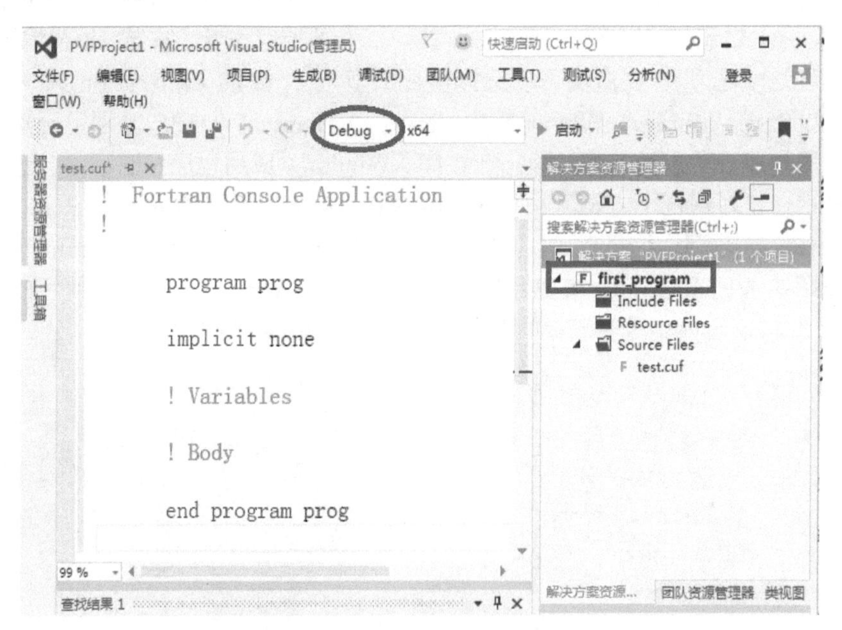

图 2.18　解决方案下的第一个项目

通常，复杂的解决方案需用到多个项目以方便管理不同的功能模块，可右键单击解决方案，在弹出菜单中选择“添加”然后选择“新建项目”再次打开项目模板建立新的项目，如图 2.19 所示。

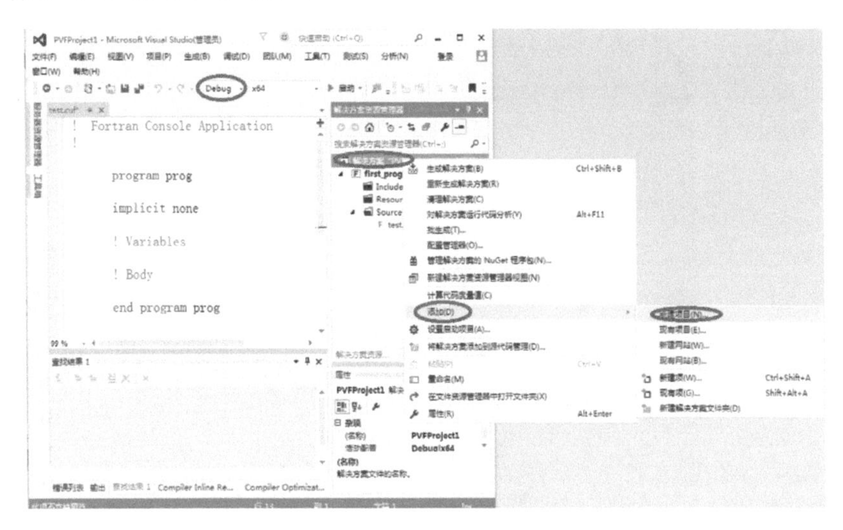

图 2.19　在解决方案中增加项目

项目默认使用 Debug 方案，这种方案建立的项目运行时会给出大多数调试信息，但运行速度较慢。如果确定项目不再修改，需要编译形成最终版本可执行程序时，单击图 2.19 左上方椭圆圈出位置修改为 Release。

通过新建一个静态链接库项目，解决方案中出现两个项目，其中第一个项目名称字体为粗黑体 (如图 2.20 所示)，表明该项目为“启动项目”。若需设置其他项目为启动项目，可以右键单击该项目名，在弹出菜单中选择“设为启动项目”。

此外，当解决方案中存在多个项目时，需设置项目依赖关系，以决定编译顺序，可右键单击解决方案，在弹出对话框中选择如图 2.21 所示椭圆位置的“项目”所依赖的其他项目：被勾选 (圆圈位置) 的依赖项目将先于本项目编译。

在建立项目后，若需增加项目源程序，可右键单击项目列表下的“Source Files”(图 2.20 椭圆线位置)，在弹出菜单中选“添加”再选“新建项”(如图 2.22 所示)，弹出源程序模板对话框，如图 2.23 所示。其中，CUDA Fortran source file 扩展名 cuf 是 PGI 编译器特有的新增源程序类型，在 Visual Studio 环境下这种源程序中的 CUDA Fortran 专有名可高亮显示，其他方面与标准 Fortran 源程序并无区别。

2. 项目属性之“Fortran 子项”

编译 GPU 计算程序需要对项目属性进行修改，可通过 Visual Studio 菜单“项目”→“属性”进入项目配置属性设置界面 (或右键单击需要设置属性的项目然后选择“属性”) 进行修改，如图 2.24 所示。

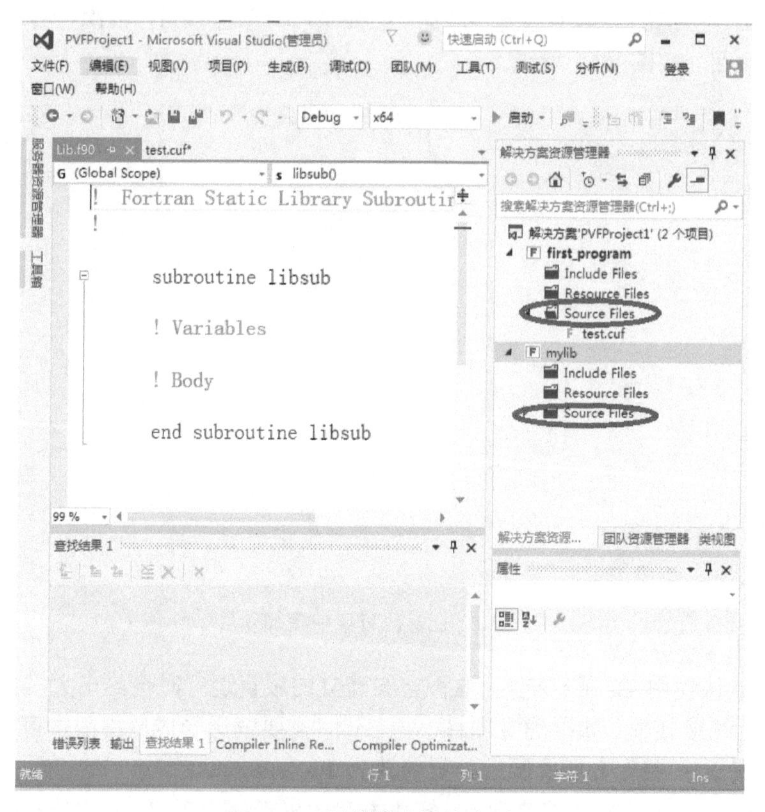

图 2.20　新增静态链接库项目

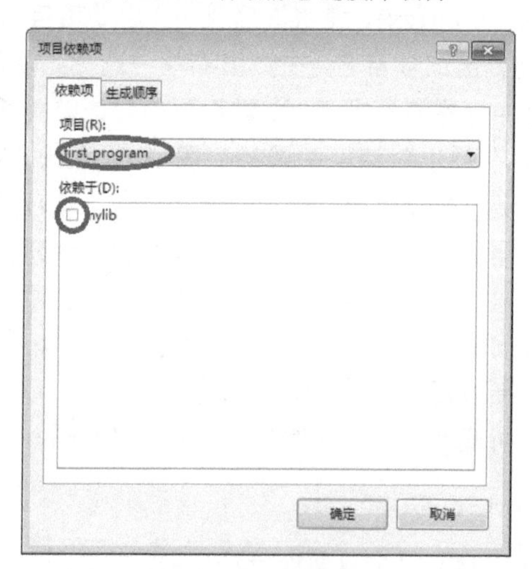

图 2.21　项目依赖关系

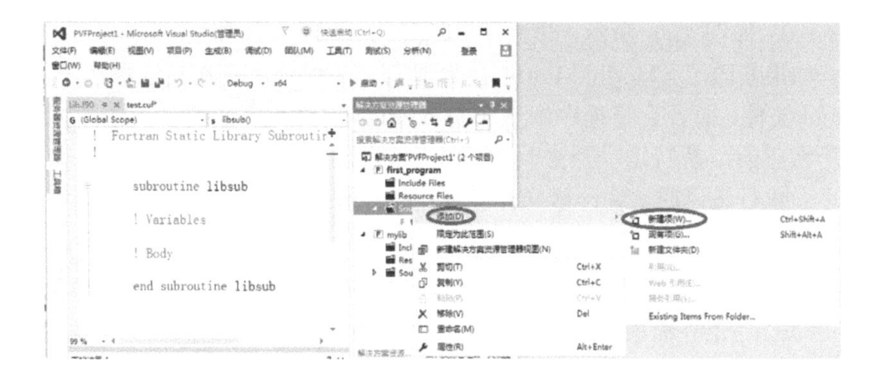

图 2.22 添加源程序

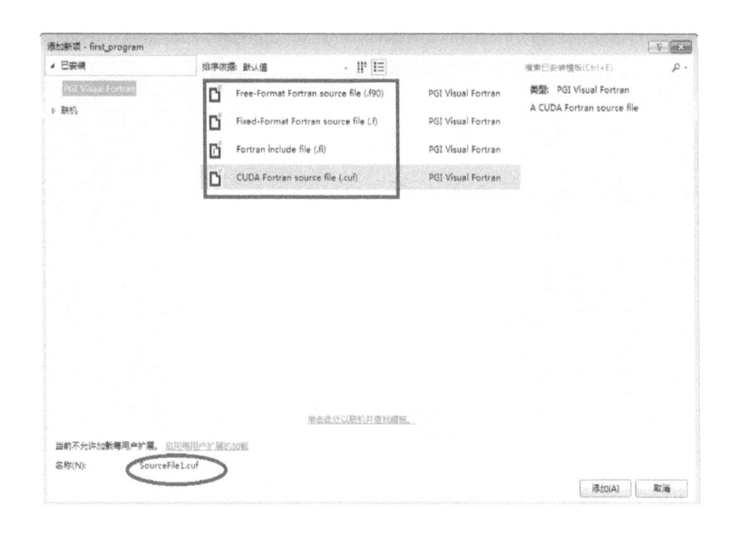

图 2.23 源程序模板

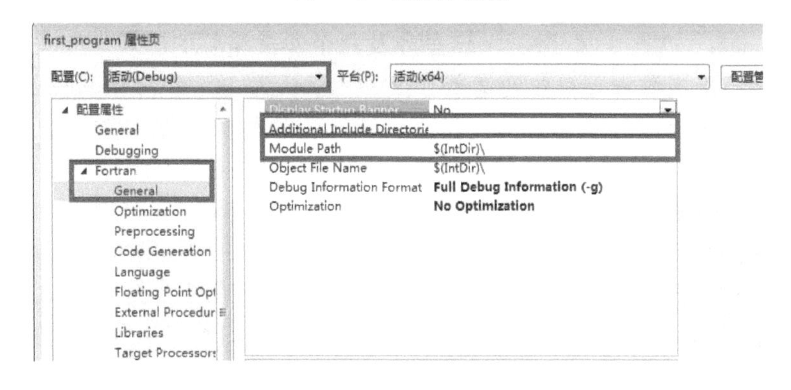

图 2.24 项目属性页

General：如图 2.24 所示，最常用到的是 include 文件和 module 文件搜索路径设置。如果修改了 “Module Path” 的默认值，不仅项目会在设置路径下搜索所需 module 文件，而且会将程序中生成的 module 文件放入该路径 (这通常都不是程序员所希望的)。解决途径是修改 “Additional Include Directories” 而不是 “Module Path”：执行编译时，编译器同样会在这个路径下搜索 include 文件和 module 文件。

Preprocessing：当程序源代码中使用了编译预处理指令时，需将本项中 “Preprocess Source File” 选项由默认的 “No” 修改为 “Yes”，如图 2.25 所示，同时，如果有编译预定义变量，可在其 “Preprocessor Definitions” 中输入 (比如图中的 USECUDA)。

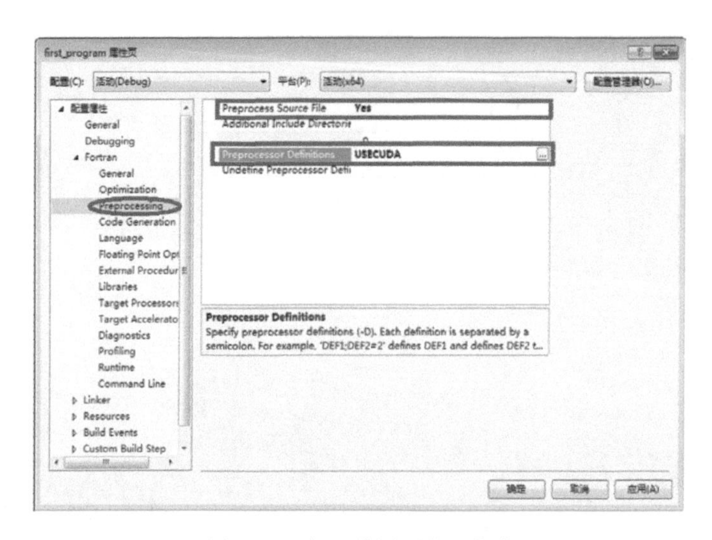

图 2.25 打开编译预处理指令

Language：如图 2.26 所示，这里涉及几个非常重要的选项。“Extend Line Length” 用于扩展源程序有效列宽至 132 列 (默认为 80 列)；“Enable OpenMP Directives” 用于打开支持 OpenMP 的编译预处理指令；“Enable OpenACC Directives” 用于打开支持 OpenACC 的编译预处理指令 (同样支持 GPU 计算，但效率较低)；“MPI” 用于打开对 MPI 的支持，Windows 下 PGI 编译器只支持微软 MPI(通过较为复杂的设置也可以使用其他 MPI，但使用微软 MPI 的相关设置已经集成到编译器环境中，使用较方便)；“Enable CUDA Fortran” 用于支持 CUDA Fortran，只要使用了 CUDA Fortran 支持的 GPU 计算相关功能均需将其由默认值 “No” 修改为 “Yes”(修改后自动列出下级可选项，主要是 CUDA 相关库、GPU 硬件属性等选项，如果对相关内容不熟悉，可使用默认值)。

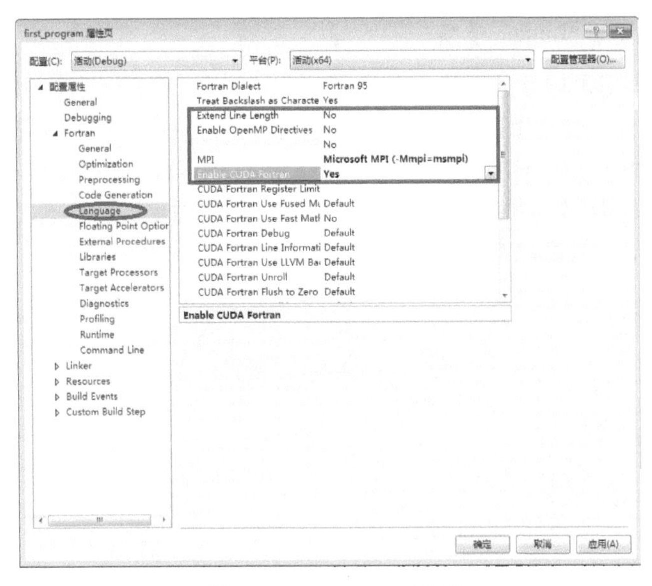

图 2.26 Language 子项

Command Line：如图 2.27 所示，本项主要有两大用处，一是右侧上方会列出“Fortran”子项各设置所对应的编译命令行参数，二是如果对这些编译参数很熟悉，可以直接在右侧下方的文本框内输入这些参数而不必去各下级选项修改。

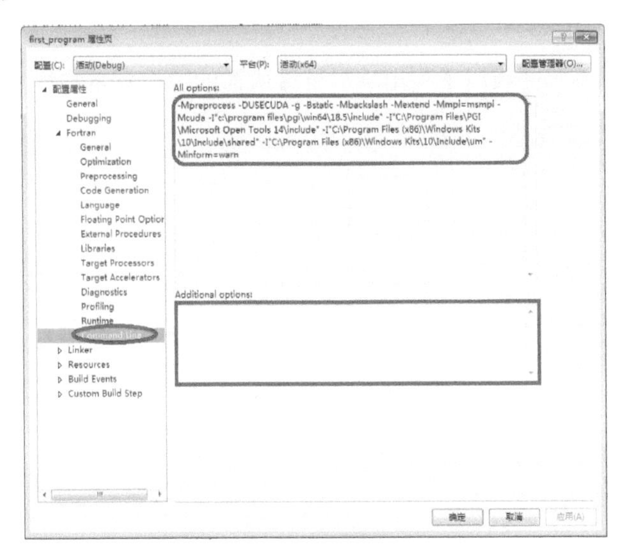

图 2.27 Command Line 子项

3. 项目属性之 “Linker 子项”

Linker 子项用于项目链接的相关设定。图 2.28 所示 General 项中的 “Additional Libary Directories” 最常用：列出项目所依赖的静态链接库文件搜索路径，而 “Stack Reserve Size” 和 “Stack Commit Size” 用于设定程序堆栈大小，通常使用默认值即可；当程序中使用了较大的静态数组时，需修改这两项参数，但建议 HPC 应用程序中尽量使用动态数组以节省内存，此时无需修改堆栈大小。

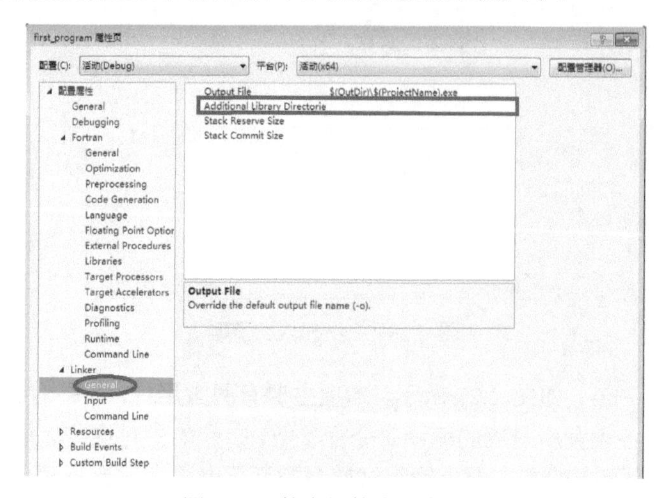

图 2.28　静态链接库搜索路径

图 2.29 所示 Input 项用于列出项目链接所需的静态库名称。

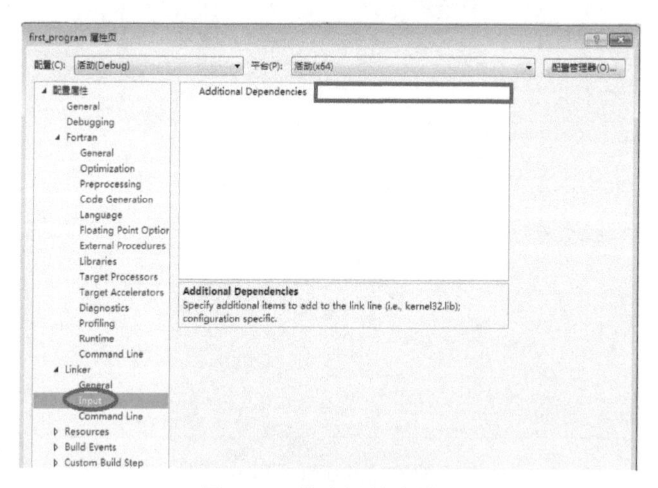

图 2.29　静态链接库指定

2.2.2 使用命令行编译程序

HPC 系统大多采用 Linux 或 Unix 操作系统，命令行编译、运行程序是最方便的方式，故建议读者尽可能熟悉 PGI 编译器的命令行使用方法 [2]—— 熟练掌握这些命令后，比集成环境使用要简洁得多。

PGI 编译器编译 Fortran 程序的命令为 pgfortran 或 pgf95，其格式为

```
pgf95 [option] source1[source2...]
```

其中，多个源文件 (source) 间用空格隔开。

pgf95 的参数非常多，读者可通过 pgf95-help 查询各参数含义及用法，这里介绍最常用到的参数。

-o object_name: 指定编译 (或链接) 结果文件名。若不使用 -o，则源程序的编译结果为扩展名为.o 的目标文件 (Windows 下扩展名为.obj)，可执行程序生成文件为 a.out(Windows 下为第一个源文件的文件名，但扩展名为.exe) 的可执行文件。

-I“Include_files_directors”：指定 include 文件和 module 文件搜索路径为 Include_files_directors，如果有多个路径，用冒号: 隔开 (Windows 下为分号;)。

-module “Module_files_directors”：指定 module 文件搜索路径和生成路径为 Module_files_directors，如果有多个路径，各路径间用冒号: 隔开 (Windows 下为分号;)。

-Mpreprocess：打开编译预处理。

-D“predefine_symbl”：在打开编译预处理条件下，预定义符号 predefine_symbl。

-mp：启用 OpenMP 编译指令。

-acc：启用 OpenACC 编译指令。

-Mmpi=installedmpi：使用 installedmpi 作为 MPI 工具。其中 installedmpi 在 Windows 下只能是 “msmpi”，在 Linux 下可以是 “mpich” “sgimpi” “mpich1” “mpich2” “mvapich1” 中的一个。

-Mcuda[=cudaopt]：打开 CUDA Fortran 编译选项。其中，cudaopt 为可选项，用于确定 GPU 设备计算能力 (Compute Capacity，CC)、CUDA 版本、缓存使用、快速数学库等，不熟悉的情况下建议省略这些选项 (编译系统使用默认值进行编译)。

-c ：只编译不链接。

例如，将程序 test.f90 编译为可执行文件 test.exe 的命令为

```
pgf95 -o test.exe test.f90
```

将 test1.cuf、test2.f90 编译成目标文件而不生成可执行文件：

```
pgf95 -c test1.f90 test2.f90
```

将 test1.o 及 test2.lib 生成可执行文件 test.exe：

```
pgf95 -o test.exe test1.o test2.lib
```

编译含 CUDA 特殊功能的 Fortran 程序 test3.f90:

```
pgf95 -o test3.exe test3.f90 -Mcuda
```

实践体会：PGI 编译器只能使用绑定的 MPI，有时候并不方便，可通过简单修改使其支持其他 MPI。以 Intel MPI 为例，Intel MPI 成功安装后，在其 bin 子目录下有个 mpiifort 脚本文件，用于 Intel Fortran 编译器结合 Intel MPI 进行 MPI 程序编译。将 mpiifort 复制为 mpipgf，用文本编辑器打开 mpipgf，搜索其中的 ifort(Intel Fortran 程序编译命令)，替换为 pgf95，则 mpipgf 成为 PGI Fortran 结合 Intel MPI 进行 MPI 程序编译的脚本，使用非常方便：

```
mpipgf source1 source2 ...
```

如果源程序 source1、source2 中用到 MPI 功能，则编译结果程序用到的是 Intel MPI。

2.3　Fortran 程序驱动 GPU

同 CUDA 对标准 C 的扩展一样，CUDA Fortran 通过增加少量关键字和函数调用，在标准 Fortran 的基础上实现对 GPU 的操作，从而让程序员基于 CUDA Fortran 开发 GPU 并行计算程序或将 CPU 版 Fortran 程序移植为 GPU 版时，能集中于并行算法本身而不是 GPU 硬件细节。因此，任何具备标准 Fortran 编程经验的程序员学习基于 CUDA Fortran 的 GPU 并行计算程序都是非常简单的。

2.3.1　GPU 算法的 CUDA Fortran 程序实现

几乎所有程序设计语言都有一个入门算例叫做 “Hello World”：简单在屏幕上输出一行 “Hello World” 或者其他字符，让这门程序设计语言的初学者最快体验到程序设计的乐趣。类似地，如果读者具有基本的 Fortran 语言编程经验，同样可以在普通 Fortran 程序中简单增加几行语句即可体验 GPU 程序的乐趣。

算例 2.1

```
!Sample2.1 Device information
program deviceQuery
  use cudafor
  implicit none
  type (cudaDeviceProp) :: prop
  integer :: nDevices=0, i, ierr
  ! Number of CUDA-capable devices
  ierr = cudaGetDeviceCount(nDevices)
```

```
if (nDevices == 0) then
   write(*,"(/,'No CUDA devices found',/)")
   stop
else if (nDevices == 1) then
   write(*,"(/,'One CUDA device found',/)")
else
   write(*,"(/,i0,' CUDA devices found',/)") nDevices
end if
! Loop over devices
do i = 0, nDevices-1
   write(*,"('Device Number: ',i0)") i
   ierr = cudaGetDeviceProperties(prop, i)
   if (ierr .eq. 0) then
     write(*,"('  GetDeviceProperties for device ',                &
              i0,': Passed')")i
   else
     write(*,"('  GetDeviceProperties for device ',                &
              i0,': Failed')")i
   endif
   ! General device info
   write(*,"('  Device Name: ',a)") trim(prop%name)
   write(*,"('  Compute Capability: ',i0,'.',i0)")                 &
        prop%major, prop%minor
   write(*,"('  Number of Multiprocessors: ',i0)")                 &
        prop%multiProcessorCount
   write(*,"('  Max Threads per Multiprocessor: ',i0)")            &
        prop%maxThreadsPerMultiprocessor
   write(*,"('  Global Memory (GB): ',f9.3,/)")                    &
        prop%totalGlobalMem/1024.0**3
   ! Execution Configuration
   write(*,"('  Execution Configuration Limits')")
   write(*,"('    Max Grid Dims: ',2(i0,' x '),i0)")                &
        prop%maxGridSize
   write(*,"('    Max Block Dims: ',2(i0,' x '),i0)")               &
        prop%maxThreadsDim
```

```
      write(*,"('     Max Threads per Block: ',i0,/)")          &
          prop%maxThreadsPerBlock
   enddo
end program deviceQuery
```

算例 2.1 获取本机支持 CUDA 的 GPU 卡 (后文除非特别注明，提到的 GPU 卡均指支持 CUDA 的 GPU 卡) 并逐一显示其名称等相关信息。算例中除了主程序第 3、5、8、20 行外全是 Fortran 标准用法，但是仅仅增加了这四行，这个程序就简单地操作了 GPU 卡：查询 GPU 卡数量并获得每一块 GPU 卡的主要信息。

主程序中的第 3 行使用的模块 cudafor 包含 CUDA 专用的各种常数、数据类型和函数接口；第 5 行程序利用 cudafor 中预定义的数据类型 cudaDeviceProp 声明了一个变量 prop，用于存储 GPU 卡的全部信息；第 8 行程序通过调用 cudaGetDeviceCount 函数获取本机 GPU 卡数量 (结果存入其唯一的参数 nDevices 中，返回值代表函数调用是否出现了异常：返回非 0 值表示函数调用出现了异常，此时，返回值为错误信息的 ID 号，可通过错误信息查询函数获得发生错误的详细情况)；第 20 行程序通过调用 cudaGetDeviceProperties 获取指定 GPU 卡 (该函数第二参数 i 为指定的 GPU 卡 ID 号 —— 注意，GPU 卡 ID 从 0 开始编号) 信息并存入其第一参数 prop 中，同样，返回值非 0 则表明函数调用出错。

将算例 2.1 的程序存储为 Sample2_1.cuf，然后在 Windows 系统 PGI 编译器自带的 Cygwin 环境下输入命令以生成可执行程序 Sample2_1.exe：

```
pgf95 -o Sample2_1.exe Sample2_1.cuf -Mcuda
```

运行 Sample2_1.exe：

```
./ Sample2_1.exe
```

运行结果如图 2.30 所示，共找到一块支持 CUDA 的 GPU 设备，名称为

```
PGI$ pgf95 -o Sample2_1.exe Sample2_1.cuf -Mcuda
PGI$ ./Sample2_1.exe

One CUDA device found

Device Number: 0
  GetDeviceProperties for device 0: Passed
  Device Name: GeForce GTX TITAN X
  Compute Capability: 5.2
  Number of Multiprocessors: 24
  Max Threads per Multiprocessor: 2048
  Global Memory (GB):     11.908

  Execution Configuration Limits
    Max Grid Dims: 2147483647 x 65535 x 65535
    Max Block Dims: 1024 x 1024 x 64
    Max Threads per Block: 1024
```

图 2.30　CUDA 卡信息显示程序运行结果

GeForce GTX TITAN X。虽然设备属性的其他各项含义现在还难以理解，但有一点是明确的：在标准 Fortran 程序的基础上只增加少量语句即可对 GPU 卡进行访问!

2.3.2 在主机与 CUDA 卡之间传输数据

除了集成在主板上的 GPU 芯片与 CPU 共享主机内存，更一般的情况是 GPU 作为 CPU 的协处理器通过 PCIe 接口与主机相连，GPU 和 CPU 各自拥有独立的内存空间，要开展 GPU 并行计算，必需的步骤就是将计算所需数据从主存传输到显存并将计算结果数据从显存传输到主存，如图 2.31 所示。

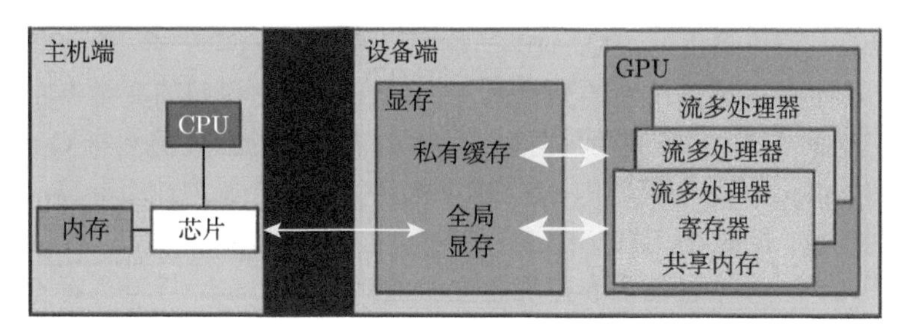

图 2.31 主机与 GPU 内存间数据传输

这种数据传输在 CUDA Fortran 中可通过系统 API 进行，操作较为简单：

算例 2.2

```
!Sample 2.2 Move Arrays
program main
   use cudafor
   implicit none
   integer,parameter::N=1000
   integer,allocatable,dimension(:):: a,b
   integer,device,allocatable,dimension(:):: a_d
   integer:: i
   ! allocate arrays on host
   allocate(a(N),b(N))
   ! allocate arrays on device
   allocate(a_d(N))
   ! initialize host data
   do i=1,N
      a(i) = i
      b(i) = 0
```

```
    enddo
    ! copy data from host to device: a to a_d
    a_d=a
    ! copy data from device to host: a_d to b
    b=a_d
    ! check result
    print *,"a=b?", all(a==b)
    deallocate (a,b,a_d)
end program
```

算例 2.2 是仅仅调用 CUDA API 把数据移入、移出 GPU 卡，没有其他操作。

在这个例子中，遇到了新的变量属性：device。用它说明的变量将在 GPU 内存中分配空间而不是 CPU 内存 (注意，使用的内存分配函数仍然与 CPU 内存分配函数一致：allocate)。在算例中，在 CPU 端定义了两个整型数组 a、b，并赋予了它们不同的初值，同时在 GPU 端定义了同等大小的整型数组 a_d；然后用赋值的方法把位于 CPU 端的 a 的内容拷贝至位于 GPU 端的 a_d，接着再将 GPU 端的 a_d 的内容拷贝至位于 CPU 端的 b，如图 2.32 所示；最后通过比较 a、b 的内容是否一致，以观察整个操作过程是否成功。

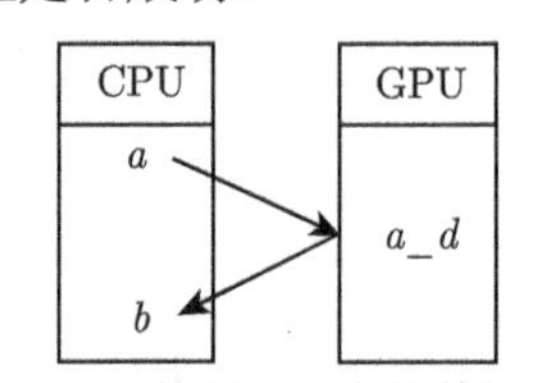

图 2.32　算例 2.2 中的数据移动

用前面介绍的编译链接方法编译这个程序，进一步了解和熟悉开发环境：

```
pgf95 -o Sample2_2.exe Sample2_2.cuf -Mcuda
```

运行 Sample2_2.exe，输出结果为

```
a=b?  T
```

结果表明拷贝至 GPU 卡上的数据和 CPU 端的原始数据完全一致。

2.3.3 GPU 端的计算

算例 2.2 仅仅展示了 CPU 端和 GPU 端的数据传输，并未进行任何实质上的 GPU 计算。下面在这个例子的基础上添加几行代码，来进行一个简单的计算：给整型数组的每个元素加一个常数。

1. CPU 数组加法

在开始这个例子之前，首先回顾：在普通的 CPU 程序中，怎么完成同等大小

整型数组的加法？这个问题对于熟悉 Fortran 语言程序设计的读者比较简单，即使用循环结构遍历数组的所有元素并完成相加：

算例 2.3

```
!Sample 2.3
module CPUsubroutine
contains
  subroutine addArrayOnHost(a, N,M)
    implicit none
    integer,value::N,M
    integer, intent(inout) :: a(N)
    integer :: i
       do i=1,N
        a(i)=a(i)+M
    enddo
  end subroutine
end module CPUsubroutine
```

2. 利用 GPU 完成数组加法

为了让 GPU 代替 CPU 完成同样的任务，需要额外做两件事：一是在计算开始前将数据从 CPU 内存传输到 GPU 内存，并在 GPU 完成计算后将结果传输回 CPU 内存；二是设计在 GPU 端开展计算的子程序。

算例 2.2 已经展示了 CPU 与 GPU 内存之间数据传输的基本方法，而 GPU 端子程序设计甚至更简单：在普通子程序前加上 CUDA Fortran 专有符号 attributes (global) 表明 “本子程序是将在 GPU 端执行的 kernel” 即可。

算例 2.4

```
!Sample 2.4
module GPUsubroutine
   use cudafor
   contains
   attributes(global) subroutine addArrayOnGPU(a, N, M)
     implicit none
     integer,value::N, M
     integer, intent(inout) :: a(N)
     integer :: i
       do i=1,N
```

```
            a(i)=a(i)+M
        enddo
    end subroutine
end module GPUsubroutine
```

可以看到，这里提供的算例 2.4 的 GPU 端子程序和算例 2.3 的 CPU 端子程序只有两点不同：第 3 行使用了提供 CUDA 所需各种变量声明和子程序接口的模块 cudafor；第 5 行在 subroutine 声明前使用了特殊符号 attributes(global)，声明该 subroutine 是一个 GPU 端执行的子程序 (这样的子程序在 CUDA C 中称为 kernel 或内核函数)。

当然，调用 GPU 端子程序的方式也和调用 CPU 端子程序略有不同：

算例 2.5

```
!Sample 2.5
program main
   use CPUsubroutine
   use GPUsubroutine
   implicit none
   integer,parameter:: N=10000000, M=10
   integer,allocatable,dimension(:):: a, b
   integer,device,allocatable,dimension(:):: a_d
   integer:: i,t1,t2,t3
   real(8)::cr
   allocate(a(N), b(N), a_d(N))
   do i=1,N
      a(i) = i
   enddo
   b=a
   call system_clock(t1,cr)
   call addArrayOnCPU(a, N, M)
   call system_clock(t2,cr)
   a_d=b
   ! do calculation on device:
   call addArrayOnGPU<<<1, 1 >>> (a_d, N, M)
   b=a_d
   call system_clock(t3,cr)
   write(*,*)"a=b?", all(a==b)
```

```
    write(*,*)"Time(μs) of CPU calculate:",t2-t1
    write(*,*)"Time(μs) of GPU calculate:",t3-t2
    deallocate (a,b,a_d)
end program
```

主程序中出现了一个新概念：第 21 行调用 GPU 端计算程序完成计算任务时多了一对三重尖括号“<<<”和“>>>”且中间含两个数字，这是 CUDA 特有的被称为执行配置的概念 (后续章节讨论其用法)，这里可以简单理解为“采用一个 GPU 流处理器 (SP) 进行计算”。此外，程序中为了比较 CPU 计算和 GPU 计算效率，调用 system_clock 分别对 CPU 计算和 GPU 计算进行计时，且其第二参数采用的是双精度实数，故计时单位是微秒 (μs)。

分别将算例 2.3、2.4 和 2.5 存储为 Sample2_3.cuf、Sample2_4.cuf 和 Sample2_5.cuf，并对 Sample2_3.cuf、Sample2_4.cuf 只编译不链接 (代码中不含主程序，不能链接，需加 -c 参数)，然后在主程序源代码文件 Sample2_4.cuf 之后加上 Sample2_3.cuf、Sample2_4.cuf 编译时产生的目标文件 (扩展名为.o) 一起编译、链接生成可执行程序 Sample2_5.exe：

```
pgf95 Sample2_3.cuf -c
pgf95 Sample2_4.cuf -c -Mcuda
pgf95 -o Sample2_5.exe Sample2_5.cuf Sample2_3.obj
    Sample2_4.obj -Mcuda
```

运行 Sample2_5.exe，输出结果见图 2.33：GPU 算法和 CPU 算法结果一致，但 GPU 计算耗时 2384999μs 而 CPU 仅耗时 5000μs。由于程序中 GPU 计算只使用了一个计算单元，而就单个计算单元而论，GPU 计算速度远低于 CPU，因而这里使用 GPU 进行的计算速度反而不如使用 CPU。如何充分利用 GPU 多核心计算能力的话题将在后续章节讨论。

```
PGI$ pgf95 -c Sample2_3.cuf
PGI$ pgf95 -c Sample2_4.cuf -Mcuda
PGI$ pgf95 -o Sample2_5.exe Sample2_5.cuf Sample2_3.obj Sample2_4.obj -Mcuda
Sample2_5.cuf:
PGI$ ./Sample2_5.exe
 a=b?  T
 Time(us) of CPU calculate:          5000
 Time(us) of GPU calculate:       2384999
```

图 2.33 数组加法算例输出结果

2.4 错误信息获取

软件测试业有句名言：世上不存在没有 BUG 的软件 —— 当然，一段功能性的小程序是可以做到无 BUG 的，但能被称为“软件”的程序通常都很长很复杂，因而要做到零 BUG 难度极大。

一旦程序设计中出现错误，就需要对错误进行定位，判断错误产生的原因并有针对性地进行修正。CUDA Fortran 提供的 GPU 设备操作库函数基本都提供了判定调用是否成功的返回参数，帮助程序员定位、分析错误产生的原因。

比如，算例 2.1 中的 ierr = cudaGetDeviceCount(nDevices) 语句，函数返回值 ierr 为 0 时表示函数调用成功，如果返回非 0 值则表示函数调用中出现了错误，返回值为错误信息 ID 值。

只是输出错误信息 ID 显然无助于程序员了解错误原因，CUDA Fortran 提供了通过错误信息 ID 获取错误信息的库调用：cudaGetErrorString。其函数接口为

```
function cudaGetErrorString( errcode )
    integer, intent(in) :: errcode
    character*(*) :: cudaGetErrorString
```

调用后返回错误信息 ID 为 errcode 的错误信息文本，打印这个文本可以帮助程序员定位、分析错误原因。

为此，正式的软件中调用有错误信息 ID 返回值的库函数应如下书写：

```
istat = cudaGetDeviceCount(numdevices)
if(istat/=0)then                  !返回值非0, 表示有错误发生
   print *,trim(cudaGetErrorString(istat))
endif
```

作为以介绍 CUDA Fortran 基本使用方法及其在 CFD 算法中的应用为主的工具书，后文通常忽略类似这种错误信息打印的辅助代码，以突出核心算法的介绍。但建议读者在自己的软件设计中养成错误信息处理的良好习惯。

除了 cudaGetErrorString 这种即时错误信息显示，CUDA Fortran 还提供了查询最近错误信息的手段：

适用于 CPU 代码的最近错误信息查询：cudaGetLastError

函数接口：

```
integer function cudaGetLastError()
```

调用后返回 CPU 进程/线程最近发生的错误信息 ID，无错误则返回 0。

适用于 GPU 代码的最近错误信息查询：cudaPeekAtLastError

函数接口：

```
integer function cudaPeekAtLastError()
```

调用后返回最近发生的 CUDA 运行时错误信息 ID，无错误则返回 0。

参 考 文 献

[1] PGI Compilers&Tools: Installation Guide for x86-64 CPUs and Tesla GPUs (Version

2018), nVIDIA Inc.

[2] PGI Compilers&Tools: Rlease Notes for x86-64 CPUs and Tesla GPUs (Version 2018), nVIDIA Inc.

[3] PGI Compilers&Tools: CUDA Fortran Programming Guide and Reference (Version 2018), nVIDIA Inc.

第 3 章 CUDA 线程模型

在第 2 章，通过在 GPU 中对数组各元素相加的操作演示了 GPU 并行计算程序的基本特点，但为了避免让读者在阅读的一开始就在各种枯燥、难懂的概念中晕头转向，第 2 章并未详细介绍用到的各种概念。本章介绍 GPU 的并行计算思维及其 CUDA 实现方法 [1-7]。

3.1 CUDA 并行计算思维

GPU 超凡的计算能力源于其数量众多的运算单元，但如何充分发挥这种数量优势是一个具有挑战性的工作，而核心是理解其并行计算思维。

3.1.1 并行算法设计

1. *任务的并发性*

并发性 (Concurrence) 是指两个或多个事件在同一时间段发生。软件系统包含多个活动的操作流 (进程、线程等) 时，如果这些操作流在一段时间内同时向前推进，则称软件系统具有并发性。由于只要求 “时间段” 相同，因而允许操作流不是在同一 “时刻” 向前推进，比如某些操作流因得不到资源而处于等待时其他操作流可以继续推进，从而最大化资源利用率。例如，飞行器绕流流场数值计算中，同一迭代步内，空间各点的流场参数都得到更新，因而各点的 “流场参数更新” 操作具有并发性，即便这个操作可能是串行执行的。

并行性 (Parallelism) 是指两个或多个事件在同一时刻发生。具有并发性的操作流同时得到资源而执行，则这些操作流具有并行性，即得到硬件支持的并发性就是并行性，因而并行性程序只是并发性程序的一个子集。

并发性具有很多优点，仅就数值计算而言，主要体现在三方面：一是程序设计更方便，具有并发性的任务是否并行执行可以交给系统管理而无需程序员干涉，即便确定不能获得计算资源而需要顺序执行，程序员也可以任意设置具有并发性任务的执行顺序，减少程序设计的限制；二是提高硬件资源利用率，当硬件资源不足时，具有并发性的任务排队获得硬件资源，掩盖指令与数据读写延迟，提高硬件利用率；三是缩短任务执行周期，当硬件资源足够时，将具有并发性的任务发布给不同的硬件去并行执行而减少资源闲置，缩短任务执行周期。

2. 并行模型

对于并行程序设计来说，找到问题的并发性是第一步，更重要的是在代码设计中表现这种并发性，包括定义并发执行的操作流并为它们关联执行时间，同时管理这些操作流之间的依赖性，确保这些操作在并行执行时可以生成正确的结果。但这种并行计算底层细节的处理对绝大多数程序员来说都过于烦琐，因而并行程序设计的关键是建立并行模型，然后选择合适的并行算法支持系统 (比如 MPI、CUDA 等)，并用约定的方式表述计算模型，而将并行计算的底层实现交给系统去完成。

并行模型通常指从并行算法的设计和分析出发，将各种并行计算机 (至少某一类并行计算机) 的基本特征抽象出来，形成一个抽象的计算模型。根据分类方法的不同，并行模型有很多种，CFD 中常用并行模型主要有两种：数据并行与任务并行。

数据并行 (Data Parallelism)：针对多个不同的数据执行相同的指令、指令集或算法。比如，相同大小的数组 A 与 B 相加，每个元素执行的指令都是相同的 (加法)，只是指令操作的数据对象不一样，如图 3.1 所示。数据并行算法的一个突出特点是数据并行性的程度 (可以并行进行的数据操作数目) 随着问题规模的增加而增大，即这类问题可以用较多的处理器来有效地处理更大规模的问题，是一种比较简单而又高效的并行算法。

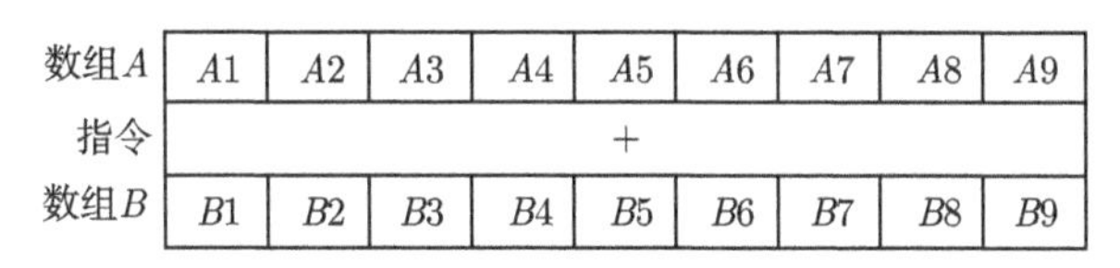

图 3.1 数组加法中的数据并行

任务并行 (Task Parallelism)：在多个不同的数据上执行不同的指令、指令集或算法。比如，在如图 3.2(a) 所示的航天器再入稀薄过渡区绕流场 N-S/DSMC 耦合数值计算中，对于物面附近或激波、膨胀波强扰动、背风区等流场某些区域，空气稀薄，不满足连续流条件，必须使用 DSMC 方法仿真获取流动特征；而内流场密度较大，呈现连续介质流动属性的区域，求解 N-S 方程即可。此时，连续流区和稀薄流区属于不同的计算任务，可以分别计算，图 3.2 绘出 N-S/DSMC 耦合算法中的任务并行区域分解与方法间信息传递过程 [8,9]。这类算法中，只要所有必需的子任务已经完成，后续子任务就可以进行，因此，子任务可以并行地执行，被称为任务并行性。严格来说，任何数据并行算法都可用任务并行算法表示，因而数据并行属于任务并行中的一种，但任务并行性可用于表述更复杂的计算任务。

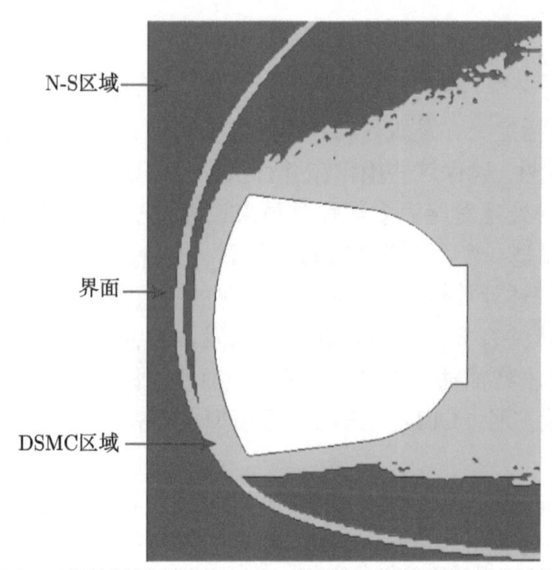

(a) N-S方程内流场求解与DSMC物面附近激波膨胀波流场模拟区域分解

(b) N-S方程求解与DSMC仿真模块耦合(MPC)信息双向传递示意图

图 3.2　N-S/DSMC 耦合算法中的任务并行

3.1.2　SIMD 模型

在确定并行模型后，并行程序设计的下一步是将问题转化为可编程的计算模型。如图 3.1 所示数组 $A+B$ 问题中，计算机执行的指令只有一个 (加法)，而这条指令处理的数据有多个，这种计算模型称为单指令多数据 (Single Instruction Multiple Data，SIMD) 模型 [10,11]。所有的数据并行问题都可采用 SIMD 模型表达。

在串行算法中，SIMD 模型是用一个计算单元 (比如 CPU 核心)，通过切换不同的数据得到最终计算结果，如图 3.1 所示；而在并行算法中，SIMD 算法在每一个计算单元中存入相同的计算指令，各计算单元独立完成所分配的计算数据的计算，如图 3.3 所示。

数组A	$A1$	$A2$	$A3$	$A4$	$A5$	$A6$	$A7$	$A8$	$A9$
计算单元	+	+	+	+	+	+	+	+	+
数组B	$B1$	$B2$	$B3$	$B4$	$B5$	$B6$	$B7$	$B8$	$B9$

图 3.3　数组加法的并行执行

一般来说，硬件条件很难真正满足“每组数据一个计算单元”的要求，因此，每个计算单元可能仍然需要处理多组数据，因而在计算单元内部仍然是顺序执行的串行算法，各计算单元之间并行执行。

3.1.3 SIMT 模型

硬件架构上，GPU 与 CPU 最显著的不同有两点：一是单块 GPU 设备的计算单元数量远超单颗 CPU 核心数 (通常达到数百倍)；二是 GPU 计算单元功能单一、缓存极少，不能像 CPU 的核那样独立运行 (如图 3.4 所示，GPU 计算中，需要 CPU 进程或线程管理 GPU 代码的执行)。

图 3.4 GPU 异构并行一般形式

因此，CUDA 采用 SIMD 模型，但在 SIMD 基础上加以改进：用同一计算指令序列生成 CUDA 线程，将多个 CUDA 线程映射到 GPU 设备的不同 CUDA 核，处理不同的数据，这种模型被称为单指令多线程 (Single Instruction Multiple Thread，SIMT) 模型。与 SIMD 模型相比，SIMT 模型的最大不同在于，CUDA 线程是轻量级线程，线程切换代价更低，因而程序员可通过 CUDA 系统向 GPU 设备发射远超 CUDA 核数量的 CUDA 线程。这种做法的优势在于：一方面，通过 CUDA 线程的切换掩盖数据读写延时；另一方面，程序设计中无需考虑并行规模受到的 GPU 硬件的限制，简化并行程序设计。

CUDA 采用两个机制实现 SIMT 模型：一是以 kernel 函数完成单个线程的指令编码，包括给线程指派要处理的数据；二是采用特殊的执行配置调用 kernel 函数，指定执行 kernel 函数的线程数量和组织形式。至于线程的生成、切换、回收等工作将根据执行配置给出的信息由 CUDA 系统完成，无需程序员干预，从而极大地简化了 GPU 并行计算的实现。如算例 2.4 中，在 attributes(global) 子例程子程序中设定的单个 CUDA 线程要执行的核心指令就是通过循环计算数组加法，并通过执行配置 <<<1, 1>>> 指定了 CUDA 线程总数为 1。

由 kernel 函数设计的指令序列会被“复制”N 次 (N 由执行配置确定)，形成 N 个线程 —— 由此可以联想到 CPU 串行算法中的常见程序结构：DO 循环。其中，执行配置相当于确定循环次数及循环变量计算方式，kernel 函数相当于循环体。只不过这个 DO 循环是有条件限制的：由 kernel 函数设计的线程执行的先后顺序不确定，因此各线程处理的数据之间不能有相互依赖关系；kernel 函数中规定的是单个线程的动作，由此产生的所有线程均执行同样的动作，因而对应的 CPU 循环不能有转出/转入语句 (比如 goto、exit 等语句)；线程 ID 的计算有特殊规定 (后文介绍)，因此，循环变量的增量必须是 1—— 事实上，在将 CPU 程序移植到 GPU 时，最常见的方式就是将满足这些规则的 DO 循环改写为 kernel 并通过执行配置发布到 GPU 完成计算。

3.2 CUDA 线程的主要特性

CUDA 通过扩展标准 C (对于 CUDA C) 和标准 Fortran (对于 CUDA Fortran) 定义 GPU 端代码编写。

3.2.1 子程序属性限定符 attributes

为了区分代码将在 CPU 端执行还是 GPU 端执行，CUDA Fortran 引入子程序 (包括函数 function 和子例程 subroutine，下同) 属性限定符 attributes，其参数为 host、global、device 和 grid_global 四者之一。其中，grid_global 参数仅适用于 Volta 架构的最新 GPU 设备。

attributes(host) 用于声明子程序将在 CPU 端执行，称为 host 子程序。比如：

```
attributes(host) subroutine sub1(par1,par2,...)
attributes(host) real function fun1(par1,par2,...)
```

由于标准 Fortran 中子程序默认在 CPU 端执行，为了与标准 Fortran 程序兼容，CPU 端子程序的属性限定符可以省略，比如上述 sub1 和 fun1 也可按标准 Fortran 语法等价定义为

```
subroutine sub1(par1,par2,...)
real function fun1(par1,par2,...)
```

标准 Fortran 子程序的定义方法读者可查询相关资料，不再赘述。

attributes(global) 只能用于限定子例程，声明该子例程在 GPU 端执行，称为 kernel。比如：

```
attributes(global) subroutine kernel1(par1,par2,...)
```

kernel1 定义的代码将在 GPU 端执行，详见后文。

attributes(device) 用于声明的子程序同样在 GPU 端执行，称为 device 子程序。比如：

```
attributes(device) subroutine d_sub1(par1,par2,...)
```

```
attributes(device) real function d_fun1(par1,par2,...)
```

device 子程序与 host 子程序的不同在于，device 子程序只能在 GPU 端执行，而 host 子程序只能在 CPU 端执行；device 子程序与 kernel 的不同在于，kernel 是 GPU 代码的起点，可被 CPU 代码 (主程序或 host 子程序) 按特殊格式 (见后文) 调用，而 device 子程序只是 GPU 端代码的一部分，只能被 GPU 代码 (kernel 或另一 device 子程序) 调用。

attributes(grid_global) 同 attributes(global) 一样用于定义 kernel。比如：

```
attributes(grid_global) subroutine kernel1(par1,par2,...)
```

attributes(global) 定义的 kernel，CUDA 线程不一定同时驻留 GPU 设备 (见后文)；而 attributes(grid_global) 定义的 kernel，所有 CUDA 线程将同时驻留在 GPU 设备，因而可以执行同步操作。由于这种用法仅适用于最新的 Volta 架构 GPU 设备，作者未能有幸测试，对其用法、优点并不熟悉，后文将不再讨论相关内容。

3.2.2 kernel 函数

kernel 是 CUDA 中最重要的概念之一，是一切 GPU 端执行代码的起点，因而在 CUDA C 中被形象地称为 “kernel 函数” 或 “核函数”。在 CUDA Fortran 中，kernel 实际上是一种特殊的子例程子程序，因而不宜称为 “函数”，但为了和 CUDA C 概念一致，便于读者对照学习，这里仍然将其称为 “kernel 函数” 或 “核函数”。

由 attributes(global) 定义的 kernel 函数最终被作为 GPU 端执行的 CUDA 线程的核心代码，由 CUDA 系统复制多份，每份发射给一个 GPU 流处理器 (SP) 形成一个 CUDA 线程驱动 GPU 并行完成计算任务。虽然 kernel 函数的定义与普通子程序形式上没有明显的区别，但它是在 GPU 上执行的，而且通常是并行执行的，因而与普通 subroutine 相比有很大的不同，这些不同有些是显式的，有些则是隐含的：

- kernel 函数只能处理常数和 GPU 端变量 (包括单变量和数组 —— 若无特殊声明，后文提到的变量都既包括单变量也包括数组)，无论这些变量是参数还是临时变量或通过使用 module 得到的共享变量，在 kernel 中默认都是 GPU 端变量，如果 kernel 处理的某个变量是 CPU 端变量，则产生编译错误。
- kernel 函数不能有可选参数，即调用 kernel 时必须给出每一个参数对应的实参。
- kernel 函数中的变量不能有 save 属性。由于 kernel 函数是并发执行的，使用具有 save 属性的变量可能导致不确定的结果。
- kernel 函数必须使用 CUDA 特有的 “执行配置” 进行调用 (见后文)。

- kernel 函数不能调用自己，即不允许递归调用。
- kernel 函数是异步执行的，即调用它的程序在调用后不等待它的返回就继续向下执行。因此，kernel 函数不能通过 return 指定额外的返回点，也不能通过 entry 提供额外的入口。
- kernel 不能被 contains 包含在其他主机子程序 (subroutine 或 function) 中，也不能通过 contains 包含任何子程序。

kernel 与 CPU 端普通子例程子程序的比较如表 3.1 所示。

表 3.1 kernel 与普通 subroutine 的比较

项目	子例程 (subroutine)	核函数 (kernel)
形式	subroutine CPUsub(parlist) …… end subroutine hostsub	attributes(global) subroutine GPUsub(parlist) …… end subroutine devicesub
额外返回点或入口	不建议使用	禁止使用
包含关系	可以包含其他子程序， 也可以包含于其他子程序	不能包含其他子程序， 也不能被包含于其他子程序
递归	允许	禁止
参数	CPU 变量、常数	GPU 变量、常数
可选参数	允许	禁止
save 属性变量	允许	禁止
执行硬件	CPU	GPU
执行方式	同步	异步
被调用的形式	CPU 程序 call 语句	CPU/GPU 程序 call 语句加执行配置
调用其他函数	CPU 子程序、kernel	kernel、device 子程序

3.3 CUDA 线程结构

一般地，程序员在 kernel 设计时要做的主要是两件事：设计线程的行为；根据线程 ID 分配这些行为的对象 (数据)。而线程 ID 的获取与 CUDA 的另一重要概念 “CUDA 线程结构” 有关。

3.3.1 线程 block 和线程 grid

在第 2 章中，为了展示 CUDA Fortran 的易学、易用，简单地将普通子程序加上 attributes(global) 声明而设计了 GPU 端执行的子程序，但那样的子程序并未根据线程 ID 给各线程分配不同的计算任务，因而即便让 GPU 的全部计算单元都去执行这个子程序，也必然是 “各自独立地” 把同样的数据重复进行处理，不会缩短计算时间，因而在第 2 章的算例中只用 GPU 的一个计算单元执行了这个子程序。

和 CPU 上的共享存储并行方式类似，在 GPU 上运行的基本程序单位是线程，所有同一 GPU 上的线程共享全局资源，比如第 4 章还会专门讲到的全局内存、高速缓存等；和 CPU 上共享存储并行的线程不同，GPU 可以同时执行成百上千个线程，而通过线程切换 GPU 中并发执行的线程数更远超此数。对数量如此庞大的每一个线程单独进行管理代价太大甚至不可实现，为此，CUDA 采用了 block 和 grid 两级线程层次模型，对线程进行分组、分层管理，如图 3.5 所示，每次 kernel 调用形成一个线程 grid，每个 grid 含多个线程 block，每个线程 block 含多个 CUDA 线程。

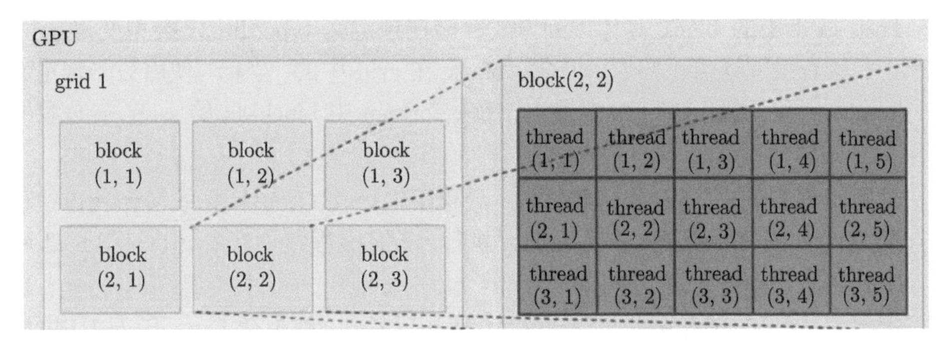

图 3.5 CUDA 中的 block 与 grid 两级线程结构

第 1 级，CUDA 将线程按 block 分组。根据 GPU 硬件计算能力 (Compute Capability, CC) 不同，一个 block 最多可有 1024 个线程 (具体数值可查询 GPU 硬件特性得到)，这些线程在逻辑上可按一维、二维或者三维排列。

由于二维排列可看作三维的特例 (第三维为 1)、一维排列可看作二维的特例 (第二维为 1)，CUDA Fortran 在 cudafor 模块中预定义一个结构类型用于描述这种三维排列：

```
type dim3
   integer(kind=4) :: x,y,z
end type
```

至于程序中究竟采用一维还是二维或者三维排列，可由程序员自行决定，只有三个限制：

(1) 任意一维最小为 1；

(2) 如果采用三维排列，z 方向最大不能超过 64；

(3) 总线程数 (三个方向线程数的乘积) 不能超过 1024。

具体排列方式存储在预定义的 type(dim3) 类型变量 blockDim 中，所有线程均可访问这个变量。而线程在 block 中的“坐标”使用另一预定义 type(dim3) 类型变量 threadIdx 描述 (注意，CUDA C 中，threadIdx 的 x、y、z 分量从 0 开始编号，而 CUDA Fortran 中从 1 开始编号)。

第 2 级，多个同等大小和形状的线程 block 组成 grid。grid 里的 block 在逻辑上也可按一维、二维或者三维排列，但稍有不同的是，y 方向和 z 方向最大值是 65536，x 方向为任意 32 位正整数 (最大 2^{31})，这意味着 grid 内允许的最大 block 数量是 2^{63}—— 如果每个 block 含有 1024 个线程，则每次 kernel 调用最多可产生 2^{73} 个线程。一般来讲，这个数字已经可以被简单地理解为“无穷大”，即程序员在求解问题时可以简单地认为 GPU 拥有“无穷多的运算单元”，而无需考虑 GPU 设备的实际运算单元数。

线程 grid 中的 block 具体排列方式存储在预定义 type(dim3) 类型变量 gridDim 中，所有线程均可访问这个变量。block 在 grid 中的“坐标”使用另一预定义 type(dim3) 类型变量 blockIdx 描述 (CUDA Fortran 中 blockIdx 的 x、y、z 分量同样从 1 开始编号)。

理解线程的 grid、block 两级结构，最重要的是在 GPU 计算中由此获得线程的全局 ID：如图 3.5 所示，单次 kernel 执行，所有线程组成一个 grid，在 grid 中各 block 按 x、y、z 三个方向排成阵列，block 的 ID 可由系统变量 blockIdx 查得；block 内各线程同样按 x、y、z 三个方向排成阵列，线程在 block 中的 ID 可由系统变量 treadIdx 查得。因此，任意线程的全局 ID 也可分为 x、y、z 三各分量，以 x 分量为例，其全局 ID 可由 block 的 ID、block 的大小及线程在 block 中的 ID 获得：

```
idx=(blockIdx%x-1)*blockDim%x+threadIdx%x
```

假如 block 的 x 方向大小为 4，则线程在 x 方向的全局排列如图 3.6 所示。

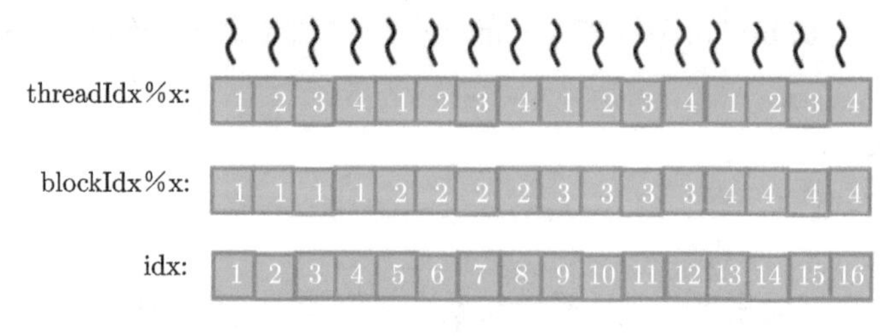

图 3.6 CUDA 中线程全局 ID 的 x 分量

线程全局 ID 的 y、z 分量可类似获得：

```
idy=(blockIdx%y-1)*blockDim%y+threadIdx%y
idz=(blockIdx%z-1)*blockDim%z+threadIdx%z
```

特别强调，线程全局 ID 是为不同线程分配计算数据的基础，在 GPU 计算中使用非常频繁，其计算公式需要理解并牢记。

此外，在实际线程调度管理时，CUDA 其实还有个更低的层级，即 32 个线程组成一个线程束 (Warp)，但这个级是隐含的，程序员无权更改，所以在入门学习中暂时先无视它，到后面的程序优化相关章节再讨论它的影响。

3.3.2 block 内线程与 block 间线程

同一 block 内的线程可以交互。比如，通过调用 syncthread 进行同步，同一 block 内的线程会到达此位置后等待，直到所有线程都到达再往下执行；另外，同一 block 内的线程可共享或交换信息。因此，虽然物理上同一 block 内的线程未必能同时获得物理运算单元而执行 (通过切换，多个线程可分时共用一个物理运算单元)，但仍然可以认为它们是 “同时” 在执行。

但是，位于不同 block 的线程与此不同。首先，它们只能共享全局内存；其次，它们在执行秩序上不再有任何保障，既可能是同时在执行，也可能是先后执行且先后秩序不确定。这种执行秩序的不确定使得不同 block 内的线程间无法进行信息交互。

3.3.3 CUDA 线程与 GPU 硬件对应关系

显然，CUDA 线程是从软件的角度理解 GPU 计算概念，那么，这些 CUDA 线程、线程 block、线程 grid 又是如何与 GPU 硬件产生联系的呢？

GPU 硬件的物理组成细节十分复杂，但幸运的是，在 CUDA 框架下，程序员可以将 GPU 设备简单理解为 “由多个计算单元组成的多核计算设备”，具体说包括以下三级硬件 (如图 3.7 所示)：GPU 的基本计算单元是流处理器 (SP)，由 kernel 函数定义的 CUDA 线程在 SP 上执行，每个 CUDA 线程由一个 SP 执行，但通过

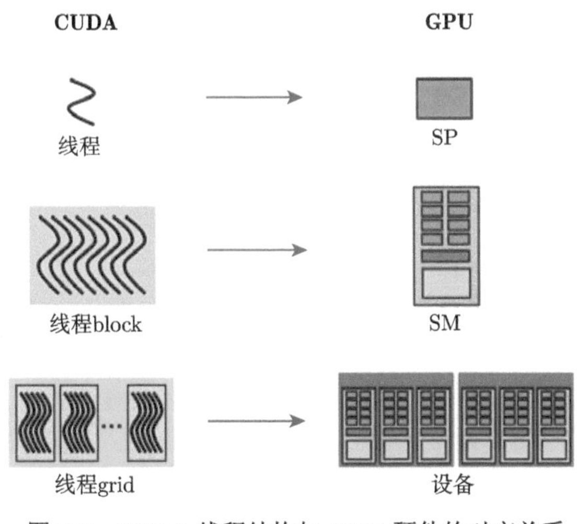

图 3.7 CUDA 线程结构与 GPU 硬件的对应关系

线程切换，每个 SP 可以执行多个 CUDA 线程；GPU 设备中多个 SP 组成流多处理器 (Streaming Multiprocessor，SM)，CUDA 代码产生的线程 block 被发射到 SM 上执行，每个线程 block 由一片 SM 执行，但同样地，通过线程 block 的切换，每片 SM 可以执行多个线程 block；整个 GPU 设备由多片 SM 组成，而单次 kernel 函数调用产生的线程 grid 被 CUDA 系统映射到整个 GPU 设备执行。

3.3.4 CUDA 线程设计

算例 2.4 中的核心代码是通过循环完成重复性工作 $a(i) = a(i) + M$。假定有足够多的线程可用，怎么减少计算耗时呢？最直观的想法是每个线程只负责一个数组元素的加法，则 N 个线程同时工作，各自执行一次加法就能完成全部计算任务，从而所需时间缩短为原来的 $1/N$。

为此，必须根据线程 ID 给不同的线程分配不同的任务，避免出现 "某些任务被多个线程执行了而某些任务没被执行" 的情况。而获得线程 ID 的方法在 3.2 节已经介绍了，因而算例 2.4 中的循环可以改写成

```
i=(blockIdx%x-1)*blockDim%x + threadIdx%x
a(i)=a(i)+M
```

即全局 ID 为 i 的线程完成 $a(i) = a(i) + M$ 操作。改写后，只要 blockIdx%x、blockDim%x 和 threadIdx%x 的取值范围合适，确保 i 在 $1 \sim N$ 之间，则全部计算任务都能顺利完成，但为了确保不出现 $i > N$ 的数组越界错误，在指令 $a(i) = a(i)+M$ 之前需要加一条判断：对于 i 大于 N 的线程，什么都不要做，直接退出子程序执行。改写后的完整 GPU 子程序如下：

算例 3.1

```
!Sample 3.1
module GPUsubroutine
   use cudafor
   contains
   attributes(global) subroutine addArrayOnGPU(a, N, M)
    implicit none
    integer,value::N, M
    integer, intent(inout) :: a(N)
    integer :: i
    i=(blockIdx%x-1)*blockDim%x + threadIdx%x
    if(i>N) return
    a(i)=a(i)+M
   end subroutine
```

```
end module GPUsubroutine
```

代码在 kernel 中使用了 return 语句，但没有指定额外的返回点，因而线程只是提前返回而不是跳转到其他返回点，是符合 CUDA Fortran 对 kernel 函数定义的强制约定的，但若后续代码中需要使用线程同步函数，则已经执行 return 的线程无法到达线程同步点，会导致线程同步失败，此时不能使用 return 语句。

需要注意的是，参数 a 在 kernel 中是数组变量，按照前述 kernel 定义规则，它是位于 GPU 内存的，因而调用这个 kernel 时对应的实参也必须是 GPU 端数组变量；参数 N 和 M 被说明为 value，即这两个参数是常数，则对应的实参既可以是常数也可以是 CPU 变量或 GPU 变量；如果参数 N 和 M 说明时没有加 value 参数，则这两个参数也是 GPU 变量，调用时实参必须使用 GPU 变量 —— 这是初学者最容易出错的问题之一。顺便一提：按照 Fortran 语法 (而不是 CUDA 的特殊要求)，调用使用了 value 参数的子程序时，调用者需要通过 interface 提供显式的子程序接口，或者将子程序用 module 封装，然后在调用子程序时通过 use 包含该 module(也相当于提供了显示的子程序接口)。

改写后，各线程根据自己的 ID 选择不同的数组元素执行加 M 的操作。

再看一个算例：假定有两个同等大小的三维数组，每一元素都是一个三元矢量，现在要求这两个数组中对应位置三元矢量的点积。

对于这样的问题，串行算法很简单，即用三重循环遍历三维数组，计算对应位置的两数组元素 (三元矢量) 的点积：

```
do k=1,Nz
do j=1,Ny
do i=1,Nx
    c(i,j,k)=dot_product(a(1:3,i,j,k),b(1:3,i,j,k))
enddo
enddo
enddo
```

其中，dot_product 为 Fortran 内置函数，功能是计算两个矢量的点积。

同前面展示的一维数组加法问题一样，最直观的并行计算思路是“每一个 CUDA 线程完成一对三元矢量的点积”，当线程数量足够多时，所有的矢量点积任务都能得到执行。

确定算法后，剩下的任务是根据线程 ID 分配计算任务。这里需要完成的计算任务是三维的，那么假定线程也是按三维排列是最直观的，从而 kernel 核心部分可写为

```
i=(blockIdx%x-1)*blockDim%x + threadIdx%x
j=(blockIdx%y-1)*blockDim%y + threadIdx%y
```

```
k=(blockIdx%z-1)*blockDim%z + threadIdx%z
c(i,j,k)=dot_product(a(1:3,i,j,k),b(1:3,i,j,k))
```

完整的 kernel 如下:

算例 3.2

```
!Sample 3.2
module VectorDotProduct
   use cudafor
   contains
   attributes(global) subroutine VDot(a,b,c, Nx,Ny,Nz)
      implicit none
      integer, value :: Nx,Ny,Nz
      real,intent(in ),device,dimension(1:3,Nx,Ny,Nz)::a,b
      real,intent(out),device,dimension(Nx,Ny,Nz) ::c
      integer :: i,j,k
      i = (blockIdx%x-1)*blockDim%x + threadIdx%x
      j = (blockIdx%y-1)*blockDim%y + threadIdx%y
      k = (blockIdx%z-1)*blockDim%z + threadIdx%z
      if (i>Nx .or. j>Ny .or. k>Nz) return
      c(i,j,k) =dot_product(a(1:3,i,j,k),b(1:3,i,j,k))
   end subroutine VDot
end module VectorDotProduct
```

通过上述两个算例，展示了 kernel 设计的一般过程:

(1) 获取线程全局 ID，即 kernel 函数 VDot 中的 i= (blockIdx%x−1)* blockDim%x+threadIdx%x，j= (blockIdx%y−1)*blockDim%y+threadIdx%y，k=(blockIdx%z−1)*blockDim%z+threadIdx%z。

(2) 根据线程 ID 指定线程行为，即 kernel 函数 VDot 中的 c(i,j,k) = dot_product (a(1:3,i,j,k),b(1:3,i,j,k))。可以发现，这条语句与 CPU 程序中循环内的程序写法完全一致! 只是这里加上条件判断避免数组越界 —— 再次体现了基于 CUDA 的 GPU 并行算法: kernel 函数中设定的线程行为类似于 CPU 串行算法中 DO 循环的循环体，因而将 CPU 程序移植到 GPU 时，转变的只是并行计算思维而不是算法本身。

3.4 执行配置

第 2 章的算例 2.5 中已经使用了执行配置: 调用在 GPU 端执行的 kernel 时，与调用普通 subroutine 相比，多了一对三重尖括号 “<<<” 和 “>>>” 括起来的两个整型变量，这就是调用 kernel 函数的执行配置，用于设定 GPU 端线程 block 与 grid 维度信息，其中，第一个参数代表 grid 中的 block 数量和维度，第二个参数代表 block 中的线程数量和维度。

一般的执行配置格式为

```
call kernel<<<grid, block [,smem, strm]>>>(par1,par2,......)
```

其中，执行配置的第三个参数 smem 和第四个参数 strm 是可选项，留待以后讨论；第一个参数 grid 和第二个参数 block 不能省略，一般应为 3.3 节介绍的 CUDA Fortran 预定义 type(dim3) 类型变量，但如果这个变量只有 x 分量不为 1 时 (即一维分布)，可以直接使用整型变量或整型常数表示该 type(dim3) 类型参数的 x 分量而其他两个被省略的分量取值为 1(如算例 2.5 所示)。故算例 2.5 的 kernel 调用相当于使用了 "省略了第三、第四参数，同时 grid 和 block 均为一维分布且数值都是 1" 的执行配置。

除了调用形式上必须使用执行配置使得 kernel 函数与普通 subroutine 有所不同，另外一个重要的不同是 kernel 的异步执行：调用 kernel 只是向 GPU 发布计算任务并提供诸如线程数量与结构、所需调用参数等，并不等待 kernel 的执行，即便 GPU 暂时没有足够资源启动这个 kernel，调用它的 CPU 代码也在成功发布计算任务后立即继续执行下一条程序语句。因此，kernel 调用结束只是表明 "GPU 已经成功接受任务"，并不表示计算任务已经完成，甚至也不意味着计算任务已经开始，如图 3.8 所示。实际计算任务的完成必须显式执行同步命令 cudaDeviceSynchronize 或其他具有类似阻塞功能的命令才能得到保证：执行此类命令时会等待 kernel 被执行完毕。

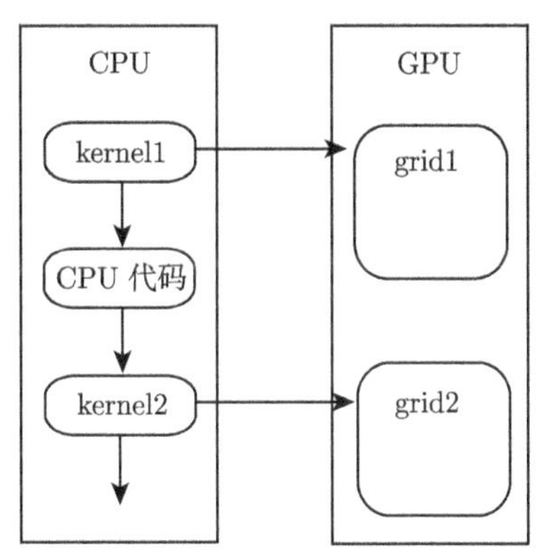

图 3.8 kernel 的异步执行

在讨论 kernel 执行配置前还需强调一个初学者容易出错的问题：计算机整数除法规则可能得到与程序员期望值不同的结果。计算机整数除法的结果会直接舍弃小数部分，例如，9/10 实际结果为 0，98/9 实际结果为 10 等。因此，对于整数

K、N、M：

$$\text{若 } K=\frac{M}{N}\text{，则 } KN\leqslant M$$

为了确保 K 与 N 的乘积不小于 M，可采用下述算法：

$$K=\frac{M+N-1}{N}$$

现在来讨论算例 3.1、3.2 所示 kernel 的调用问题。算例 3.1 比较简单，只需确保 grid 和 block 相乘不小于数组元素个数即可。这里设置 block 为 (100,1,1)，则 grid=((N+99)/100,1,1)，故如果用算例 3.1 替换算例 2.4，则算例 2.5 中调用 kernel 的语句需改写为

```
call addArrayOnGPU<<<(N+99)/100, 100 >>> (a_d, N, M)
```

这样的执行配置会使得算例 3.1 中的 blockDim%x 值为 100(没在该算例中出现的 blockDim%y、blockDim%z 的值分别为 1)；blockIdx%x 的取值为 1~griddim%x；threadIdx%x 取值为 1~blockDim%x。

改写后的完整代码如下：

算例 3.3

```
!Sample 3.3
program main
   use CPUsubroutine
   use GPUsubroutine
   integer,parameter:: N=10000000, M=10,BS=100
   integer,allocatable,dimension(:):: a, b
   integer,device,allocatable,dimension(:):: a_d
   integer:: i,t1,t2,t3,t4,t5
   real(8)::cr
   allocate(a(N), b(N), a_d(N))
   do i=1,N
      a(i) = i
   enddo
   b=a
   call system_clock(t1,cr)
   call addArrayOnCPU(a, N, M)
   call system_clock(t2,cr)
   a_d=b
   call system_clock(t3,cr)
```

```
    call addArrayOnGPU<<<(N+BS-1)/BS, BS >>> (a_d, N, M)
    i=cudaDeviceSynchronize()
    call system_clock(t4,cr)
    b=a_d
    call system_clock(t5,cr)
    write(*,*)"a=b?", all(a==b)
    write(*,*)"Time(us) of CPU calculate:",t2-t1
    write(*,*)"Time(us) of GPU calculate:",t3-t2
    write(*,*)"Time(us) of upload   data:",t3-t2
    write(*,*)"Time(us) of download data:",t5-t4
end program
```

将算例存为 Sample3_3.cuf，与算例 3.1、2.3 一起编译链接后生成可执行文件，运行结果如图 3.9 所示：计算结果不变、CPU 计算耗时不变，但 GPU 计算耗时降低为 10000μs(使用单 GPU 计算单元时为 2384999μs，见图 2.33)，其中真正完成计算的 kernel 执行耗时仅为 1000μs，远低于 CPU 计算耗时，但从 CPU 拷贝输入数据到 GPU、再从 GPU 将计算结果拷贝回 CPU 耗时分别为 5000μs 和 4000μs，导致 GPU 计算总耗时反而高于 CPU 计算耗时。这一测试结果反映了一个 GPU 计算常见问题：如果计算量不大，数据传输将成为 GPU 计算瓶颈。

```
PGI$ pgf95 -c Sample2_3.cuf
PGI$ pgf95 -c Sample3_1.cuf -Mcuda
PGI$ pgf95 -o Sample3_3.exe Sample3_3.cuf Sample2_3.obj Sample3_1.obj -Mcuda
Sample3_3.cuf:
PGI$ ./Sample3_3.exe
 a=b?  T
 Time(us) of CPU calculate:         4999
 Time(us) of GPU calculate:         1000
 Time(us) of upload   data:         5000
 Time(us) of download data:         4000
```

图 3.9 数组加法的 GPU 并行计算结果

GPU 端线程用什么维度分布更合适并无定规，一般可根据求解问题方便来选取：对于一维问题，用线程的一维分布 (block、grid 均为一维) 最直观；对于二维问题，block 既可以按二维分布 (与物理问题一致) 也可以按一维分布 (把物理问题看作多个一维问题)，但 grid 需要使用二维分布；同理，对于三维问题，block 既可以按三维分布 (与物理问题一致) 也可以按二维分布 (把物理问题看作多个二维问题)，还可以按一维分布 (把物理问题看作多个一维问题)，但 grid 需要使用三维分布。例如，图 3.10 从左至右分别将一个三维问题按一维、二维和三维进行划分。

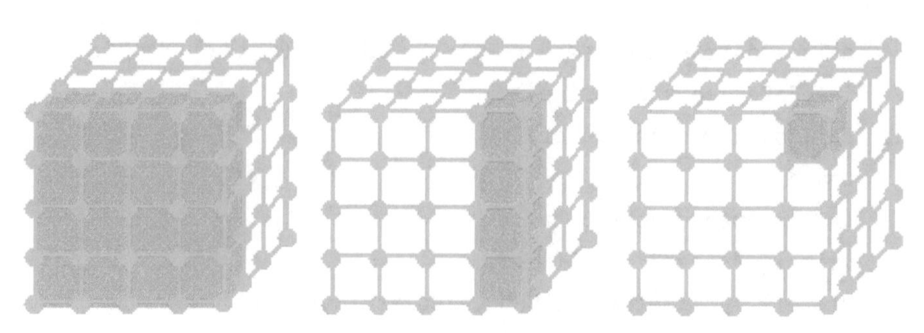

图 3.10 三维问题的三种分解方式

不管最终的执行配置是怎样，线程 ID 的三个分量总是可按如下方式求得：

```
IDx=(blockIdx%x-1)*blockDim%x + threadIdx%x
IDy=(blockIdx%y-1)*blockDim%y + threadIdx%y
IDz=(blockIdx%z-1)*blockDim%z + threadIdx%z
```

并根据线程 ID 分配线程要处理的数组元素 (这个过程被隐含了)：

```
i=IDx-1+ist
j=IDy-1+jst
k=IDz-1+kst
```

实际的线程分布由执行配置中的 grid 和 block 共同决定，在不考虑性能优化的前提下，设计这两个 type(dim3) 变量的取值只有两个约束条件：

(1) 不能超过 CUDA 规定的线程 block 和 grid 各分量取值限制。

对于 block，其 x 和 y 分量取值范围为 $1\sim1024$、z 分量取值范围为 $1\sim64$、$x\times y\times z$ 取值范围为 $1\sim1024$，即

$$\begin{cases} 1\leqslant \text{blockdim}\%x\leqslant 2^{10} \\ 1\leqslant \text{blockdim}\%y\leqslant 2^{10} \\ 1\leqslant \text{blockdim}\%z\leqslant 2^{6} \\ 1\leqslant \text{blockdim}\%x\times\text{blockdim}\%y\times\text{blockdim}\%z\leqslant 2^{10} \end{cases} \tag{3.1}$$

对于 grid，其 x 分量取值范围为 $1\sim2^{31}$，y 分量和 z 分量取值范围为 $1\sim2^{16}$，即

$$\begin{cases} 1\leqslant \text{griddim}\%x\leqslant 2^{31} \\ 1\leqslant \text{griddim}\%y\leqslant 2^{16} \\ 1\leqslant \text{griddim}\%z\leqslant 2^{16} \end{cases} \tag{3.2}$$

(2) 总线程数要确保实际计算任务都得到执行。可以把 block 和 grid 给定的线程想象为按照以下规则排列的三维方阵：

x 方向线程数：griddim%x×blockdim%x

y 方向线程数：`griddim%y×blockdim%y`

z 方向线程数：`griddim%z×blockdim%z`

必须确保实际要开展的计算任务分解后映射到这样的方阵时，每一维都在方阵内，实际计算任务没有填满这个方阵是允许的 (会导致浪费)，但不能超过这个方阵 (超过部分的计算不会得到线程去执行)，即

$$\begin{cases} \text{griddim}\%x \times \text{blockdim}\%x \geqslant Nx \\ \text{griddim}\%y \times \text{blockdim}\%y \geqslant Ny \\ \text{griddim}\%z \times \text{blockdim}\%z \geqslant Nz \end{cases} \tag{3.3}$$

这样的规则约束实际上并不能完全确定 grid 和 block 的取值 —— 不用困扰，这意味着在这样的规则约束下有多种 grid 和 block 方案可用，即便某些方案可能不是最优的。比如，可以设定线程块为三个方向都是 8 的方阵：

```
blockdim%x=8
blockdim%y=8
blockdim%z=8
```

或写成

```
blockdim=dim3(8,8,8)
```

这样的设定使得线程块内总线程数是 512。此时，线程块内的线程为如图 3.11 所示的三维分布。

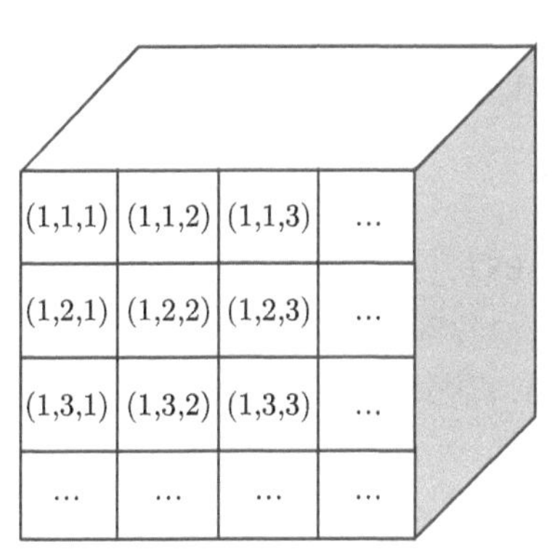

图 3.11 三维 block 内线程分布示意图

一旦确定 block 的取值，grid 的取值必须由不等式 (3.3) 确定 (为了减少浪费，取三个分量的最小允许值)。

对于算例 3.2，得到最终 griddim 的一个取值方案：

```
griddim%x=(Nx+blockdim%x-1)/blockdim%x
griddim%y=(Ny+blockdim%y-1)/blockdim%y
```

```
griddim%z=(Nz+blockdim%z-1)/blockdim%z
```

按照这样的执行配置方案给出算例 3.2 的调用主程序 (其中，blkd 和 grdd 分别对应前面讨论用的 block 和 grid)：

算例 3.4

```
!Sample 3.4:
Program main
   use VectorDotProduct
   implicit none
   integer,parameter :: Nx=512,Ny=256,Nz=128,BS=8
   real,allocatable,dimension(:,:,:,:):: a,b
   real,allocatable,dimension(:,:,:) :: c
   real,allocatable,device,dimension(:,:,:,:):: a_d,b_d
   real,allocatable,device,dimension(:,:,:):: c_d
   integer::t1,t2
   real(8)::cr
   type(dim3)     ::blkd, grdd
   allocate(a(3,Nx,Ny,Nz),b(3,Nx,Ny,Nz),c(Nx,Ny,Nz))
   allocate(a_d(3,Nx,Ny,Nz),b_d(3,Nx,Ny,Nz),c_d(Nx,Ny,Nz))
   call random_number(a)
   call random_number(b)
   call system_clock(t1,cr)
   a_d=a
   b_d=b
   blkd=dim3(BS,BS,BS)
   grdd=dim3((Nx+BS-1)/BS, (Ny+BS-1)/BS, (Nz+BS-1)/BS)
   call VDot<<<grdd,blkd>>>(a_d,b_d,c_d, Nx,Ny,Nz)
   t2=cudaDeviceSynchronize()
   call system_clock(t2,cr)
   print *,"Used time(us):",t2-t1
   deallocate(a,b,c,a_d,b_d,c_d)
end program
```

程序中，首先给动态数组分配了内存 (实际应用中，应对调用内存分配函数的结果是否成功进行检查，这里省略了)，然后调用随机函数 random_number 给出了 a、b 中的矢量数值 (实际应用中，当然是针对已有数据操作而不是这样随机生成)，然后将 CPU 内存中的数据拷贝到 GPU 内存，最后用执行配置调用 kernel 函数。

这里只是展示 kernel 函数执行配置的用法，故最终计算结果并未与 CPU 计算结果对比，而只是输出了 GPU 计算耗时 (调用设备同步函数 cudaDeviceSynchronize 以确保 kernel 执行完毕)。

与算例 3.3 不同，这里调用 kernel 时使用的执行配置中前两个参数分别用了 type(dim3) 类型变量 gridd 和 blkd(其赋值方法为标准 Fortran 的自定义数据类型赋值语法)。程序运行结果如图 3.12 所示。

```
PGI$ pgf95 -c Sample3_2.cuf -Mcuda
PGI$ pgf95 -o Sample3_4.exe Sample3_4.cuf Sample3_2.obj -Mcuda
Sample3_4.cuf:
PGI$ ./Sample3_4.exe
 Used time(us):        50999
```

图 3.12 矢量点积计算耗时

为了说明 "块内线程数量和分布的设计灵活性"，同样可以用其他块内线程分布设计算例 3.2 的执行配置, 比如使用下述二维块内线程数：

```
curblockdim%x=32
curblockdim%y=32
curblockdim%z=1
```

此时，将单个 block 线程映射到需求解的问题的一个面上，那么这个面上的 block 必然也是二维的 (如图 3.13 所示)，而这些面在第三维平行排列才能把需计算的数组全部映射到 GPU 上，所以最终的 grid 是三维的。

(1,1)	(1,2)	(1,3)	…
(2,1)	(2,2)	(2,3)	…
(3,1)	(3,2)	(3,3)	…
…	…	…	…

图 3.13 block 内线程的二维分布

同理，也可以把 block 设置为一维：

```
curblockdim%x=256
curblockdim%y=1
curblockdim%z=1
```

此时，block 内的线程映射到需求解的问题的一条线上 (如图 3.14 所示)，线必须构成面进而构成体，所以 grid 仍然是三维的。但此时需要注意：block 内线程维度减小，如果需要维持 block 内总线程数量，就需要增加各方向的线程数 (比如前面的算例中三维分布时 x、y、z 方向分别使用了 8，但二维分布时 x 和 y 分量改成了 32，而一维分布时 x 取了较大的数值 256)。

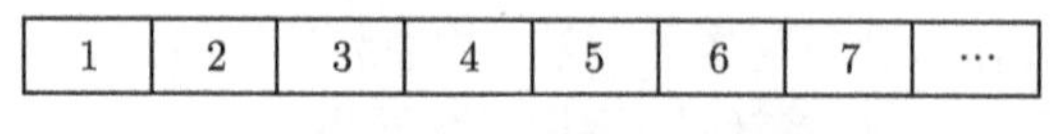

图 3.14　block 内线程的一维分布

需要注意的是，块内线程如果使用较小的维度分布 (比如一维)，可能导致需要的 grid 某些维超过规则限制。以算例 3.2 为例，如果实际 Nz 超过 2^{16}(当然，这样的数组已经很大了)，就不能把块内线程的 z 方向取为 1 了，因为那将导致 grid 的 z 方向取 Nz，超过 grid 取值限制 (2^{16})。

3.5　device 子程序

与 CPU 程序一样，kernel 函数也可以调用子程序，定义这样的子程序仍然使用在普通子程序声明前加 attributes 的方式，只不过属性参数不再是 global(它是 kernel 定义专用的)，而是 device。其一般格式为

```
attributes(device) returntype function funcname(par1,par2,......)
```

或

```
attributes(device) subroutine subname(par1,par2,......)
```

除了具有属性说明 attributes(device) 外，device 子程序与普通 CPU 端子程序的书写格式和调用方式完全一致 —— 当然，这种子程序只能被 kernel 或另一 device 子程序调用，因而也受到严格的限制：

- device 子程序只能处理常数和 GPU 端变量，无论这些变量是子程序参数还是临时变量或通过使用 module 得到的共享变量，在 device 中都默认是 GPU 端变量；device 子程序中出现 CPU 端变量将导致编译错误。
- device 子程序不能有可选参数。
- device 子程序中的变量不能有 save 属性。由于 GPU 端代码是并行执行的，使用具有 save 属性的变量可能导致不确定的结果。
- device 子程序不能调用自己，即不允许递归调用。
- device 子程序虽然是同步执行的 (这一点和 kernel 不一样)，但同样不能通过 return 指定额外的返回点，也不能通过 entry 提供额外的入口。
- device 子程序不能被 contains 包含在其他主机子程序 (subroutine 或 function) 中，也不能通过 contains 包含任何子程序。

例如，算例 3.2 的 kernel 函数 VDot 中的矢量点乘操作使用了系统内置函数 dot_product，用户也可以自定义一个完成同样操作的 device 函数在 kernel 函数中调用 (内置函数 dot_product 是经过优化的，自定义函数执行效率很难比它更高，这里假定系统无同等功能的内置函数而自己定义，只是为了演示 device 子程序特性)：

算例 3.5

```
!Sample 3.5: Device subprogram
! DeviceSubprogram.cuf
   attributes(device) function dotproduct_gpu(a,b)
       implicit none
       real,device :: a(3),b(3), dotproduct_gpu
       dotproduct_gpu =a(1)*b(1)+a(2)*b(2)+a(3)*b(3)
   end function_gpu
```

相应地，kernel 中可以像调用内置子程序一样调用这个子程序：

```
c(i,j,k) = dotproduct_gpu(a(:,i,j,k), b(:,i,j,k))
```

由于 device 子程序与普通 CPU 子程序的一致性，只要读者熟悉 CPU 子程序的编写和使用就不会有任何困难，不再赘述。

3.6 自动生成 kernel 简介

如前所述，最简单也最常用的 CUDA kernel 函数设计是将 DO 循环移植为 kernel 函数，在不考虑优化的前提下移植方法较为简单：将循环体作为 kernel 函数的主代码，循环变量由线程 ID 计算，循环次数由执行配置按 kernel 调用规则设定。

针对这种“由 DO 循环移植 kernel 函数”的思路，除了用上述方法设计 attributes(global) 属性的核函数的做法外，CUDA Fortran 提供了一种更简便的由 DO 循环自动生成 kernel 的方法：使用编译指导语句!$cuf。

3.6.1 !$cuf 基本用法

编译指导语句!$cuf 用于 DO 循环前，其一般格式为

```
!$cuf kernel do[(n)] <<< grid, block[,smem, strm]>>>
```

这条编译指导语句的含义是：将紧邻其后的 n 重嵌套循环的循环体作为 CUDA 线程核心代码，按 grid、block 设定的线程结构组织 CUDA 线程并发射到 GPU 设备完成计算 —— 注意，被发射到 GPU 设备的 n 重循环将不会在 CPU 端计算。其中，do 后的可选参数 n 为希望展开的 DO 循环嵌套层数，必须确保其后紧邻的 DO 循环嵌套层数不小于 n，如果省略这一参数，默认只展开紧邻这一编译指导语句的 DO 循环；三重尖括号对中的参数为 kernel 执行配置，其中 smem、strm 参数含义同 3.4 节，但 grid 和 block 参数可以更简洁：

一是可用数组代替，比如

```
!$cuf kernel do(2)<<< (2,2,2), (8,8,8)>>>
```

相当于 block 为 dim3(8,8,8)，grid 为 dim3(2,2,2)。其中，数组的最高维为 1 时可省略：

```
!$cuf kernel do(2)<<< (2,2,1), (8,8,8)>>>
```

等价于

```
!$cuf kernel do(2)<<< (2,2), (8,8,8)>>>
!$cuf kernel do(2)<<< (2,1,1), (8,1,1)>>>
```

等价于

```
!$cuf kernel do(2)<<< 2, 8>>>
```

二是不知道该用什么线程结构时可以只用 “*” 号指定线程 block 和线程 grid 的维度而由 CUDA 系统选择实际大小，比如：

```
!$cuf kernel do(2)<<< (*,*,*), (*,*,*)>>>
```

表示线程 block 和 grid 均为三维，各维实际取值由 CUDA 系统决定。

```
!$cuf kernel do(2)<<< *,*>>>
```

表示线程 block 和 grid 均为一维。

比如，前述例子的矢量点积的 GPU 算法可以简单写为

```
!$cuf kernel do(3)<<< (*,*,*), (*,*,*)>>>
do k=1,Nz
do j=1,Ny
do i=1,Nx
   c(i,j,k)= dot_product(a(:,i,j,k),b(:,i,j,k))
enddo
enddo
enddo
```

与 CPU 算法相比，只在 DO 循环前多了一条编译指导语句，程序更简洁、易读，且进一步大幅降低 GPU 计算程序设计难度。

3.6.2 !$cuf 使用注意事项

通过编译指导语句自动将 CPU 程序中的 DO 循环映射到 GPU 计算虽然简单实用，但其优化较难，同时，其使用需遵循以下基本准则：

- 如果设置了 do 的参数 n，则其后紧邻的 DO 循环至少需要有 n 重嵌套，可以更多但不能更少。
- 被展开的 n 重 DO 循环不能有数据依赖 —— 简单的判断准则是：计算顺序与循环变量无关。
- 被展开的 n 重 DO 循环的循环次数必须在进入循环前就是确定的，不能根据条件变化提前结束。

- 被展开的 n 重 DO 循环不能有跳转语句 goto 或提前退出循环的 exit。
- 被展开的循环体内部可以再包含 DO 循环，但不会被展开为 CUDA 线程而是作为 CUDA 线程的一部分，因而其循环次数无需事先确定，其循环体也可以使用 exit。
- 在 DO 循环中只能使用 CUDA Fortran 允许的数据类型。
- CUDA Fortran 支持的设备端代码可用的子程序 (包括内部子程序和自定义 device 子程序) 均可正常调用，但不能使用诸如 syncthreads、atomic 等设备代码专用函数。
- 循环中使用的数组 (包括左端项和右端项) 必须位于设备端内存 (见第 4 章)。
- 循环中使用的单变量 (包括左端项和右端项) 需要位于设备端内存 (见第 4 章)，如果该单变量位于 CPU 内存，CUDA 系统会在设备端建立它的拷贝。
- 循环中不能有隐含循环及 Fortran 90 标准支持的数组整体运算。

3.7 使用 module 封装 GPU 数据与程序

读者可能已经发现：目前为止，所有例子中的 GPU 子程序全都用 module 进行了封装。

在早期 CUDA Fortran 实现的版本中，GPU 子程序必须包含在调用它的子程序中，而 GPU 端的数据只能通过虚实结合传递进 GPU 子程序。这极大地限制了 CUDA 在大型工程项目中的应用。自 5.0 版开始，CUDA Fortran 采用 module 封装的方式弥补了这个缺陷：用 module 封装起来的 GPU 数据、指针、子程序在通过 use 语句引用该模块的子程序间共享。

3.7.1 用 module 封装数据

某种意义上，module 是 Fortran 90 标准对 Fortran 77 标准中的 common 语句的扩展，但功能更强，使用更方便 (因此建议不再使用 common 语句)：在 module 中声明的变量 (单变量、数组、指针) 对于任何通过 use 语句引用该模块的程序 (主程序、函数、子例程子程序) 来说都具有全局属性，但对于没有引用该模块的程序来说又是不可见的，因而可起到封装的作用。

例如，可以用单独的模块文件定义 GPU 数据、指针：

```
module dataModule1
   use cudafor
   real,device,allocatable,dimension(:,:):: a
end module dataModule1
```

```
module dataModule2
   use cudafor
   real,device,allocatable,dimension(:,:):: b
end module dataModule2
```

然后对 data.cuf 文件进行编译 (不链接)：

```
pgf95 -c -Mcuda data.cuf
```

编译产生三个主要文件：data.o、dataModule1.mod、dataModule2.mod。从而可以在另一个文件的程序中通过 use 引用 dataModule1、dataModule2 两个 module，则该程序中可以使用可动态分配 device 型数组 a、b，就如同这两个数组是在该子程序中定义的一样：

```
subroutine alloc_dev_mem()
   use datamodule1
   use datamodule2,only : b_dev=>b
   implicit none
   integer,parameter :: N=10000,M=10000
   integer::ierr
   allocate(a (N,M),b_dev(N,M),stat=ierr)
   ...
end subroutine alloc_dev_mem
```

其中，use 语句中的 b_dev=>b 表示在本程序中用 b_dev 代表 b—— 相当于给 b 取了个别名 b_dev，通常是为了避免变量命名冲突或其他目的。

3.7.2 用 module 封装设备端子程序

Fortran 77 标准中的 common 语句只能封装数据，而 module 除了封装数据外，更重要的功能是封装子程序：module 中定义的子程序，只有通过 use 语句引用该 module 的程序才可见，而且引用该 module 的程序自动获得其子程序接口。

例如，在一个程序的 module 中定义 device 子程序：

```
module ffill
  contains
    attributes(device) subroutine fill(a)
    integer :: a(*)
    i = (blockidx%x-1)*blockdim%x + threadidx%x
    a(i) = i
    end subroutine
end module
```

然后在另一程序中通过 use 引用模块 ffill，则该程序中的代码可以调用 device 子程序 fill：

```
module callffill
  contains
    attributes(global) subroutine callfill(a)
    usefill
    integer :: a(*)
    call subroutine fill(a)
    end subroutine
end module
```

此外，无论是 kernel 函数还是 device 子程序，其参数默认都是 GPU 端变量，当参数为常数时，用 value 显式说明可以减少对 GPU 全局内存的访问。而按 Fortran 语法规定，当参数有 value 属性时，调用它的代码必须有显式子程序接口 (若无接口，早期的 PGI 编译器并不报错，但会出现运行错误)。把 GPU 端子程序用 module 封装后，任何引用这个 module 的代码相当于有了 module 中所有子程序接口。

详细的 module 用法参见 Fortran 语言编程专著。

3.8 CUDA 线程同步

GPU 计算一般采用并行算法，海量 CUDA 线程并发执行完成特定计算任务。但在并行计算过程中，有时需要对各 CUDA 线程的执行进度进行 “对齐”：在某个位置设置同步，等待所有线程都执行到此处再继续向下执行。比如，a 线程需要用到 b 线程的计算结果时，必须等 b 线程已经完成了相关计算，否则 a 线程所用计算结果是不正确的。CUDA 系统提供了适应不同需求的线程同步库函数。

同一线程 block 内的线程同步：syncthread。

```
attributes(device) subroutine syncthread()
```

该调用只能在 kernel 函数或 device 子程序中使用，同一 block 内的线程将在调用处 “对齐”，等待所有线程都到达调用处再继续向下执行；若有任何一个线程不能到达调用处 (比如，遇到 return 语句提前返回了，或者 syncthread 调用位于某个条件选择语句中) 则会导致程序执行错误。

当前 GPU 设备的同步：cudaDeviceSynchronize。

```
integer function cudaDeviceSynchronize()
```

该调用只能在 CPU 代码中使用，CPU 进程/线程在调用处等待当前 GPU 设备有关操作的完成，如果这些操作是正常完成的，返回值为 0，否则返回错误信息 ID。GPU 数据的赋值、同步拷贝命令等隐含这个调用。

3.9 小　结

本章是基于 GPU 并行计算的 CUDA Fortran 中最重要也是最基本的内容，某种意义上说，通过本章的学习，读者实际上已经可以独立开展不太复杂的 GPU 并行计算程序的设计工作了。为此，有必要系统地梳理、总结本章的最基本的几个知识点。

1) GPU 线程按 block、grid 分级管理

(1) 每个线程 block 中可含 1~1024 个线程，这些线程按 x、y、z 三维排列，其中，x、y 为 1~1024 的整数，z 为 1~64 的整数。

(2) 每个线程 grid 中含 1 个以上形状、大小完全一致的线程 block，这些 block 按 x、y、z 三维排列，其中，x 为 $1\sim2^{31}$ 的整数，y、z 为 $1\sim2^{16}$ 的整数。

(3) CUDA Fortran 预定义了 type(dim3) 变量类型用于声明描述线程 block、grid 形状和大小的变量：

```
type dim3
   integer(kind=4) :: x,y,z
end type
```

(4) CUDA Fortran 预定义了 type(dim3) 类型变量 gridDim、blockDim、blockIDx、threadIDx，在线程中可访问它们获得线程 ID：

```
IDx=(blockIdx%x-1)*blockDim%x + threadIdx%x
IDy=(blockIdx%y-1)*blockDim%y + threadIdx%y
IDz=(blockIdx%z-1)*blockDim%z + threadIdx%z
```

(5) 同一线程 block 内的线程具有受限的交互能力，而不同 block 内的线程不能交互。

2) CUDA Fortran 增加了子程序属性限定符 attributes 以区分 CPU 或 GPU 端子程序

(1) 在 subroutine 前加 attributes(global) 定义 CUDA kernel。

(2) 可被 GPU 端子程序调用的 device 子程序属性：attributes(device)。

(3) CPU 端子程序属性 (可省略)：attributes(host)。

(4) kernel 或 device 子程序中只能处理常量和 GPU 显存中的变量。

3) 基于 CUDA 的 GPU 计算程序核心是 kernel 函数及其执行配置设计

(1) kernel 函数具有并发性，不能有数据依赖。

(2) kernel 的核心代码是根据线程 ID 给线程分配需要处理的数据及怎么处理数据。

(3) 调用 kernel 需通过执行配置给定线程的数量及排列方式，即给定预定义 type(dim3) 类型变量 gridDim、blockDim 各分量的实际取值，最终执行该 kernel 的总线程数为 NumThread=blockDim*gridDim，且这个数必须大于等于实际需要处理的数据总量。

4) 最常用的 CPU 串行代码向 GPU 移植方式是将无数据依赖的 DO 循环改写为 GPU 并行计算

(1) 以循环体为 kernel 核心代码。

(2) 通过执行配置将循环次数转换为 CUDA 线程数。

(3) 由 CUDA 线程 ID 对应循环变量。

参 考 文 献

[1] PGI Compilers&Tools: CUDA Fortran Programming Guide and Reference (Version 2018), nVIDIA Inc.

[2] PGI Compilers&Tools: Rlease Notes for x86-64 CPUs and Tesla GPUs (Version 2018), nVIDIA Inc.

[3] Gregory R, Massimiliano F. CUDA Fortran for Scientists and Engineers: Best Practices for Efficient CUDA Fortran Programming. Waltham: Elsevier, 2014.

[4] Sanders J, Kandrot E. GPU 高性能编程 CUDA 实战. 聂雪军, 等, 译. 北京：机械工业出版社, 2011.

[5] CUDA Fortran 高效编程实践. 小小河, 等, 译. 电子版. 2014.

[6] 刘文志. 并行算法设计与性能优化. 北京：机械工业出版社, 2015.

[7] Nicholas W. The CUDA Handbook: A Comprehensive Guide to GPU Programming. Addison-Wesley, 2013.

[8] 李中华, 李志辉, 李海燕, 杨彦广, 胡振震, 戴金雯. 过渡流区 N-S/DSMC 耦合计算研究. 空气动力学学报, 2013, 31(3): 282-287.

[9] Li Z H, Li Z H, Wu J L, Peng A P. Coupled N-S/DSMC simulation of multi-component mixture plume flows. Journal of Propulsion and Power, 2014, 30(3): 672-689.

[10] 李志辉. 从稀薄流到连续流的气体运动论统一数值算法研究. 绵阳：中国空气动力研究与发展中心, 2001.

[11] 陆林生, 董超群, 李志辉. 多相空间数值模拟并行化研究. 计算机科学, 2003, 30(3):129-137.

[12] 李志辉, 蒋新宇, 吴俊林, 徐金秀, 白智勇. 求解 Boltzmann 模型方程高性能并行算法在航天跨流域空气动力学应用研究. 计算机学报, 2016, 39(9): 1801-1811.

第 4 章　CUDA 存储模型

第 3 章讨论了怎么利用 CUDA Fortran 设计 CUDA 线程驱动 GPU 的计算单元完成计算任务，而这些 CUDA 线程所处理的数据则只是说明了它们是 GPU 端数据，对于这些数据有什么特点、不同的数据怎么从 CPU 内存移动到 GPU 内存则只是一带而过。但实际上，要高效使用 GPU 求解所关心的问题，GPU 的存储模型也是关键基础概念 [1]。

在 CPU 程序中，各进程拥有完全独立的存储空间；同样的概念也适用于 GPU 计算程序：不同 CPU 进程在 GPU 上创建的内存空间是完全独立的，不能相互访问，也不会相互干扰 (即使变量名完全相同)；隶属同一 CPU 进程的 CUDA 线程则共享 GPU 全局内存，同时可以拥有私有内存空间。

4.1　GPU 设备端变量

4.1.1　GPU 内存

GPU 设备上有多种内存 (如图 4.1 所示)：全局内存 (Global Memory) 可供整

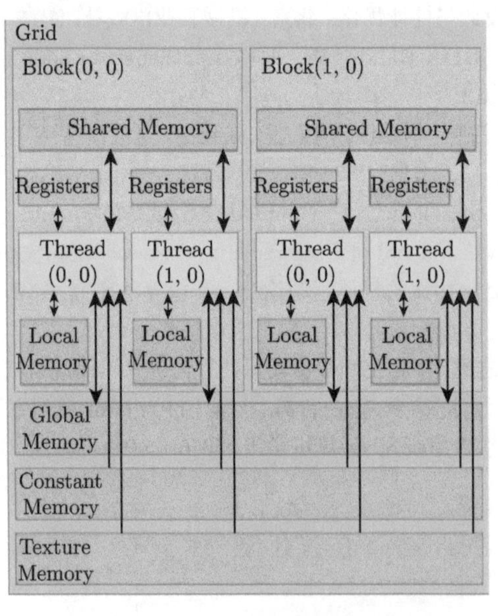

图 4.1　CUDA 中的各种内存空间

个 GPU 卡内所有 CUDA 线程使用 (K80 采用 “双芯” 设计，各 “芯” 的全局内存完全独立，跨 “芯” 访问实际等同于跨 GPU 卡访问，程序设计时可将这种 “多芯” GPU 设备简单理解为多 GPU 卡)，存取速度与 CPU 端主内存相当或更高，容量较大 (一般 GB 量级，将来预计会更大)；纹理内存 (Texture Memory) 和常量内存 (Constant Memory) 同样可供整个 GPU 卡内所有 CUDA 核使用，存取速度与全局内存相当，但有缓存机制；每片流多处理器 SM 上的高速寄存器被分为共享内存 (Shared Memory) 和 L1 缓存两种不同的用途 [2,3]，存取速度很快 (比全局内存快数百倍)，但数量较少 (每片 SM 只有数十 KB)。其中，不同架构 GPU 设备的共享内存和 L1 缓存方案有所不同：Kepler 架构及其之前的 GPU 设备每片 SM 的共享内存与 L1 缓存之和为固定值，但可调整共享内存所占比例；Pascal 架构之后的 GPU 设备每片 SM 的共享内存为固定值 (目前是 64KB)，L1 缓存与纹理缓存共享。

4.1.2 变量限定符

为了区分 CPU 内存及 GPU 内存变量，CUDA Fortran 引入变量限定符的概念：通过在变量的声明中使用变量限定符 attributes(attr)，区分变量的位置究竟是在 CPU 还是 GPU。attr 为下述变量属性之一：host、pinned、managed、device、constant、texture、shared。其用法有两种：采用 attributes 语句，或作为变量的一个属性在申明时定义。例如：

```
real, dimension(100):: a
attributes(device):: a
```

或

```
real, device, dimension(100):: a
```

这两种定义方法完全等价，都在 GPU 全局内存中声明了 100 个元素的一维数组。下述用法会导致编译错误：

```
real, attributes(device), dimension(100):: a
```

注意，CUDA Fortran 为了定义 kernel 和 device 子程序，也用到 attributes 这个关键字，变量限定符与子程序限定符的不同之处在于：

子程序限定符用于 subroutine 或 function 的声明中，而变量限定符用于变量的声明；子程序限定符的参数为 host(主机子程序)、global(kernel 函数)、device(设备端子程序)，而变量限定符的参数为 host、pinned、managed、device、constant、texture、shared，分别描述不同用途的变量。

当变量限定符的参数为 host 时，该变量在 CPU 内存中分配空间，可被 CPU 进程或线程使用，此时可省略 attributes 语句，从而与普通 Fortran 程序语法一致：

```
real, dimension(100):: b
attributes(host):: b
```

或

```
real, host, dimension(100)::  b
```

或

```
real, dimension(100)::  b
```

这三种声明方法效果完全一样。

4.1.3 变量类型与内存分配

变量限定符只是新增的用于区分变量的存储位置属性的声明，CUDA Fortran 中的变量类型说明仍然沿用 Fortran 标准，其支持的标准变量类型 (type) 和类别 (kind) 参数如表 4.1 所示。

表 4.1　基本变量类型

type	kind	type	kind
integer	1,2,4,8	double precision	无，等价于 real(8)
logical	1,2,4,8	complex	4,8
real	4,8	character	1

注意，Intel Fortran 等 Fortran 编译器可能支持类别参数为 16 的变量，CUDA Fortran 暂不支持。

在采用变量限定符声明变量所使用的内存位置 (CPU 内存或 GPU 显存) 后，CUDA Fortran 采用与标准 Fortran 一致的方式为变量分配内存空间，从而极大地简化 GPU 数据的管理：静态变量在程序编译阶段分配内存空间，可动态分配内存的数组、指向数组的指针及指向单变量的指针均可采用标准 Fortran 中的 allocate 分配内存空间。例如：

```
real,device,allocatable,dimension(:,:)::a_dev
allocate(a_dev(100,200),stat=istat)
```

a_dev 的内存分配与普通 CPU 可动态分配内存数组完全一样，但所分配的内存空间位于 GPU 内存 (由变量声明时的变量限定符设定)。

另外，CUDA Fortran 还提供了丰富的 CUDA C 语言相关的内存分配函数，以便使用 CUDA C 编写的 GPU 计算函数，详见 PGI 编译器的 API 接口说明。

4.2 device 变量

带有 device 属性的变量位于 GPU 全局显存 (也称全局内存，即图 4.1 中的 Global Memory)，GPU 端线程均可对其存取，而主机进程只能通过 CUDA 预设的数据拷贝函数 (或赋值操作) 对其进行拷入/拷出操作。虽然 GPU 全局内存速度通常比 CPU 主内存快，但 CPU 主内存与 GPU 全局内存之间的数据传输采用直接

数据存取 (Direct Memory Access，DMA) 方式进行，受主板 PCIe 接口带宽限制，传输速度比从主机内存中存取数据慢得多。

device 变量不仅是 GPU 端存储数据的主要变量，而且只有通过它才能进行 CPU 和 GPU 间的数据交互，因而也是 CUDA 程序中必不可少的重要元素 (甚至可以说只要掌握了 device 变量的使用，就完全可以结合第 3 章介绍的 CUDA 线程模型完成任何 GPU 并行计算任务的程序设计)。实际上，在前面的章节中已经多次使用了这种变量：算例 2.2 中的 integer,device, allocatable, dimension(:):: a_d 定义了整型 device 动态数组 b_d，对这种数组执行 allocate 操作会在 GPU 全局内存中分配存储空间；算例 3.4 中 real, allocatable, device, dimension(:,:,:):: c_d 定义了可分配实型 device 数组 c_d。

device 变量的使用和定义需遵循 CUDA 定义的规则：device 变量不能出现在 common 块或 equivalence 语句中，且不能具有 save 属性；在 module 中定义的 device 变量具有全局生存期，引用该 module 的子程序均可访问；在子程序中定义的 device 变量与该子程序生存期一致 (子程序被调用时产生，子程序结束时消亡)，且只能在该子程序及其包含的子程序中使用；device 变量可以作为实参传递给子程序，但子程序必须具有显式接口，且其对应哑元也必须是 device 变量；kernel 的参数除非采用 value 显式声明为常数，否则都是 device 类型的参数，可以加 device 说明也可以省略。

要让 GPU 运行指定的计算任务，首先就需要向 GPU 传输数据；而一旦 GPU 完成计算，又需要把计算结果从 GPU 取回 CPU。因此，数据传输可以说是 GPU 计算的基础，而传输方式包括两种：赋值或调用数据传输函数。

最简单的数据传输方式是赋值。其一般格式为

```
object=source
```

其中，object 可以是 host 变量，也可以是 device 变量；而 source 可以是由 host 变量、device 变量或常数组成的简单代数表达式；整个赋值语句中只能出现一次 device 变量。比如，如下方式是非法的：

```
a=adev+bdev
adev=bdev+a
a=sqrt(adev)
```

其中，前两式中 device 变量出现了两次，而第三式中赋值语句右侧不是简单代数表达式。而下述表达式是合法的：

```
a=adev
adev=a
a=b+adev
a=b*adev+c
```

这种方式传输数据，优点是简洁易读，缺点是难以进行优化；此外，在较低版本的 CUDA Fortran 中，这种方式的数据传输效率较低。

CUDA 提供了丰富的数据传输函数，可以完成主机到 GPU、GPU 到主机或者一台 GPU 设备到另一台 GPU 设备的数据传输，但在 CUDA Fortran 中使用这些函数时，通常与 CUDA C 的参数含义略有不同，需以 CUDA Fortran 的官方技术手册为准。例如，GPU 与主机数据互传函数 cudaMemcpy，其函数接口为

```
integer function cudaMemcpy(dst, src, count, kdir)
```

其中，dst、src 分别为目标变量和源变量，类型为 CUDA Fortran 变量 (数组、单变量、指向数组或单变量的 Fortran 指针) 或 type(C_PTR)、type(C_DEVPTR) 指针类型；count 为拷贝的数据长度，当 dst 和 src 为 type(C_PTR)、type(C_DEVPTR) 指针类型时，数据长度单位为字节，否则长度单位为元素个数；kdir 为可省略参数，被省略时函数调用自动根据 dst、src 的内存位置 (CPU 或 GPU) 判断其取值：cudaMemcpyHostToDevice 表示从 CPU 内存向 GPU 内存拷贝数据，cudaMemcpyDeviceToHost 表示从 GPU 内存向 CPU 内存拷贝数据，cudaMemcpyDeviceToDevice 表示 GPU 内存间拷贝。

调用 cudaMemcpy 时，首先同步 GPU 设备，然后将 src 中长度为 count 的数据拷贝到 dst，成功后返回 0，否则返回错误信息 ID。例如：

```
real,device :: adev(1024)
real        :: a (512)
integer     :: istat
istat=cudaMemcpy(adev,a,512)
```

第四条语句表示把 CPU 上的数组 a 的前 512 个元素拷贝给 GPU 上的数组 adev(占用其前 512 个)，类似的调用在 CUDA C 中对应 “前 512 字节”。

算例 4.1 通过数据传输体会 “赋值方式” 和 “调用 CUDA API” 进行数据移动：

算例 4.1

```
!Sample 4.1: Exchange Data
program main
      use cudafor
      implicit none
      integer,parameter::N=8*1024,M=8*1024
      real,device,allocatable,dimension(:,:) ::a_dev,b_dev
      real,allocatable,dimension(:,:) ::a,b,c
      integer                    ::t(5),ist
      real                       ::datasize,sp1,sp2
      real(8)                     ::cr
```

```
        allocate(a(N,M),b(N,M),c(N,M),a_dev(N,M),b_dev(N,M),stat=ist)
        datasize=sizeof(datasize)*N/1024.0*M/1024.0
        if(ist/=0)then
           print *,'Memory not allocated!'
           stop
        else
           print *,'Data size(MB):',datasize
        endif
        call random_number(a)
        call system_clock(t(1),cr)
        a_dev=a
        call system_clock(t(2),cr)
        ist=cudamemcpy(b_dev,a,N*M)
        call system_clock(t(3),cr)
        b=b_dev
        call system_clock(t(4),cr)
        ist=cudamemcpy(c,a_dev,N*M)
        call system_clock(t(5),cr)
        datasize=datasize*cr
        sp1=datasize/(t(2)-t(1))
        sp2=datasize/(t(3)-t(2))
        print *,'Upload Speed(Mb/s):',sp1,sp2
        sp1=datasize/(t(4)-t(3))
        sp2=datasize/(t(5)-t(4))
        print *,'Download Speed(Mb/s):',sp1,sp2
        if(any(abs(a-b)>1e-4).or.any(abs(a-c)>1e-4))then
           print *,'Data Error!'
        else
           print *,'Test passed'
        endif
        deallocate(a,b,c,a_dev,b_dev)
     end program
```

算例 4.1 中，为了比较数据传输的结果，分别采用动态分配方式定义了两个 device 数组和三个主机数组，而且安全起见，本例中首次在分配函数 allocate 中使用了状态监测参数 stat：若内存分配成功则返回 0，否则返回非 0 整数，详见

Fortran 手册中对 allocate 的解释；为了比较各种传输，本例中分别采用赋值的方式和调用 cudamemcpy 函数将数据上传至 GPU，然后再分别用这两种方式下载至主机。

将算例 4.1 存储为 Sample4_1.cuf，然后编译：

```
pgf95 -o Sample4_1.exe Sample4_1.f90 -Mcuda
```

运行 Sample4_1.exe 结果如图 4.2 所示：赋值与拷贝函数效率一致。

```
PGI$ pgf95 -o Sample4_1.exe Sample4_1.cuf -Mcuda
PGI$ ./Sample4_1.exe
 Data size(MB):     256.0000
 Upload Speed(Mb/s):     8000.000         8000.000
 Download Speed(Mb/s):    5120.103         5019.509
 Test passed
```

图 4.2　赋值与拷贝函数执行效率

CUDA Fortran 还提供了其他数据传输函数，详见 PGI 编译器用户手册。

4.3　managed 变量

由于 CPU 和 GPU 的内存在物理上是相互隔离的，因此，在前面的例子中多次出现 "一套数据，两个版本"，即 CPU 端保存一个版本，GPU 端保存另一个版本。如算例 4.1 中语句 real,allocatable,dimension(:,:):: a 定义的 CPU 端数组 a 和语句 real,allocatable,device,dimension(:,:):: a_dev 定义的 GPU 端数组 a_dev 分别对应相同的数据但存储于不同的内存空间，而且为了保持它们的数据一致性，程序员需要显式进行数据移动。

当需要使用的设备端变量很多时，"一套数据，两个版本" 的内存体系给数据维护增加了额外的负担。为此，CUDA 自 6.0 版本开始，推出 "统一寻址" 机制，如图 4.3 所示，在 GPU 内存空间和 CPU 内存空间建立统一的逻辑地址，程序 (CPU 或 GPU 代码) 可以无差别地使用这些内存。

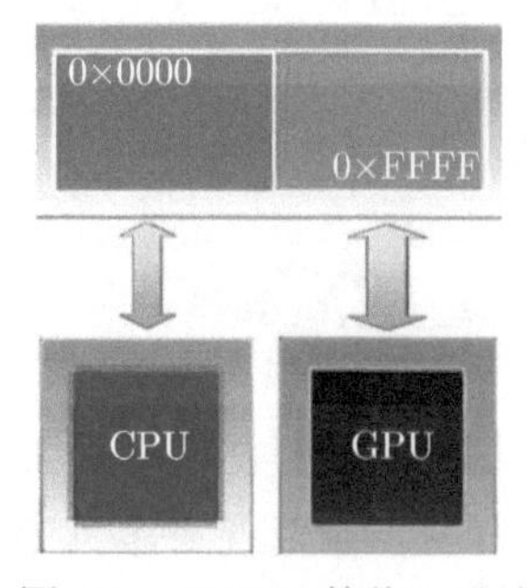

图 4.3　CUDA 的统一寻址

在 CUDA Fortran 中，这种内存空间的变量带有 managed 属性，声明方法为

```
real,managed,dimension(10)::a
```

或

```
real, dimension(10)::a
attributes(managed)::a
```

managed 变量由 CUDA 系统维护 CPU 端和 GPU 端的数据一致性。仅当 kernel 函数处于活动状态时 managed 变量在 CPU 代码中的使用受到一定限制，而在 GPU 代码中，它完全与 device 变量等价。在这一体系下，GPU 计算程序可得到极大简化。比如，用 managed 变量重写算例 3.4 中 GPU 计算部分如下：

算例 4.2

```
!Sample 4.2
Program main
   use VectorDotProduct
   implicit none
   integer,parameter :: Nx=512,Ny=256,Nz=128,BS=8
   real,managed,allocatable,dimension(:,:,:,:)::a,b
   real,managed,allocatable,dimension(:,:,:)::c
   integer         ::t1,t2
   real(8)         ::cr
   type(dim3)      ::blkd,grdd
   allocate(a(3,Nx,Ny,Nz),b(3,Nx,Ny,Nz),c(Nx,Ny,Nz))
   call random_number(a)
   call random_number(b)
   call system_clock(t1 ,cr)
   blkd=dim3(BS,BS,BS)
   grdd=dim3((Nx+BS-1)/BS, (Ny+BS-1)/BS, (Nz+BS-1)/BS)
   call VDot<<<grdd,blkd>> (a,b,c, Nx,Ny,Nz)
   t2=cudaDeviceSynchronize()
   call system_clock(t2 ,cr)
   print *,"Used time(us):",t2-t1
   deallocate(a,b,c)
end program
```

与算例 3.4 相比，使用 managed 变量后，程序员既不需要区分变量究竟位于 CPU 端还是 GPU 端，也不需要显式进行数据移动，代码更加简洁，但代码执行耗时 1116000μs(见图 4.4) 比算例 3.4 耗时 (50999μs，见图 3.12) 多得多。对于作者所

用的 GTX Titan X GPU 卡，CUDA 系统无法判断数据移动的最佳时机而导致使用 managed 内存的效率较低。在新型 GPU 设备上，已经有专门为"统一寻址"机制提供支持的硬件，在这样的 GPU 设备上做计算，使用 managed 内存的效率已有极大提高，但仍与显式使用 CPU 和 GPU 端变量的效率有差距。

```
PGI$ pgf95 -c Sample3_2.cuf -Mcuda
PGI$ pgf95 -o Sample4_2.exe Sample4_2.cuf Sample3_2.obj -Mcuda
Sample4_2.cuf:
PGI$ ./Sample4_2.exe
 Used time(us):      1116000
```

图 4.4　使用 Managed 内存计算矢量点积

总的来说，如果不追求极致的计算性能，managed 变量是值得使用的，因为它极大地简化了代码，提高了代码的可读性和可维护性；如果十分在意计算性能，则仍然使用"一套数据，两个版本"的常规异构计算方案更高效。

同样，使用 managed 变量也需遵循一整套规则和限制，大多数条款与 device 变量一致，除了下述三条：

(1) managed 变量可以作为实参传递给其他主机子程序，如果子程序接口被重载，则 managed 实参优先与 managed 虚参结合，其次与 device 虚参结合，最后与 CPU 虚参结合；

(2) 把一个非 managed 变量作为实参传递给一个子程序的 managed 虚参，如果子程序接口是显式的，将产生编译错误，否则将导致未知结果；

(3) 当 GPU 中有活动的 kernel 在存取 Managed 变量时，在主机端存取该变量可能导致段错误。

4.4　pinned 变量

带有 pinned 属性的变量位于 CPU 页面锁定内存中。操作系统一般用逻辑地址映射物理内存，在程序执行过程中可能出现同一变量 (数组或单变量) 的物理地址发生改变的情况，因而在 CPU 与 GPU 间传输数据时，数据需要经过缓冲区然后再写入物理内存从而增加额外的数据传输时间。而页面锁定内存的逻辑地址与物理内存的映射关系是固定的，数据可直接在 CPU 内存与 GPU 内存间传输而无需经过缓存，因而可提高数据传输效率。

声明 pinned 内存的方法为

```
real,pinned,dimension(10)::a
```

或

```
real, dimension(10)::a
```

```
attributes(pinned)::a
```

除了改善数据在 CPU 与 GPU 间的传输性能，CUDA 提供的异步传输函数如 cudaMemcpyAsync 等要求 CPU 端变量必须具有 pinned 属性，而数据的异步传输是 GPU 计算提升性能的重要手段。

虽然使用 pinned 变量有很多优势，但需要注意的是，过多使用 pinned 变量会影响计算机系统效率，故可用的 pinned 变量总量是受限的，有些操作系统甚至会禁止 pinned 内存的使用。当变量不能成功分配为 pinned 内存时，系统自动在普通页面内存中为变量分配空间 ——CUDA Fortran 专门为 allocate 语句增加了可选检测参数 pinned，以检测页面锁定内存分配是否成功：

```
allocate(a(1024,1024),pinned=suc)
```

当 a 分配为页面锁定内存时，suc 为真，否则为假。

重写算例 4.1，比较使用 pinned 内存的情况：

算例 4.3

```
!Sample 4.3 Exchange Data with pinned memory
program main
   use cudafor
   implicit none
   integer,parameter::N=4*1024,M=8*1024
   real,device,allocatable,dimension(:,:) ::a_dev
   real,allocatable,dimension(:,:)         ::a
   real,allocatable,pinned,dimension(:,:) ::b
   integer::t(5),ist,ist1
   real::datasize,sp
   logical::suc
   real(8)::cr
   datasize=sizeof(datasize)*N/1024.0*M/1024.0
   allocate(a(N,M),a_dev(N,M),stat=ist)
   allocate(b(N,M),stat=ist1,pinned=suc)
   if(ist/=0.or.ist1/=0)then
      print *,'Memory not allocated!'
      stop
   else
      print *,'Data size(MB):',datasize
   endif
   print *,'pinned memory allocate:',suc
```

```
    call random_number(a)
    b=a
    call system_clock(t(1),cr)
    a_dev=a
    call system_clock(t(2),cr)
    a_dev=b
    call system_clock(t(3),cr)
    ist=cudamemcpy(a_dev,a,N*M)
    call system_clock(t(4),cr)
    ist=cudamemcpy(a_dev,b,N*M)
    call system_clock(t(5),cr)
    datasize=datasize*cr
    sp= datasize/(t(2)-t(1))
    print *,'Speed of assign from general  Mem(MB/s):',sp
    sp= datasize/(t(3)-t(2))
    print *,'Speed of assign from pinned   Mem(MB/s):',sp
    sp= datasize/(t(4)-t(3))
    print *,'Speed of memcopy from general Mem(MB/s):',sp
    sp= datasize/(t(5)-t(4))
    print *,'Speed of memcopy from pinned  Mem(MB/s):',sp
    deallocate(a,b,a_dev)
end program
```

将算例 4.3 存储为 Sample4_3.cuf，然后编译链接：

```
pgf95 -o Sample4_3.exe Sample4_3.f90 -Mcuda
```

运行结果如图 4.5 所示：普通内存上传下载速度每秒 8GB/s，pinned 内存上传速度 12GB/s 左右，使用 pinned 内存有比较明显的速度改善。

```
PGI$ pgf95 -o Sample4_3.exe Sample4_3.cuf -Mcuda
PGI$ ./Sample4_3.exe
 Data size(MB):    256.0000
 pinned memory allocate:  T
 Speed of assign from general  Mem(MB/s):     8000.000
 Speed of assign from pinned   Mem(MB/s):     12191.06
 Speed of memcopy from general Mem(MB/s):     8000.000
 Speed of memcopy from pinned  Mem(MB/s):     12190.48
```

图 4.5　pinned 内存传输效率

4.5 shared 变量

和 CPU 使用高速缓存提升处理器性能的方式类似，GPU 全局内存之外还有数量较少但速度比全局内存快数百倍的高速片上内存，在 CUDA 中，这些片上内存的一部分被作为 shared 内存供同一 block 内的线程共享使用，相应的变量带有 shared 属性 [2-4]。

shared 变量最主要的特点有两个：一是存取速度快，通常数百倍于全局内存；二是块内共享，同一 block 内的 shared 内存可被本 block 内所有线程读写，因而可通过 shared 内存在 block 内传递信息。

shared 变量只能在 kernel 中申明，也只能在该 kernel 中使用 (当然，也可作为参数传递给在本 kernel 中调用的 device 子程序使用)。在 CUDA Fortran 中，申明 shared 数组有三种方式，其使用略有不同：

第一种，静态数组，数组上下限是常数。例如：

```
real,shared::  a(32,32), b(1024)
```

第二种，假定形状数组，数组最后一维的上限由一个星号 (*) 代替。例如：

```
real,shared::  a(32,*), b(*)
```

此时，shared 数组的实际大小在 kernel 执行配置中确定：执行配置中第三个参数指定的数值为每 block 内 shared 内存总字节数。特别值得注意的是，当 block 内有多个这样的数组时，各数组共享这些 shared 内存，即各数组的起始地址完全相同，而不管这些数组类型是否一致 —— 如果不注意这一点很可能得到错误的计算结果。

第三种，自动数组，数组的上下限由包含常数 (包括 parameter 语句定义的常值变量)、cudafor 预定义变量或采用传值方式传入 kernel 的整型参数组成的表达式确定。例如：

```
attributes(global) subroutine sub(A, n, nb)
integer, value ::  n, nb
real, shared ::  s(n*blockdim%x,nb)
```

此时，shared 数组的实际大小同样在 kernel 执行配置中确定：执行配置中第三个参数指定的数值为每 block 内 shared 内存总字节数。但与第二种情况不同，当 block 内有多个这样的数组时，各数组是各自独立的 (起始地址偏移量由系统计算)—— 当然，程序员得确保这些数组所需内存总量不大于执行配置给出的 shared 内存总量 (单位为字节)。

算例 4.4 计算已知折线段中点，展示 shared 内存的使用：

```
! Sample 4.4: Use shared memory
```

```
module sharedmem
   use cudafor
   integer,parameter::BS=512
   contains
      attributes(global) subroutine midpoint(a,am,N)
         integer,value::N
         real,device::a(3,N),am(3,N-1)
         integer::i
         i= (blockidx%x-1) * (blockdim%x-1) + threadidx%x
         if(i<N) am(:,i)=(a(:,i)+a(:,i+1))*0.5
      end subroutine midpoint
      attributes(global) subroutine midpointshared(a,am,N)
         integer,value::N
         real,device::a(3,N),am(3,N-1)
         integer::i,tx
         real,shared::as(3,BS)
         tx=threadidx%x
         i= (blockidx%x-1) * (blockdim%x-1) + tx
         as(:,tx)=a(:,i)
         call syncthreads()
         if(i<N.and.tx<BS)am(:,i)= (as(:,tx)+as(:,tx+1))*0.5
      end subroutine midpointshared
end module sharedmem
program main
   use sharedmem
   implicit none
   integer,parameter::N=BS*BS*512
   real,device,allocatable ::a_dev(:,:),am_dev(:,:)
   real,allocatable,pinned ::a(:,:),am(:,:),bm(:,:)
   integer::t(4),ist,nB,sharesize,i
   real::datasize
   logical:: suc
   real(8)::cr
   datasize=sizeof(datasize)*N*3/1024.0/1024.0
   allocate(a(3,N),a_dev(3,N),am_dev(3,N-1),stat=ist)
```

```
    allocate(am(3,N-1),bm(3,N-1),stat=ist,pinned=suc)
    call random_number(a)
    a_dev=a
    nB=(N+BS-2)/(BS-1)
    call system_clock(t(1),cr)
    call midpoint<<<nB,BS>>>( a_dev, am_dev, N)
    ist=cudaDeviceSynchronize
    call system_clock(t(2),cr)
    am=am_dev
    sharesize=BS*3*sizeof(datasize)
    call system_clock(t(3),cr)
    call midpointshared<<<nB,BS,sharesize>>> (a_dev, am_dev, N)
    ist=cudaDeviceSynchronize
    call system_clock(t(4),cr)
    bm=am_dev
    print *,'Time of midpoint(us):',t(2)-t(1)
    print *,'Time of midpointshared(us):',t(4)-t(3)
    deallocate(a,am,bm,a_dev,am_dev)
end
```

模块 sharedmem 中定义了两个 kernel：midpoint 只使用全局内存，每个线程完成两点共 6 次全局内存 (数组 a) 读取操作和一点共 3 次全局内存 (数组 am) 写入操作；midpointshared 则定义了 shared 数组 as(3,Bsize)，各线程只需读一点共 3 次全局内存操作 (相邻点由块内相邻线程读入 —— 为了确保在使用前相邻线程已经完成读入操作，计算线段中点前设置了一个线程同步) 和一点共 3 次全局内存 (数组 am) 写入操作，而增加的两点 shared 内存读取操作比全局内存读取操作快得多因而可忽略不计。需要注意的是，使用 shared 内存后，shared 内存的数组越界问题也需要避免，故在 am 数组赋值时增加了一个条件判断。主程序很简单：定义并给相关数组分配空间，将 CPU 端数据上传至 GPU，然后通过执行配置分别调用两个 kernel 并计时以比较使用 shared 的效果。

算例 4.4 运行结果如图 4.6 所示：使用 shared 内存后，计算时间从 20999μs 降低为 18001μs。本例中数据读入 shared 内存后只使用了两次 (block 端点甚至只使用一次)，使用 shared 内存后效率提高不太显著，在 shared 内存重复使用频率更高的问题中，shared 内存的使用效果会更加明显。

使用 shared 内存可以极大提高 GPU 计算程序效率，但必须注意的是 shared 内存数量是有限的：shared 内存使用的是 SM 片上高速寄存器，而每片 SM 的高速寄存器总容量是有限的，如果块内 shared 内存用量太大，shared 内存资源不足导致片上驻留的 CUDA 线程太少反而可能降低计算效率。

```
PGI$ pgf95 -o Sample4_4.exe Sample4_4.cuf -Mcuda
PGI$ ./Sample4_4.exe
 Time of midpoint(us):        20999
 Time of midpointshared(us):        18001
```

图 4.6 shared 内存在线段中点计算中的使用效果

如何使用 shared 内存才能达到性能最优是一个非常复杂的话题，且通常与 CUDA 系统、GPU 硬件特性都有关系，留待后续章节讨论。

4.6 local 变量

线程中通常需要使用一些私有变量，比如线程的全局 ID、程序中用到的临时变量等。在 CUDA 中，这种变量称为 local 变量，不带 attributes 属性。local 变量无需特殊声明，kernel 或 device 子程序中声明的临时变量都是 local 变量，如算例 4.4 中，midpointshared 中的语句 integer::i,tx 就定义了两个 local 变量 i 和 tx，该变量为线程私有。

local 变量所对应的 GPU 物理内存比较复杂：优先使用 L1 高速缓存，当 L1 高速缓存数量不足时，用全局内存代替。由于 L1 高速缓存比全局内存速度快数百倍，故 CUDA 程序中应尽量减少 local 变量的用量，确保 local 变量在 L1 高速缓存中分配空间。

4.7 constant 变量

带有 constant 属性的变量在 GPU 端是只读的 (可在 CPU 端进行改写)，故这类变量称为常量内存变量。此外，不同于普通变量，constant 变量不可动态分配，且单块 GPU 卡允许使用的 constant 变量数量是有限的 (目前是 64KB)。

constant 变量声明方法为

```
real,constant,dimension(10)::a
real::b
attributes(constant)::b
```

constant 变量实际使用的仍然是 GPU 卡的全局内存，因此其单次读取速度与 device 变量相比并无优势，但 constant 变量的读取有缓存机制，当多个线程读取同一个 constant 变量时，实际只执行一次读取操作，然后采用类似于广播的机制使得半个 Warp 内所有线程都获得这个 constant 的值，由此获得性能的提升。但如果不同线程使用的是不同的 constant 变量，不仅不能获得速度优势 (读取速度与 device 变量一样)，而且各线程对 constant 变量串行读取，反而降低读取效率。例如，如果定义了一个常量数组 $c(10)$, kernel 或 device 子程序中按下述方式使用可获得性能提升:

```
tid=(blockIdx%x-1)*blockDim%x + threadIdx%x
a(tid)=a(tid)+c(1)
```

此时，每个线程都用到了数组 c 的相同元素，因而只需读取全局内存一次，所有线程都将获得这个值。但使用下述方式则比使用 device 数组性能还低:

```
tid=(blockIdx%x-1)*blockDim%x + threadIdx%x
a(tid)=a(tid)+c(mod(tid+9,10)+1)
```

此时，每个线程使用的 constant 变量都不同，因而只能各自读取相应的变量。当然，这里为了展示 "不同线程读取不同的 constant 变量"，设置了根据线程 ID 在 constant 数组中循环访问的算法，实际应用中不太可能出现这样的情况。

由于可用量受限，constant 变量一般在程序中用于存储频繁使用的常数，比如圆周率、气体常数、化学反应方程式系数等。

4.8 texture 变量

带有 texture 属性的变量位于设备端纹理内存空间，只能为整型或实型静态数组或指向数组的指针 [2-6]。早期版本的 CUDA 中对 texture 变量有非常多的限制，使用价值不大；改进后，尤其是不再限制数组维度后，这类变量有了真正的使用价值。

texture 变量声明方法为

```
real,texture,dimension(10)::a
real,texture,pointer,dimension(:,:)::b
real,pointer,dimension(:,:)::c
attributes(texture)::c
```

与 constant 变量一样，texture 实际使用的也是 GPU 卡的全局内存，而且在 GPU 端同样只能读取而不能写入。texture 变量的优势是它在设备端读取时有特殊的缓存机制。计算机程序执行时，通常采用预读取技术，即在全局内存中读取某个变量时，同时把与该变量内存地址相邻的变量放入高速缓存，如果后续指令中用到这些相邻的变量，则可直接从高速缓存中读取数据，从而提高指令执行效率。对于以行优先方式存储的 Fortran 数组，将按如图 4.7(a) 所示方式缓存数组元素。而 texture 变量读入高速缓存不是按存储顺序，而是如图 4.7(b) 所示对数组的一块进行缓存。由于 CUDA 线程是按 block 分组的，这种按块缓存的方式可能会提高缓存命中率，因此在某些应用中使用 texture 可能带来性能的提升。

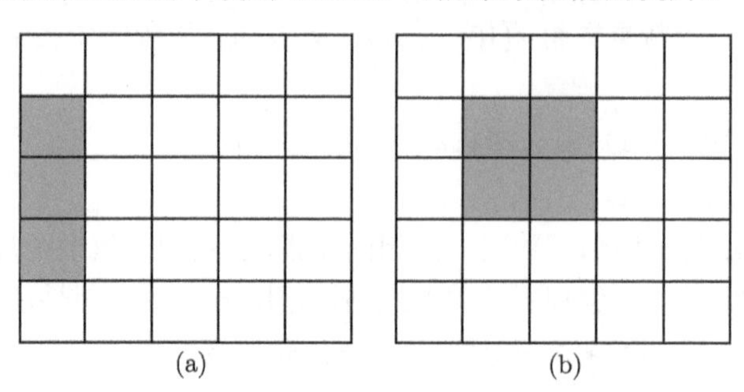

图 4.7　普通数组 (a) 与纹理内存 (b) 的缓存特点

texture 变量与 constant 变量的不同之处在于：第一，其类型只能是 real 或 integer，不能是任何其他数据类型；第二，其大小不再有特定的限制而只受限于 GPU 内存大小；第三，当声明为指向数组的指针时可以动态分配内存空间。

相比于 constant 变量，texture 变量与 device 变量更接近。作为 kernel 或 device 子程序的输入参数时，如果数据类型为整型或实型，二者完全等价，把这样的参数究竟当作 device 变量还是 texture 变量 (两者缓存策略不同)，取决于 kernel 或 device 子程序对参数的属性声明而不是调用时的实参属性。比如，下述 kernel 中的参数将按 device 变量缓存：

```
attributes(global) subroutine mykernel(a,N,M)
real,device,intent(in),dimension(N,M)::a
```

或

```
attributes(global) subroutine mykernel(a,N,M)
eal, intent(in),dimension(N,M)::a
```

而下述 kernel 中的参数将按 texture 变量缓存：

```
attributes(global) subroutine mykernel(a,N,M)
real,texture,dimension(N,M)::a
```

因此，当希望 kernel 中的输入数组按图 4.7(a) 的方式缓存时，可显式声明该参数为 device 数组或省略 attributes 声明；当希望 kernel 中的输入数组按图 4.7(b) 的方式缓存时，需显式声明该参数为 texture 数组。

4.9　设备端派生数据类型

除了表 4.1 列出的 integer、logical、real、complex 和 character 等基本变量类型，某些情况下使用自定义的派生数据类型会更方便。比如，数值计算中常用的区域分

解算法 [7-10]，只使用基本变量类型时程序不得不按如下方式描述 number_of_block 个子区域的网格点位置信息：

```
real::position(3, number_of_point, number_of_block)
```

如果子区域的网格点数 number_of_point 各不相同 (一般都是这种情况)，只能取最大的子区网格点数来定义 position 数组，造成内存浪费只是一方面，程序的可读性也会很差，而且容易导致计算错误。

为此，Fortran 90 及以上标准允许自定义派生数据类型，以适应自然界各种复杂情况的描述需要，比如上述区域分解算法数据类型可以如下定义：

```
type subblock
    integer::number_of_point
    real,allocatable,dimension(:,:)::position
end type subblock
type(subblock)::blk(number_of_block)
```

此时，每个子区可根据本区网格点数给专属数组 position 分配空间：

```
do nb=1, number_of_block
   allocate(blk(nb)%position(3, blk(nb)%number_of_point))
end do
```

官方手册上 CUDA Fortran 支持基于如表 4.1 所示基本变量类型和类别的派生数据类型 [11,12]，如 cudafor 模块预定义的 type(dim3) 就是派生数据类型。但在实际使用中，PGI 编译器对 CPU 端使用派生数据类型的支持没任何问题，而在设备端使用派生数据类型有一些特殊之处：

(1) 如果派生数据类型变量为设备端变量，则该变量的元素中，静态变量 (静态数组或单变量) 均为设备端变量，可正常使用，但可动态分配空间的变量 (指针或动态数组) 不能正常使用。比如用 sublock 定义一个 device 数组：

```
type(subblock), device::blk(number_of_block)
```

则数组 blk(nb)%number_of_point 也具有 device 属性，但 blk(n)%position 既不能分配空间也不能指向任何数组：编译不会出现错误或警告，运行时出错 —— 这应该是 PGI Fortran 编译器 BUG(目前为止的各版本都有同样的问题)，期望编译器厂家能在未来修正这个 BUG。

(2) 定义派生数据类型时，如果元素为数组或指针，则该元素可以具有 device 属性，但具有 device 属性的单变量会导致编译错误。例如，下述派生数据类型定义是可以正常使用的：

```
type mydata
   integer::ni,nj
   real,device,allocatable,dimension(:,:,:)::a
```

```
    real,device,pointer,dimension(:,:,:)::b
  end type
```

但下述派生数据类型定义将产生编译错误：

```
  type mydata
    integer,device::ni,nj
    real,device,allocatable,dimension(:,:,:)::a
    real,device,pointer,dimension(:,:,:)::b
  end type
```

作者不清楚这种情况是 PGI Fortran 编译器设计者的初衷还是编译器 BUG 导致的，不过，只要程序员了解这种情况，很容易绕过这个问题，不影响 PGI Fortran 的使用。

参 考 文 献

[1] President's Information Technology Advisory Committee, Computational Science: Ensuring America's Competitiveness, Report to the President, Virginia, 2005.
[2] PGI Compilers&Tools: CUDA Fortran Programming Guide and Reference (Version 2018), nVIDIA Inc.
[3] PGI Compilers&Tools: Rlease Notes for x86-64 CPUs and Tesla GPUs (Version 2018), nVIDIA Inc.
[4] Sanders J, Kandrot E. GPU 高性能编程 CUDA 实战. 聂雪军, 等, 译. 北京：机械工业出版社, 2011.
[5] CUDA Fortran 高效编程实践. 小小河, 等, 译. 电子版. 2014.
[6] 刘文志. 并行算法设计与性能优化. 北京：机械工业出版社, 2015.
[7] 陆林生, 董超群, 李志辉. 多相空间数值模拟并行化研究. 计算机科学, 2003, 30(3): 129-137.
[8] 李志辉. 稀薄流到连续流气体流动问题统一算法应用研究. 北京：清华大学, 2003.
[9] Gregory R, Massimiliano F. CUDA Fortran for Scientists and Engineers: Best Practices for Efficient CUDA Fortran Programming. Elsevier, 2014.
[10] 高洪贺. 高超声速流场 GPU 并行算法研究. 长沙：国防科学技术大学, 2012.
[11] NVIDIA Tesla P100 whitepaper: Pascal-architecture. nVIDIA Inc. 2016.
[12] High Performance Computing with CUDA. nVIDIA Inc. 2009.

第5章　CUDA 任务级并行

在第 3 章的介绍中，计算任务被分解为 CUDA 线程级子任务，由 GPU 流处理器 SP 并行完成子任务的计算。由于 GPU 不擅长分支处理，介绍的算法着眼于任务的数据并行性，以相同的算法应用于不同的数据，即采用单指令多线程 (SIMT) 模型处理海量数据。

实际应用中所面临的问题除了这种单任务的数据并行性，还可能存在任务级并行性。比如，GPU 计算的同时可能需要把已完成的计算结果传送回 CPU 内存进行 IO 操作，则计算与 IO 可并行执行；计算结点有多块 GPU 卡，为了充分利用 GPU 设备，必须将总任务划分为不少于 GPU 卡数量的子任务，各子任务可并行执行。

为此，GPU 参与的并行算法一般采用分层模型，由 CPU 进程或线程完成粗粒度的子任务分解 (可能多级分解)，直到每个子任务都具有数据并行性，再由 CUDA 采用 SIMT 模型进一步分解为线程级子任务并完成并行计算 [1-5]。

在粗粒度任务并行中，涉及 GPU 计算的话题有两个：同一 GPU 卡内的粗粒度任务并行算法及多 GPU 卡的使用。这两个话题的核心分别是 CUDA 流的管理及 GPU 设备管理。

5.1　CUDA 流管理

5.1.1　什么是流

流 (Stream) 是 CUDA 的一种多任务管理机制，一个流就是一个 GPU 任务队列：同一流的任务顺序执行，不同流的任务乱序执行；当资源不足时，由流的优先级决定哪个流优先获得计算资源而执行；在 CUDA 新版中，系统甚至会强制正在执行的低优先级流暂停执行，释放资源以便优先级高的流得到执行 (早期 CUDA 中，无论流的权限有多高，其所属任务都不能强迫正在执行的 GPU 任务释放资源)。在 CUDA 流的管理机制下，一个 CPU 进程或线程可以发布多个计算任务且让这些任务并发执行：将不同的计算任务放入不同的流，由于流与流之间没有顺序执行要求，故在资源足够时这些任务将并行执行；即便硬件资源不足，流的并发执行特性也可以提高资源利用率。

CUDA 为每一个流分配一个整数值作为流的 ID 以方便流的管理，这个整数

ID 的 kind 参数是 CUDA 预定义整型：

```
integer(kind=cuda_stream_kind):: strm
```

5.1.2 流的创建与销毁

在 CUDA 中，所有的 GPU 任务都被放入某个流，由流去调度管理。比如，在第 3 章介绍 kernel 的执行配置时曾经提到，执行配置有四个参数：第一个参数是线程 grid 各维的大小，第二个参数是线程 block 各维的大小，第三个参数是 shared 内存字节数，第四个参数就是流 ID。但执行配置第三、四个参数均为可选参数，故前文所有算例均省略了 kernel 执行配置的流 ID 参数 —— 此时，CUDA 系统使用缺省流作为管理 kernel 执行的流而不是不使用流。

如果系统只有一个流 (CUDA 程序启动时创建一个缺省流，ID 为 0)，CUDA 的很多异步执行特性的优势很难体现出来。比如：

```
call kernel1<<<grd1,blk1>>>(...)
!CPU Code
call kernel2<<<grd1,blk1>>>(...)
```

虽然 kernel 函数是异步执行的，但由于处于同一个流 (缺省的 0 号流)，即便硬件资源足够两个 kernel 同时执行，后调用的 kernel2 也必须等待先调用的 kernel1 执行完毕。此时，kernel 异步执行的唯一优势是 kernel1 调用后可以继续执行后续的 CPU 计算代码 —— 理论上，可以将大部分计算放在 GPU 上完成，同时也让 CPU 承担少量的计算任务以充分利用硬件资源。但实际上，由于 GPU 计算能力通常是 CPU 的数十倍甚至数百倍，CPU 承担的少量计算对整个计算任务的完成几乎不会有帮助，更重要的是，这种异构并行计算设计难以避免地出现 CPU 与 GPU 间频繁的数据交换，效果很可能比由 GPU 独立完成全部计算更差。

要使用缺省的 0 号流之外的流，程序必须先主动创建它：

```
integer function cudaStreamCreate(strm)
    integer(kind=cuda_stream_kind):: strm
```

成功调用返回值为 0，在当前 GPU 卡上创建一个流并将流 ID 赋给其参数 strm；若调用出错，返回非 0 值错误 ID。

当同一 GPU 卡中存在多个流时，由于不同流中的 GPU 任务没有先后秩序限制，一旦 GPU 硬件资源不足，必然出现不同流的 GPU 任务争夺 GPU 硬件资源的问题。为实现流的灵活管理，CUDA 为每个流设置一个优先级，发生资源争夺时，不同的流按优先级决定资源使用优先权：权限高的流优先获得资源，同权限的流中的任务乱序抢占。

流的优先级用整数表示，数字越小权限越高。可通过 CUDA 提供的 API 查询流优先级范围：

```
integer function cudaDeviceGetStreamPriorityRange (hp, lp)
    integer, intent(out) :: hp, lp
```

成功调用后返回 0，同时把最低优先级存入参数 lp、最高优先级存入参数 hp；若调用出错，返回非 0 值错误信息 ID。

CUDA 系统启动时自动创建 0 号流，而 0 号流的优先级是变化的：0 号流未获得资源时，它的优先级最低，必须等待所有其他流中的任务执行完毕，0 号流中的 GPU 任务才能得到资源；一旦 0 号流中有任务获得资源而执行，它的优先级成为最高，任何其他流必须等待 0 号流中的任务执行完毕才能获得资源。

调用 cudaStreamCreate 创建的流具有缺省优先级 (高于最低权限低于最高权限)，也可以在创建流的同时指定其优先级：

```
integer function cudaStreamCreateWithPriority(strm, flags,
priority)
    integer(kind=cuda_stream_kind), intent(out) :: strm
    integer, intent(in) :: flags, priority
```

成功调用返回值 0，在当前 GPU 设备创建一个以参数 priority 为优先级的流并将流 ID 赋给参数 strm，参数 flags 用于标识流是否受 0 号流的同步操作影响：0 号流同步操作会迫使 flags 为 cudaStreamDefault 的流全都做同步操作，但 flags 为 cudaStreamNonBlocking 的流不受影响；创建流失败则返回错误信息 ID。

已经创建的流，若不清楚其优先级，可以通过 CUDA 提供的 API 查询：

```
integer function cudaStreamGetPriority(strm, priority)
    integer(kind=cuda_stream_kind), intent(in) :: strm
    integer, intent(out) :: priority
```

成功调用返回 0，同时把流 strm 的优先级存入参数 priority 中；若调用出错，返回非 0 值错误 ID。

创建流时还可以使用缺省优先级而只指定 flags 参数：

```
integer function cudaStreamCreateWithFlags(stream, flags)
    integer(kind=cuda_stream_kind), intent(out) :: stream
    integer, intent(in) :: flags
```

成功调用返回值为 0，在当前 GPU 卡上创建一个流并将流 ID 赋给其参数 strm，同时指定该流的 flags 参数；否则返回错误信息 ID。

流会占用系统资源，不需使用时应该进行回收：

```
integer function cudaStreamDestroy(strm)
    integer(kind=cuda_stream_kind), intent(in) :: strm
```

成功调用则返回 0，同时将 ID 为 strm 的流销毁；若调用出错，返回非 0 值错误 ID。

5.1.3　流的使用

1. 使用缺省流管理 GPU 任务

对于不指定流 ID 的 GPU 任务将被放入缺省流。例如：

```
call kernel1<<<grid,block>>>(...)
a=a_d
b_d=b
ierr=cudaMemcpy(c,c_d,count)
```

上述用法没有显式指定流 ID，CUDA 系统以缺省流管理这些任务。CUDA 程序初始化时，系统以自动创建的 0 号流为缺省流，但 CUDA 程序可以设定特定流为默认流：

```
integer function cudaforSetDefaultStream(strm)
    integer(kind=cuda_stream_kind), intent(in) :: strm
```

成功调用返回 0，同时将流 strm 设置为缺省流；若调用出错，返回非 0 值错误 ID。

当程序比较复杂，不确定当前的缺省流 ID 时，可以通过 CUDA 提供的 API 查询：

```
integer(kind=cuda_stream_kind) function cudaforGetDefaultStream()
```

成功调用返回当前缺省流 ID，否则返回错误信息 ID。

2. 显式指定 GPU 任务所属的流

如果在调用 kernel 函数时提供流 ID(执行配置的第四个参数)，则 kernel 被放入该流中进行调度。指定流 ID 的 kernel 执行配置语法为

```
call kernel<<<griddim,blockdim,sharedmem,streamid>>>(…)
```

或

```
call kernel<<<griddim,blockdim,stream=streamid>>>(…)
```

第二种调用方式为了省略了第个三参数 (shared 内存大小)，故使用 Fortran 语法的有名参数调用法指定流 ID。

提供流 ID 后，该 kernel 就被放入指定的流排队等待执行。由于 kernel 的异步特性，如果在调用时为不同的 kernel 指定不同的流 ID，则这些 kernel 就是并发执行的 (当资源满足时并行执行)。例如：

```
call kernel1<<<grd1,blk1,shared1,strm1>>>(par1,…)
call kernel2<<<grd2,blk2,shared2,strm2>>>(par1,…)
call kernel3<<<grd3,blk3,shared3,strm3>>>(par1,…)
```

如果资源足够，这三个 kernel 将几乎同时得到执行，如图 5.1 所示。

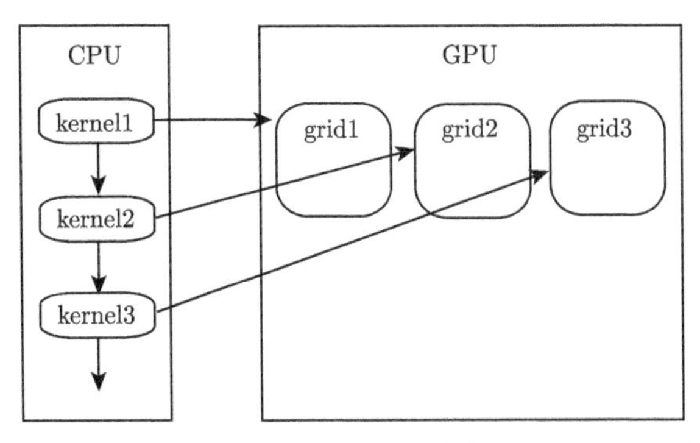

图 5.1 kernel 的异步执行

除了 kernel 的调用可以使用流，数据拷贝也有与流关联的异步版本：

```
integer function cudaMemcpyAsync(dst, src, count, kdir, strm)
    data_type,intent(out)::dst
    data_type,intent(in)::src
    integer,intent(in)::count,kdir
    integer(kind= cuda_stream_kind),intent(in)::strm
```

成功调用返回 0，同时将 src 的前 count 个数据拷贝至 dst 的任务放进流 strm；若调用出错，返回非 0 值错误 ID。其中，src、dst 数据类型为 CUDA Fortran 变量 (单变量、可动态分配内存数组、指向数组的指针或指向单变量的指针) 或 type(C_PTR)、type(C_DEVPTR) 类型；count 为拷贝的数据长度，当 dst 和 src 为 type(C_PTR)、type(C_DEVPTR) 类型时，数据长度单位为字节，否则长度单位为元素个数；kdir 为可省略参数，被省略时函数调用自动根据 dst、src 内存位置 (CPU 或 GPU) 判断其取值：cudaMemcpyHostToDevice 表示从 CPU 内存向 GPU 内存拷贝数据，cudaMemcpyDeviceToHost 表示从 GPU 内存向 CPU 内存拷贝数据，cudaMemcpyDeviceToDevice 表示 GPU 内存间拷贝；src 或 dst 如果位于 CPU 内存，必须具有 pinned 属性。

一般情况下，GPU 计算任务都既涉及 kernel 调用也涉及数据移动。比如有某两个 GPU 计算任务，都是需要先传数据到 GPU 卡、调用 kernel 完成计算后将计算结果传回 CPU，用流来控制这样的过程算法可如下设计：

```
call cudaMemcpyAsync(d1d,d1,count,                        &
     cudaMemcpyHostToDevice,strm1)                        &
call cudaMemcpyAsync(d2d,d2,count,
     cudaMemcpyHostToDevice, strm2)
call kernel1<<<grd1,blk1,0,strm1>>>(d1d,r1d,parlist1)
call kernel2<<<grd2,blk2,0,strm2>>>(d2d,r2d,parlist2)
```

```
call cudaMemcpyAsync(r1,r1d,count,                              &
     cudaMemcpyDeviceToHost,strm1)
call cudaMemcpyAsync(r2,r2d,count,                              &
     cudaMemcpyDeviceToHost,strm2)
```

由于这段代码中，数据拷贝、kernel 调用都采用的是异步方式，而且两个任务使用了两个不同的流 (其中不能有 0 号流：0 号流与其他流是顺序执行的)，同一流中的任务的顺序执行特性确保了结果的可靠性，而不同流的任务的并发执行特性提供了提高资源利用率、降低整体计算时间的可能性。由于 GPU 卡与 CPU 间的数据移动都需要使用 PCIe 接口，因此数据移动只能是顺序执行的 (最新的 GPU 设备有两个数据移动引擎，可以有两个数据流同时传输)，就这段算法而言，可能的执行顺序为：第一步，将 d1 从 CPU 拷贝至 GPU；第二步，执行 kernel1 的同时将 d2 从 CPU 拷贝至 GPU；第三步，(假定第二步的两个操作耗时一样) 执行 kernel2 的同时将 r1 从 GPU 拷贝至 CPU；第四步，将 r2 从 GPU 拷贝至 CPU。其中的第二步、第三步都出现了数据传输与计算的重叠，如图 5.2 所示。

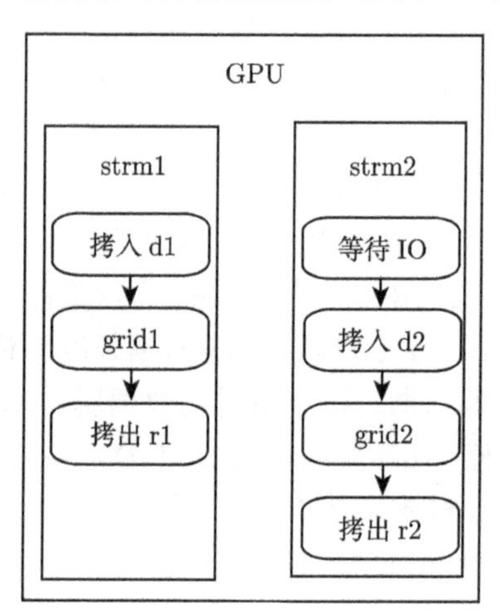

图 5.2　数据传输与计算重叠示意图

除了数据传输与 kernel 调用，CUDA 系统还有很多系统调用都有可以指定流 ID 的异步版本，比如 cublas 库中几乎所有操作都有异步版本，详见 PGI 编译器的用户手册。

3. 流的状态

如果需要根据某个流中任务的执行情况决定下一步的任务，可以调用 CUDA 系统 API 查询特定流中任务完成情况：

```
integer function cudaStreamQuery(stream)
```

此函数查询流 stream 中的任务完成情况，如果已执行完毕则返回 0，未执行完则返回系统预定义常量 cudaErrorNotReady，如果不是这两个值，则返回的是错误信息 ID。

程序执行过程中，往往需要等待 GPU 某个流上任务执行完毕再继续下一步操作，此时可调用 CUDA 系统 API 同步指定的流：

```
integer function cudaStreamSynchronize(strm)
    integer(kind=cuda_stream_kind), intent(in) :: strm
```

成功调用阻塞 CPU 进程/线程，直到 ID 为 strm 的流上全部任务执行完毕，然后返回 0；若返回值非 0，则返回的是错误信息 ID。和 GPU 卡同步函数 cudaDeviceSynchronize 不同，cudaStreamSynchronize 只等待 strm 流上的任务执行，而 cudaDeviceSynchronize 等待 GPU 卡上全部任务的执行。

5.1.4 流的用法举例

计算矢量点积的算例 3.4 中，先把数组 a、b 上传到 GPU，然后调用 kernel 计算 a、b 中存储的矢量的点积，最后将计算结果拷贝回 CPU。整个算法中，上传数据时不能开展计算 (需等待输入数据)，计算时不能下载结果 (需等待计算完成才能下载)。

为了提高 GPU 资源利用率，可把 a、b、c 数据平分成两份，创建两个流各自采用数据的异步传输、kernel 异步调用完成一份数据的计算：

算例 5.1

```
!Sample 5.1
Program main
    use VectorDotProduct
    implicit none
    integer,parameter :: Nx=512,Ny=256,Nz=128,BS=8
    real,allocatable,pinned,dimension(:,:,:,:)::a,b
    real,allocatable,pinned,dimension(:,:,:)  ::c
    real,allocatable,device,dimension(:,:,:,:)::a_d1,b_d1,a_d2,b_d2
    real,allocatable,device,dimension(:,:,:)  ::c_d1,c_d2
    integer        ::t1,t2,ierr,ct
    real(8)        ::cr
    type(dim3)     ::blkd,grdd
    integer(kind=cuda_stream_kind)::strm1,strm2
    allocate(a(3,Nx,Ny,Nz),     b(3,Nx,Ny,Nz), c(Nx,Ny,Nz)  &
        ,a_d1(3,Nx,Ny,Nz/2),b_d1(3,Nx,Ny,Nz/2)              &
```

```
        ,c_d1(Nx,Ny,Nz/2), a_d2(3,Nx,Ny,Nz/2)                    &
        ,b_d2(3,Nx,Ny,Nz/2),   c_d2(Nx,Ny,Nz/2))
    call random_number(a)
    call random_number(b)
    ierr=cudaStreamCreate(strm1)
    ierr=cudaStreamCreate(strm2)
    ct=Nx*Ny*Nz/2
    call system_clock(t1,cr)
    ierr=cudaMemcpyAsync(a_d1,a(:,:,:,1:Nz/2),ct*3               &
        ,cudaMemcpyHostToDevice,strm1)
    ierr=cudaMemcpyAsync(b_d1,b(:,:,:,1:Nz/2),ct*3               &
        ,cudaMemcpyHostToDevice,strm1)
    ierr=cudaMemcpyAsync(a_d2,a(:,:,:,Nz/2+1:),ct*3              &
        ,cudaMemcpyHostToDevice,strm2)
    ierr=cudaMemcpyAsync(b_d2,b(:,:,:,Nz/2+1:),ct*3              &
        ,cudaMemcpyHostToDevice,strm2)
    blkd=dim3(BS,BS,BS)
    grdd=dim3((Nx+BS-1)/BS, (Ny+BS-1)/BS, (Nz/2+BS-1)/BS)
    call VDot<<<grdd,blkd,0,strm1>>>(a_d1,b_d1,c_d1              &
        ,Nx,Ny,Nz/2)
    call VDot<<<grdd,blkd,0,strm2>>>(a_d2,b_d2,c_d2              &
        ,Nx,Ny,Nz/2)
    ierr=cudaMemcpyAsync(c(:,:,1:Nz/2),c_d1,ct                   &
        ,cudaMemcpyDeviceToHost,strm1)
    ierr=cudaMemcpyAsync(c(:,:,Nz/2+1:),c_d2,ct                  &
        ,cudaMemcpyDeviceToHost,strm2)
    ierr=cudaStreamSynchronize(strm1)
    ierr=cudaStreamSynchronize(strm2)
    call system_clock(t2,cr)
    print *,"Used time(μs):",t2-t1
    deallocate(a,b,c,a_d1,b_d1,c_d1,a_d2,b_d2,c_d2)
end program
```

由于异步传输需要 CPU 端数据具有 pinned 属性 (算例 3.4 时还没接触到这个概念)，而 pinned 内存可能提升数据传输速度，为分别对比数据传输与计算重叠算法效果，将算例 3.4 中的 a、b、c 数据也改成 pinned 属性，重新编译运行，结果如图 5.3 所示：仅将算例 3.4 CPU 端数据加上 pinned 属性，算例整体计算耗时由 50999μs (见图 3.12) 降低为 46000μs；而利用流将计算与传输部分重叠后，算例整体计算耗时进一步下降为 37000μs。

```
PGI$ pgf95 -o Sample3_4_1.exe Sample3_4_1.cuf Sample3_2.obj -Mcuda
Sample3_4_1.cuf:
PGI$ ./Sample3_4_1.exe
 Used time(us):        46000
PGI$ pgf95 -o Sample5_1.exe Sample5_1.f90 Sample3_2.obj -Mcuda
Sample5_1.f90:
PGI$ ./Sample5_1.exe
 Used time(us):        37000
```

图 5.3 传输与计算重叠的效果

5.2 CUDA 事件管理

通过流管理 GPU 任务总体上是方便的，但有一个缺陷：当每个流中都有很多 GPU 任务时，CUDA 流没有提供对特定任务完成情况的检查措施，因而无法更精细地进行管理。比如，流 strm1 上有三个顺序执行的任务 A、B、C，如果想要知道任务 B 是否已经完成，CUDA 的流管理没有提供相应手段，必须借助 CUDA 事件才能达到这一目的。

5.2.1 什么是事件

假如有一队汽车排队通过收费站，想要知道指定的某辆车是否已经通过，可以在该车尾部放置一个信号灯，收费站检测到信号灯即表示该车已经通过。在 CUDA 中，事件 (Event) 起到的作用就相当于这里的信号灯：CUDA 事件是一种时间戳或者说标记，在 CUDA 流的某件任务后放入事件，一旦该任务执行完毕，事件就会被记录，从而可以通过查询事件是否被记录而达到掌握该任务执行情况的目的。

比如，流 strm1 上发布了任务 A、B，现在需要等待排在前面的任务 A 完成后发布任务 C。当任务 C 也需要发布到 strm1 上时不会有任何困难，直接发布任务 C 即可：任务 C 会等任务 B 完成后再执行，而任务 B 在执行时任务 A 必然已经完成。但如果任务 C 可以发布到另一个流 strm2 时情况有所不同：如果在发布任务 C 之前先同步 strm1，则会额外等待任务 B 的完成。如果有一种办法只等待任务 A 的完成，则任务 C 和任务 B 可以并发执行，资源足够时可以并行执行缩短整体计算耗时，资源较少时可以进一步提高资源利用率。

CUDA 事件就是解决这个问题的方法：在发布 A 任务后，在流 strm1 中插入一个事件，在发布任务 C 之前等待该事件的发生。

CUDA Fortran 提供了预定义类型 cudaEvent 用于描述事件:

```
type(cudaEvent):: event
```

5.2.2　事件基本用法

使用事件前同样需先创建:

```
integer function cudaEventCreate(evt)
    type(cudaEvent), intent(out) :: evt
```

调用成功返回 0，同时创建一个事件存入参数 evt；若调用出错，返回非 0 值错误信息 ID。

不需要使用事件时，需对事件进行销毁以回收资源:

```
integer function cudaEventDestroy(evt)
    type(cudaEvent), intent(in) :: evt
```

调用成功返回 0，同时销毁事件 evt；若调用出错，返回非 0 值错误 ID。

事件的主要作用是 "标记"，CUDA 提供了在流中插入事件的函数:

```
integer function cudaEventRecord(evt, strm)
    type(cudaEvent), intent(in) :: evt
    integer, intent(in) :: strm
```

成功调用返回 0，同时在流 strm 中插入事件 evt；若调用出错，返回非 0 值错误信息 ID。如果 evt 在该函数调用前曾被记录，则调用时会将 evt 状态改为 cudaErrorNotReady，表示 evt 尚未被记录。

cudaEventRecord 函数的成功调用只是表明已在流 strm 中放入事件，并不是流 strm 已执行到 evt 插入位置。检测流中的任务是否以已执行到 evt 插入位置需用到另一函数:

```
integer function cudaEventQuery(evt)
    type(cudaEvent), intent(in) :: evt
```

返回值为 0 表示事件 evt 已被记录，evt 插入点之前的同一流的任务已全部执行完毕；返回 cudaErrorNotReady 表示 evt 尚未被记录；返回 cudaErrorInvalidValue 则表示 evt 并未被插入任何流。

由于 cudaEventQuery 函数只有检测功能，在实际应用中一般用于根据检测结果选择程序分支或判断程序是否曾经调用过 cudaEventRecord，无论返回什么结果程序都不做停留。如果需要等待事件被记录则需调用事件同步函数:

```
integer function cudaEventSynchronize(evt)
    type(cudaEvent), intent(in) :: evt
```

成功调用要么返回 cudaErrorInvalidValue 表示 evt 未被插入任何流；要么阻塞程序执行，等待 evt 事件被记录。

有了 CUDA 事件，对于此前提出的问题可以如下设计算法：

```
call a(strm1)
ierr=cudaEventRecord(evt, strm1)
call b(strm1)
ierr=cudaEventSynchronize(evt)
call c(strm2)
```

5.2.3 事件在任务计时中的应用

CUDA 中很多任务都有异步特性，比如 kernel 调用，调用后不等待 kernel 的真正执行而立即返回，要想知道 kernel 实际执行时间，前文采用的办法是在需要计时的 CPU 代码中插入 GPU 设备同步函数或流同步函数，虽然这种办法同样也能达到计时的目的，但如果有多个 kernel 在多个流中执行，无法针对特定 kernel 计时。例如，算例 5.1 中，只能对整个 GPU 任务 (包括数据传输和 GPU 计算) 计时。

而利用事件则可以针对指定的 kernel 进行计时。

首先创建用于记录计时起点和终点的事件：

```
ierr=cudaEventCreate(start)
ierr=cudaEventCreate(end)
```

然后分别将事件 start 和 end 插入需要计时的 GPU 任务前、后：

```
ierr=cudaEventRecord(start, strm)
call kernel<<<grd,blk,shm,strm>>>(...)
ierr=cudaEventRecord(end, strm)
```

最后根据 start 和 end 事件发生的时间差得到 kernel 的执行耗时。

1. 0 号流的任务计时

如果所要查询耗时情况的 GPU 任务位于 0 号流，CUDA 甚至提供了专门的时间差计算函数：

```
integer function cudaEventElapsedTime(time, start, end)
    real :: time
    type(cudaEvent), intent() :: start, end
```

调用后计算 start 和 end 事件被记录的时间差存入 time (单位为毫秒 (ms))，然后返回 0；若返回值为 cudaErrorInvalidValue，表明 start 或 evt 事件此前并未被记录 —— 需要特别注意的是：本函数仅适用于 0 号流的事件计时。

利用上述算法改写算例 3.4 中的计时部分：

算例 5.2

```
!Sample 5.2
Program main
    use VectorDotProduct
    implicit none
    integer,parameter :: Nx=512,Ny=256,Nz=128,BS=8
    real,allocatable,pinned,dimension(:,:,:,:):: a,b
    real,allocatable,pinned,dimension(:,:,:)  :: c
    real,allocatable,device,dimension(:,:,:,:):: a_d,b_d
    real,allocatable,device,dimension(:,:,:)  :: c_d
    integer         ::ierr,ct
    real            ::et
    type(dim3)      ::blkd,grdd
    type(cudaEvent)::tst,ten
    allocate(a(3,Nx,Ny,Nz),b(3,Nx,Ny,Nz),c(Nx,Ny,Nz))
    allocate(a_d(3,Nx,Ny,Nz),b_d(3,Nx,Ny,Nz),c_d(Nx,Ny,Nz))
    call random_number(a)
    call random_number(b)
    ierr=cudaEventCreate(tst)
    ierr=cudaEventCreate(ten)
    ct=Nx*Ny*Nz
    ierr=cudaEventRecord(tst,0)
    ierr=cudaMemcpy(a_d,a,ct*3)
    ierr=cudaMemcpy(b_d,b,ct*3)
    blkd=dim3(BS,BS,BS)
    grdd=dim3((Nx+BS-1)/BS, (Ny+BS-1)/BS, (Nz+BS-1)/BS)
    call VDot<<<grdd,blkd>>>(a_d,b_d,c_d, Nx,Ny,Nz)
    ierr=cudaMemcpy(c,c_d,ct)
    ierr=cudaEventRecord(ten,0)
    ierr=cudaEventSynchronize(ten)
    ierr=cudaEventElapsedTime(et,tst,ten)
    print *,"Used time(ms):",et
    deallocate(a,b,c,a_d,b_d,c_d)
end program
```

与算例 3.4 相比，仅有两个改变：一是 CPU 端内存加了 pinned 属性 (实际上在算例 5.1 的对比时已经改了，但并未列出代码)，二是用 CUDA 事件计时代替 system_clock 计时。编译运行后的输出结果如图 5.4 所示：由于算法并未改变，计时结果与算例 5.1 时输出的算例 3.4 结果接近 (单位由 μs 改为了 ms)。

```
PGI$ pgf95 -o Sample5_2.exe Sample5_2.f90 Sample3_2.obj -Mcuda
Sample5_2.f90:
PGI$ ./Sample5_2.exe
 Used time(ms):     39.82227
```

图 5.4 CUDA 事件计时输出结果

2. 任意流中任务的时间轴

从算例 5.2 与 3.4 的对比可以看出，cudaEventElapsedTime 函数的计时功能其实是比较鸡肋的：一方面，其功能和 CPU 库函数中丰富的计时函数相差不大，使用却复杂得多；另一方面，它只能针对 0 号流的事件计时，并不能得到非 0 号流任务的时间进度。

PGI 编译器提供的程序运行效率分析工具 PGPPROF 具有任意流任务的时间进度描述功能，其使用方法见 PGI 编译器使用手册 [6-8]。这里用 CUDA Fortran 设计一种适用于任意流任务的时间进度查询功能函数，展示 CUDA 事件的用法：

算例 5.3

```
!Sample 5.3
module event_time
    contains
    subroutine EventElapsedTime(time_list,evt,strm,nevt,nstrm)
        use cudafor
        implicit none
        integer,value::nstrm,nevt
        integer, intent(out),dimension(nevt,nstrm):: time_list
        type(cudaEvent),intent(inout),dimension(nevt,nstrm):: evt
        integer(kind=cuda_stream_kind),dimension(nstrm):: strm
        real(8)::cr
        integer::t1,t2,ierr,n,m
        time_list=-1
        do while(any(time_list<0))
        do n=1,nstrm
        do m=1,nevt
```

```
            if(time_list(m,n)>=0)cycle
            if(cudaEventQuery(evt(m,n))==0)                    &
              call SYSTEM_CLOCK(time_list(m,n),cr)
          enddo
          enddo
          enddo
      end subroutine EventElapsedTime
  end module event_time
```

为节省篇幅，代码中未对出错的可能性进行处理，读者可自行加上错误处理代码；算例中计时单位决定于 cr 的数据类型 (双精度实数时单位为百万分之一秒，单精度实数时单位为万分之一秒，整型时单位为百分之一秒)，读者可根据 system_clock 调用规则修改；time_list 中的时间计时以 CPU 进程第一次调用 system_clock 为起点。

改写算例 5.1，调用 EventElapsedTime 计算各 GPU 任务的时间进度：

算例 5.4

```
!Sample5.4
Program main
    use VectorDotProduct
    use event_time
    implicit none
    integer,parameter :: Nx=512,Ny=256,Nz=128,BS=8
    real,allocatable,pinned,dimension(:,:,:,:):: a,b
    real,allocatable,pinned,dimension(:,:,:)  :: c
    real,allocatable,device,dimension(:,:,:,:)::
         a_d1,b_d1,a_d2,b_d2
    real,allocatable,device,dimension(:,:,:)  :: c_d1,c_d2
    integer          ::ierr,ct,i,j,time_list(3,2)
    real(8)          ::cr
    type(dim3)       ::blkd, grdd
    integer(kind=cuda_stream_kind)::strm(2)
    type(cudaEvent)::evt(3,2)
    allocate(a(3,Nx,Ny,Nz),    b(3,Nx,Ny,Nz),c(Nx,Ny,Nz)     &
        ,a_d1(3,Nx,Ny,Nz/2),b_d1(3,Nx,Ny,Nz/2)               &
        ,c_d1(Nx,Ny,Nz/2), a_d2(3,Nx,Ny,Nz/2)                &
        ,b_d2(3,Nx,Ny,Nz/2),  c_d2(Nx,Ny,Nz/2))
```

```
call random_number(a)
call random_number(b)
do j=1,2
    ierr=cudaStreamCreate(strm(j))
    do i=1,3
        ierr=cudaEventCreate(evt(i,j))
    enddo
enddo
ct=Nx*Ny*Nz/2
call SYSTEM_CLOCK(i,cr)
ierr=cudaMemcpyAsync(a_d1,a(:,:,:,1:Nz/2),ct*3                &
    ,cudaMemcpyHostToDevice,strm(1))
ierr=cudaMemcpyAsync(b_d1,b(:,:,:,1:Nz/2),ct*3                &
    ,cudaMemcpyHostToDevice,strm(1))
ierr=cudaMemcpyAsync(a_d2,a(:,:,:,Nz/2+1:),ct*3               &
    ,cudaMemcpyHostToDevice,strm(2))
ierr=cudaMemcpyAsync(b_d2,b(:,:,:,Nz/2+1:),ct*3               &
    ,cudaMemcpyHostToDevice,strm(2))
ierr=cudaEventRecord(evt(1,1), strm(1))
ierr=cudaEventRecord(evt(1,2), strm(2))
blkd=dim3(BS,BS,BS)
grdd=dim3((Nx+BS-1)/BS, (Ny+BS-1)/BS, (Nz/2+BS-1)/BS)
call VDot<<<grdd,blkd,0,strm(1)>>>(a_d1,b_d1,c_d1             &
    , Nx,Ny,Nz/2)
call VDot<<<grdd,blkd,0,strm(2)>>>(a_d2,b_d2,c_d2             &
    , Nx,Ny,Nz/2)
ierr=cudaEventRecord(evt(2,1), strm(1))
ierr=cudaEventRecord(evt(2,2), strm(2))
ierr=cudaMemcpyAsync(c(:,:,1:Nz/2),c_d1,ct                    &
    ,cudaMemcpyDeviceToHost,strm(1))
ierr=cudaMemcpyAsync(c(:,:,Nz/2+1:),c_d2,ct                   &
    ,cudaMemcpyDeviceToHost,strm(2))
ierr=cudaEventRecord(evt(3,1), strm(1))
ierr=cudaEventRecord(evt(3,2), strm(2))
call EventElapsedTime(time_list,evt,strm,3,2)
```

```
    print *,"Time(us) of stream 1 :",time_list(:,1)
    print *,"Time(us) of stream 2 :",time_list(:,2)
    deallocate(a,b,c,a_d1,b_d1,c_d1,a_d2,b_d2,c_d2)
end program
```

输出结果如图 5.5 所示：一号流，数据上传耗时 17000μs，kernel 执行耗时 1000μs，数据下载耗时 4000μs；二号流，三个任务耗时依次为 34000μs、1000μs 和 3000μs；由于需等待一号流的数据上传，二号流数据上传时间为一号流的两倍；两个流中 kernel 执行互不相干因而耗时一致；受二号流数据上传的影响，一号流的数据下载耗时比二号流相同操作耗时多 1000μs。作为对比，对算例 3.4 的三个任务也进行耗时测定并在图中输出，依次为 33000μs、2000μs 和 6000μs。二号流数据上传与一号流 kernel 执行及数据下载重叠，故算例 5.4 比 3.4 省时。

```
PGI$ pgf95 -o Sample3_4_2.exe Sample3_4_2.cuf Sample3_2.obj -Mcuda
Sample3_4_2.cuf:
PGI$ pgf95 -c Sample5_3.f90 -Mcuda
PGI$ pgf95 -o Sample5_4.exe Sample5_4.f90 Sample3_2.obj Sample5_3.obj -Mcuda
Sample5_4.f90:
PGI$ ./Sample3_4_2.exe
 Used time(us):        33000          35000          41000
PGI$ ./Sample5_4.exe
 Time(us) of stream 1 :        17000          18000          22000
 Time(us) of stream 2 :        34000          35000          38000
```

图 5.5　GPU 任务时间轴

5.2.4　事件在任务管理中的应用

计时只是 CUDA 事件的用途之一，甚至可能是价值最小的用途：对 GPU 任务耗时的关注通常只在代码测试、优化阶段，在代码形成软件后，用户关心的是完成某个计算任务的整体效率，不会再去关注代码中特定的功能模块的计算耗时。而计算任务的整体效率计算，计时精度也不再那么重要，可能相差几十秒都是可以接受的，因此一般用 CPU 库函数查询系统时间就足够了。CUDA 事件真正的用途是对 CUDA 流中的任务进行精细化管理。

例如，多网格块流场计算中，每个网格块都需要进行块内流场计算、边界条件处理及计算结果后处理 (数据 IO、气动力统计等)，但这三类任务必须顺序执行。虽然也可以把同一网格块的三类任务放在一个流中进行管理以确保任务的先后秩序，但不利于任务级并行计算的负载均衡：每个网格块的块内流场计算可能只需一个 kernel，而结构网格的边界条件处理至少需要 6 个 kernel，在完成块内流场计算后，把边界条件处理分散到更多流中并发执行会提升硬件利用率，此时就需要根据流中任务执行进度发布新的任务。

再例如，对接网格块流场计算中，A 块的对接边界输入数据来自 B 块的对接边界输出数据，在 B 块的对接边界输出任务后插入 CUDA 事件，则 A 块的对接边界接受输入数据前可通过查询事件知道 B 块对接边界是否已经输出了数据：

```
call output_interface(A,strmA)
call output_interface(B,strmB)
ierr=cudaEventRecord(evtA, strmA)
ierr=cudaEventRecord(evtB, strmB)
...
if(cudaEventQuery(evtB)==0) call input_interface(A,strmA)
if(cudaEventQuery(evtA)==0) call input_interface(B,strmB)
```

实际算法可能比这里列举的复杂很多：当事件尚未被记录时，需要等待事件被记录的方案，否则，边界条件输入可能得不到执行机会 —— 这里只是表明，事件对于 CUDA 流的精细化管理是非常重要的，如果没有 CUDA 事件机制，为了实现同样的功能，可能就需要分别对流 strmA 和 strmB 进行同步了。

在 MPI 中，利用 MPI 库函数 MPI_WAITANY 可实现类似 "消息响应" 的任务级并行算法优化：任意到达一个消息，先处理该消息对应的任务，从而减少消息等待时间。但 CUDA 事件管理中没有提供类似的 API 接口，为此可仿照算例 5.3 自行设计类似 MPI_WAITANY 的 CUDA 事件记录情况查询功能：

算例 5.5

```
!Sample5.5
integer function evt_waitany(count,arrayofevt,status)
    use cudafor
    implicit none
    integer          :: count
    type(cudaEvent) :: arrayofevt (count)
    integer          :: status(count)
    integer::i
    do while(any(status/=0))
    do i=1, count
        if(status(i)==0)cycle
        if(cudaEventQuery(arrayofevt(i))/=0)cycle
        status(ievt)=0
        evt_waitany=i
        return
    enddo
    enddo
```

```
end function evt_waitany
```

其中，count 为总事件数，arrayofevt 为事件列表，status 用于记录事件被处理情况 (初始值全部设为非 0 值，比如 −1)。代码通过无限循环查询尚未被处理的事件中是否存在已被记录事件，任意事件被记录则先将其状态标记为“已处理”然后返回该事件序号 (另建序号表以查询该事件对应的网格块及对接边界)，直至全部事件都已被标记为“已处理”。实际代码中还应加入错误处理 (比如，某事件没有被调用 cudaEventRecord 则给出错误信息)。

通过调用 evt_waitany，可以实现“事件响应”机制，优先处理已被记录的事件所对应的任务。

5.3 GPU 设备管理

对于有多个计算结点参与的计算问题，计算结点间只能采用 MPI 通信，而 MPI 通信不涉及 GPU 使用问题 (NVLink 版 GPU 设备可以直接参与 MPI 通信，但本节讨论的 x86 平台的 PCIe 版 GPU 不具备这个条件)，因此问题最终还是回到单结点 GPU 管理问题上。

当计算结点有多块 GPU 卡时，通常采用三种方案管理 GPU 设备 [9]：一是以 MPI 为工具创建多个 CPU 进程，每个进程使用一块 GPU 卡；二是以 OpenMP 为工具创建多个 CPU 线程，每个线程使用一块 GPU 卡；三是用一个进程通过 GPU 设备切换使用全部 GPU 设备。

对于第一、二种方案，只需在 CPU 进程或线程初始化后首先选择一块 GPU 设备 (需确保选择的 GPU 设备与同一计算结点的其他 CPU 进程或线程选择的 GPU 设备不一致) 即可，其余部分只需用到前文讨论过的单 GPU 设备算法及 MPI 或 OpenMP 用法，因而这两种方案容易理解和程序实现。第三种方案则是利用 CUDA 的异步执行特性，以“所需 CPU 串行计算及 GPU 任务调用耗时可忽略”为前提，因而适用范围受到一定限制 (有些计算任务，CPU 串行算法必不可少且耗时较长，不适宜这一方案)。但这种方案有两个显著优点：一是耗费的 CPU 资源少，只需占用一个 CPU 核，计算机系统中剩余的 CPU 核还可用于其他计算任务；二是同一结点内的 GPU 设备间通信可采用 Peer-to-Peer 模式，通信路径短，效率高。

5.3.1 设备切换

使用多 GPU 设备的程序，无论哪种使用方案都需要知道计算机系统中的设备总数。CUDA 提供系统函数 cudaGetDeviceCount 查询当前系统有多少 GPU 卡：

```
integer function cudaGetDeviceCount (Num_dev)
```

```
    integer,intent(out)::Num_dev
```

调用成功返回 0，同时将系统 GPU 卡总数存储在参数 Num_dev 中；若调用出错，返回非 0 值错误 ID。若系统 GPU 卡总数为 0，这个函数的调用返回仍然正常，但由于无 GPU 设备可用，其他需 GPU 设备参与的操作将出错。

CUDA 系统用整数 ID 区分不同的 GPU 设备，每个 GPU 设备一个 ID(范围 0~Num_dev − 1)。但 CUDA 系统只有极少数的 API 库函数以设备 ID 为参数，对于不显示给定操作所针对的 GPU 设备的系统调用，CUDA 采用“当前设备”概念：程序启动后自动以 ID 为 0 的 GPU 为当前计算设备，直到程序显式调用设备选择函数改变当前设备。前文所述所有算法，由于没有出现选择 GPU 卡的操作，因而全是针对的 ID 为 0 的 GPU 卡。

CUDA 提供系统函数 cudaSetDevice 改变当前设备：

```
integer function cudaSetDevice(ID_dev)
    integer,intent(in)::ID_dev
```

若调用成功，返回值为 0，同时将 ID 为 ID_dev 的 GPU 卡设置为当前设备，后续无设备 ID 参数的 GPU 操作均针对该卡进行 (直到再次调用 cudaSetDevice)，包括数据拷贝、kernel 调用等；若调用出错，返回错误信息 ID。注意，当 ID_dev 大于系统 GPU 设备最大 ID(Num_dev − 1) 时，实际被选中的设备为

$$\mathrm{ID} = \mathrm{mod}(\mathrm{ID\_Dev}, \mathrm{Num\_dev}) \tag{5.1}$$

若不清楚当前设备究竟是哪一块，CUDA 提供查询当前设备函数：

```
integer function cudaGetDevice (ID_dev)
    integer, intent(out) :: ID_dev
```

成功调用返回值为 0，并将与当前进程相联系的 GPU 设备 ID 存入整型输出参数 ID_dev 中；否则返回错误信息 ID。

在某些特殊应用中，需重启当前 GPU：

```
integer function cudaDeviceReset()
```

5.3.2 设备参数查询与修改

若希望了解某块 GPU 卡的属性，CUDA 提供设备属性查询函数：

```
integer function cudaGetDeviceProperties(prop, ID_dev)
    type(cudaDeviceProp), intent(out) :: prop
    integer, intent(in) :: ID_dev
```

成功调用返回值 0，并将 ID 为 ID_dev 的 GPU 设备属性存入 cudaDeviceProp 型参数 prop；否则返回错误信息 ID。

设备属性查询在第 2 章 CUDA Fortran 入门算例 2.1 时已经使用过，但当时对 GPU 设备的认识还不足，因而没有解释 cudaDeviceProp 这个 CUDA 预定义类型各元素的含义。cudaDeviceProp 的定义为

```
integer,parameter::kind1= INT_PTR_KIND()
TYPE cudaDeviceProp
  CHARACTER*256        :: name
  INTEGER(KIND=kind1) :: totalGlobalMem
  INTEGER(KIND=kind1) :: sharedMemPerBlock
  INTEGER(KIND=4)      :: regsPerBlock
  INTEGER(KIND=4)      :: warpSize
  INTEGER(KIND=kind1) :: memPitch
  INTEGER(KIND=4)      :: maxThreadsPerBlock
  INTEGER(KIND=4)      :: maxThreadsDim(3)
  INTEGER(KIND=4)      :: maxGridSize(3)
  INTEGER(KIND=4)      :: clockRate
  INTEGER(KIND=kind1) :: totalConstMem
  INTEGER(KIND=4)      :: major
  INTEGER(KIND=4)      :: minor
  INTEGER(KIND=kind1) :: textureAlignment
  INTEGER(KIND=kind1) :: texturePitchAlignment
  INTEGER(KIND=4)      :: deviceOverlap
  INTEGER(KIND=4)      :: multiProcessorCount
  INTEGER(KIND=4)      :: kernelExecTimeoutEnabled
  INTEGER(KIND=4)      :: integrated
  INTEGER(KIND=4)      :: canMapHostMemory
  INTEGER(KIND=4)      :: computeMode
  INTEGER(KIND=4)      :: maxTexture1D
  INTEGER(KIND=4)      :: maxTexture1DMipmap
  INTEGER(KIND=4)      :: maxTexture1DLinear
  INTEGER(KIND=4)      :: maxTexture2D(2)
  INTEGER(KIND=4)      :: maxTexture2DMipmap(2)
  INTEGER(KIND=4)      :: maxTexture2DLinear(3)
  INTEGER(KIND=4)      :: maxTexture2DGather(2)
  INTEGER(KIND=4)      :: maxTexture3D(3)
  INTEGER(KIND=4)      :: maxTexture3DAlt(3)
```

```
INTEGER(KIND=4)       :: maxTextureCubemap
INTEGER(KIND=4)       :: maxTexture1DLayered(2)
INTEGER(KIND=4)       :: maxTexture2DLayered(3)
INTEGER(KIND=4)       :: maxTextureCubemapLayered(2)
INTEGER(KIND=4)       :: maxSurface1D
INTEGER(KIND=4)       :: maxSurface2D(2)
INTEGER(KIND=4)       :: maxSurface3D(3)
INTEGER(KIND=4)       :: maxSurface1DLayered(2)
INTEGER(KIND=4)       :: maxSurface2DLayered(3)
INTEGER(KIND=4)       :: maxSurfaceCubemap
INTEGER(KIND=4)       :: maxSurfaceCubemapLayered(2)
INTEGER(KIND=kind1) :: surfaceAlignment
INTEGER(KIND=4)       :: concurrentKernels
INTEGER(KIND=4)       :: ECCEnabled
INTEGER(KIND=4)       :: pciBusID
INTEGER(KIND=4)       :: pciDeviceID
INTEGER(KIND=4)       :: pciDomainID
INTEGER(KIND=4)       :: tccDriver
INTEGER(KIND=4)       :: asyncEngineCount
INTEGER(KIND=4)       :: unifiedAddressing
INTEGER(KIND=4)       :: memoryClockRate
INTEGER(KIND=4)       :: memoryBusWidth
INTEGER(KIND=4)       :: l2CacheSize
INTEGER(KIND=4)       :: maxThreadsPerMultiProcessor
INTEGER(KIND=4)       :: streamPrioritiesSupported
INTEGER(KIND=4)       :: globalL1CacheSupported
INTEGER(KIND=4)       :: localL1CacheSupported
INTEGER(KIND=kind1) :: sharedMemPerMultiprocessor
INTEGER(KIND=4)       :: regsPerMultiprocessor
INTEGER(KIND=4)       :: managedMemory
INTEGER(KIND=4)       :: isMultiGpuBoard
INTEGER(KIND=4)       :: multiGpuBoardGroupID
INTEGER(KIND=4)       :: hostNativeAtomicSupported
INTEGER(KIND=4)       :: singleToDoublePrecisionPerfRatio
INTEGER(KIND=4)       :: pageableMemoryAccess
```

```
    INTEGER(KIND=4)     :: concurrentManagedAccess
    INTEGER(KIND=4)     :: computePreemptionSupported
    INTEGER(KIND=4)     :: canUseHostPointerForRegisteredMem
    INTEGER(KIND=4)     :: cooperativeLaunch
    INTEGER(KIND=4)     :: cooperativeMultiDeviceLaunch
    INTEGER(KIND=kind1) :: sharedMemPerBlockOptin
    INTEGER(KIND=4)     :: reserved1
    INTEGER(KIND=4)     :: reserved2
    INTEGER(KIND=4)     :: reserved3
    INTEGER(KIND=4)     :: reserved4
    INTEGER(KIND=4)     :: reserved5
    INTEGER(KIND=4)     :: reserved6
    INTEGER(KIND=4)     :: reserved7
END TYPE cudaDeviceProp
```

其中，totalGlobalMem (显存总量)、maxThreadsPerBlock (线程块最大线程数)、maxThreadsDim (线程块各维限制)、maxGridSize (线程 grid 各维限制)、warpSize (线程束大小)、ECCEnabled (是否支持 ECC 校验)、unifiedAddressing (是否支持统一寻址)、maxThreadsPerMultiProcessor (流多处理器最大驻留线程数)、sharedMemPerMultiprocessor (流多处理器片上共享内存数)、regsPerMultiprocessor (流多处理器片上寄存器数) 等是 CUDA 程序设计与优化中的重要参数 (其中，对于判断型参数，1 表示 “真”)。

当计算机系统存在不同型号的 GPU 设备时，可以查询符合某种特殊属性的 GPU 设备的 ID 值：

```
integer function cudaChooseDevice (devnum, prop)
    integer, intent(out) :: devnum
    type(cudaDeviceProp), intent(in) :: prop
```

成功调用返回 0，并将属性与 prop 最接近的第一个 GPU 设备 ID 存入整型参数 devnum；否则返回错误信息 ID。

在 Pascal 架构之前的 GPU 设备，采用 shared 内存与 L1 缓存共用流多处理器高速寄存器方案 (Pascal 架构之后各自独立)，此时，程序中可调整 shared 内存与 L1 缓存占比，共三种方案：“缓存小于 shared 内存” “缓存大于 shared 内存” 和 “缓存等于 shared 内存”，CUDA 系统依次以整数 1、2、3 表示 —— 程序启动时使用 “默认方案”，用整数 0 表示，但实际采用的是三种方案之一。使用这样的设备，程序可能需要查询或设置占比方案。

查询 shared 内存与 L1 缓存方案：

```
integer function cudaDeviceGetCacheConfig (cacheconfig)
    integer, intent(out) :: cacheconfig
```

成功调用返回 0，并将当前 GPU 设备 shared 内存/L1 缓存方案设置值存入整型参数 cacheconfig；否则返回错误信息 ID。

设置 shared 内存与 L1 缓存方案：

```
integer function cudaDeviceSetCacheConfig (cacheconfig)
    integer, intent(in) :: cacheconfig
```

成功调用返回 0，并将整型参数 cacheconfig 中的缓存方案应用于当前 GPU 设备；否则返回错误信息 ID。

当设备端代码 (kernel 函数或 device 子程序) 使用 shared 内存的变量长度不一致时，不同的 shared 内存 bank 长度对 GPU 程序性能有较大影响。CUDA 允许 shared 内存 bank 取默认长度、4 字节和 8 字节三种方案 (分别用整数 0、1、2 表示)，程序中可查询或设置 bank 取值方案。

查询设备 shared 内存 bank 大小：

```
integer function cudaDeviceGetSharedMemConfig (config)
    integer, intent(out) :: config
```

成功调用返回 0，并将当前 GPU 的 shared 内存 bank 大小存入整型参数 config；否则返回错误信息 ID。

设置设备 shared 内存 bank 大小：

```
integer function cudaDeviceGetSharedMemConfig (config)
    integer, intent(out) :: config
```

成功调用返回 0，并将当前 GPU 的 shared 内存 bank 大小存入整型参数 config；否则返回错误信息 ID。

```
integer function cudaDeviceSetSharedMemConfig (config)
    integer, intent(in) :: config
```

成功调用返回 0，并将当前 GPU 设备 shared 内存 bank 大小按 config 设置；否则返回错误信息 ID。

5.3.3 设备端变量存储位置

GPU 卡设备端变量分为两种情况：一是 CPU 代码变量声明中出现的变量，即 GPU 静态变量，这类变量在程序编译阶段即确定其存储位置；二是程序执行中动态分配存储空间的变量 (可动态分配内存的数组、指向数组的指针或指向单变量的指针)，即 GPU 动态变量，在程序运行时确定其存储位置 [10]。

对于 GPU 静态变量，计算机系统内每块 GPU 上都有同名变量存在，但只有程序对它们做出访问操作 (读、写) 后才会真正占用 GPU 显存空间。例如：

```
integer,constant,device::n
real,device,dimension(10)::a
```

每块 GPU 卡上都有单变量 n 和数组 a，但只有被程序存取时，GPU 显存才会被占用而减少。但需要注意的是，虽然 CPU 代码可对每块 GPU 卡上的变量 n、a 进行操作 (赋值、传输数据)，但只有 0 号 GPU 卡对这样的静态变量在设备端代码 (kernel 函数或 device 子程序) 中的访问不做任何限制，其他卡上的设备端代码要使用它们必须显式提供接口说明。

例如，下述操作在任何 GPU 卡上都没问题：

```
n=10
a=0.0
```

而下述代码则不一定：

```
i=cudaSetDevice(id)
!$cuf kernel do <<<*,*>>>
do i=1,10
    a(i)=a(i)+n
enddo
```

这段代码仅在 id 取 0 时可以正常运行，其他 GPU 卡将出现运行错误 (不知道这是否是 PGI 编译器设计初衷)。

由于 GPU 动态变量在运行阶段才分配存储空间，故其内存空间位于分配空间时的当前设备。例如

```
real,device,allocatable,dimension(:)::b
real,device,pointer,dimension(:,:)::c
i=cudaSetDevice(0)
allocate(b(10))
i=cudaSetDevice(1)
allocate(c(20,30))
```

则 b 在 0 号 GPU 卡上占据 10 个实数的空间，c 在 1 号 GPU 卡上占据 600 个实数的空间。

5.3.4 GPU 卡间数据通信

PCIe 接口的 GPU 卡上的变量不能作为 MPI 通信的发送或接收数据缓冲区，因而不同 CPU 进程的 GPU 卡之间传递数据必须经过 CPU 内存中转 [11]：先将 GPU 卡上的数据拷贝至 CPU 内存，然后进行 CPU 进程间通信，最后再从 CPU 进程拷贝回 GPU。

同一进程的 GPU 卡虽然也可类似通过 CPU 进行数据中转，但 CUDA 提供 Peer-to-Peer 型 GPU 卡间数据传输函数：

```
integer function cudaMemcpyPeer(dst, dstdev, src, srcdev, count)
    data_type,intent(out)::dst
    data_type,intent(in)::src
    integer,intent(in)::dstdev,srcdev, count
```

函数调用成功则返回值 0，同时将 ID 为 srcdev 的 GPU 卡上的 src 前 count 个数据拷贝至 ID 为 dstdev 的 GPU 卡上的 dst (同样占用前 count 个数据)；若调用出错，返回非 0 值错误 ID。其中，dst、src、count 参数含义同 cudaMemcpy 函数：dst、src 为 type(C_PTR) 或 type(C_DEVPTR) 类型时，count 单位为字节，否则为元素个数。

Peer-to-Peer 数据传输无需 CPU 内存中转，故数据传输路径更短，如图 5.6 所示：数据以 Peer-to-Peer 方式在 GPU 间 (图中的 GPU0 与 GPU1 之间、GPU2 与 GPU3 之间) 传输时，仍然需通过 PCIe 接口，但不经过 CPU 内存；数据以 MPI 消息传递方式在同一计算结点的 GPU 间传输时，先通过 PCIe 接口到达 CPU 内存，然后通过数据总线经 PCIe 接口到达 GPU 显存。

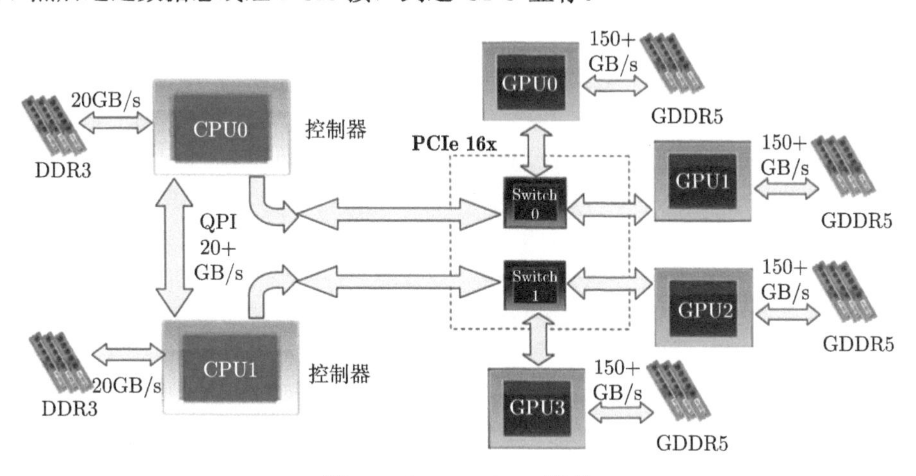

图 5.6　Peer-to-Peer 通信

cudaMemcpyPeer 是同步数据传输函数，即调用该函数会等待数据传输结束才返回。CUDA 提供了该函数的异步传输版本：

```
integer function cudaMemcpyPeerAsync(dst, dstdev, src, srcdev,
count, strm)
    data_type,intent(out)::dst
    data_type,intent(in )::src
```

```
integer,intent(in ):: dstdev,srcdev,count
integer(kind=cuda_stream_kind),intent(in):: strm
```

与 cudaMemcpyPeer 函数相比，多一个流参数 strm，成功调用只表示在 strm 流中提交了数据传输请求；其余参数同 cudaMemcpyPeer。

参 考 文 献

[1] Sanders J, Kandrot E. GPU 高性能编程 CUDA 实战. 聂雪军, 等, 译. 北京: 机械工业出版社, 2011.

[2] CUDA Fortran 高效编程实践. 小小河, 等, 译. 电子版. 2014.

[3] Borlittle 收集整理. GPU 教程. 电子版. 2011.

[4] 黄凯，徐志伟. 可扩展并行计算技术、结构与编程. 北京：机械工业出版社，2000.

[5] 刘文志. 并行算法设计与性能优化. 北京: 机械工业出版社，2015.

[6] PGI Compilers & Tools: CUDA Fortran Programming Guide and Reference (Version 2018), nVIDIA Inc.

[7] PGI Compilers & Tools: Rlease Notes for x86-64 CPUs and Tesla GPUs (Version 2018), nVIDIA Inc.

[8] Gregory R, Massimiliano F. CUDA Fortran for Scientists and Engineers: Best Practices for Efficient CUDA Fortran Programming. Elsevier, 2014.

[9] Goncharsky A V, Romanov S Y, Seryozhnikov S Y. Comparison of the capabilities of GPU clusters and general-purpose supercomputers for solving 3D inverse problems of ultrasound tomography. J. Parallel Distrib. Comput., 2019, 133: 77-92.

[10] 林闯，薛超，胡杰，李文焯. 计算机系统体系结构的层次设计. 计算机学报，2017, 40(9): 1996-2017.

[11] Ibrahim K Z, Epifanovsky E, Williams S, Krylov A I. Cross-scale efficient tensor contractions for coupled cluster computations through multiple programming model backends. J. Parallel Distrib. Comput., 2017, 106: 92-105.

第 6 章　CUDA Fortran 程序优化

在面向 CPU 的程序设计中，随着硬件性能的提升和编译器技术的日趋成熟，人们对程序性能优化的要求越来越低而对程序的可读性、可维护性和可移植性的要求越来越高 [1,2]。在某种意义上，一切以牺牲程序可读性、可维护性和可移植性为代价的性能优化都是不可取的：一方面，硬件更新换代速度越来越快，依赖于硬件特征优化的程序很可能与新的硬件不兼容而导致程序失效，而可读性、可维护性太差的程序很难获得持续性的发展；另一方面，硬件性能的提升和价格的下降意味着计算任务中人力资源成本比重的提升，对程序性能的要求完全可以依赖于更简单的硬件购置和编译器软件升级加以解决。因此，本书将不过多阐述 CUDA Fortran 程序性能优化的问题。但是，简单地遵循一些编程的基本原则，从而在基本不损失代码可读性、可维护性和可移植性的基础上获得更高的程序性能显然也是必要的。

6.1　Fortran 程序性能优化一般准则

作为标准 Fortran 的一种扩展，CUDA Fortran 程序编写应遵循 Fortran 程序性能优化的一般准则 [3-8]：一方面，某些优化准则对在 GPU 上运行的代码同样适用；另一方面，即便 GPU 计算部分的程序优化做到极致，但整个计算任务的完成仍然离不开 CPU 程序的调度管理和串行任务执行。当然，如前所述，在硬件飞速发展的今天，程序性能优化不必过于执着，以免影响程序整体可读性和可移植性。

优化准则一：按存储顺序优化数组的访问。无论代码中定义的数组是多少维的，Fortran 数组在内存中都是按列优先顺序一维排列的，比如：

```
real,dimension(3,3)::a
```

代码中我们假定了 a 的逻辑结构如图 6.1(a) 所示，但它的实际存储形式是按如图 6.1(b) 所示的一维结构：现代计算机采用内存页面预读取技术，为了提升缓存命中率，应尽可能访问与上一指令数据相邻的内存。为此，在设计多重循环结构访问多维数组时，应尽可能将代表行变量的循环放在循环的最内层。

比如，循环写法一：

```
do j=1,3
do i=1,3
    call mysub(a(i,j), ortherparlist)
```

```
enddo
enddo
```

循环写法二：

```
do i=1,3
do j=1,3
    call mysub(a(i,j), ortherparlist)
enddo
enddo
```

$a(1,1)$	$a(1,2)$	$a(1,3)$
$a(2,1)$	$a(2,2)$	$a(2,3)$
$a(3,1)$	$a(3,2)$	$a(3,3)$

(a) 逻辑结构

$a(1,1)$	$a(2,1)$	$a(3,1)$	$a(1,2)$	$a(2,2)$	$a(3,2)$	$a(1,3)$	$a(2,3)$	$a(3,3)$

(b) 存储结构

图 6.1　Fortran 数组的存储结构

两种写法中，第一种写法按列优先访问数组 a，因而其性能比按行优先访问数组 a 的第二种写法性能更优。当然，这里举例用的数组每一维都很小，可能两种循环写法不会有性能差异或差异甚小，但当数组每一维都很大时，这种差异就会特别明显。

现代 Fortran 编译器已经有针对这种问题的优化技术，但在程序比较复杂时，自动优化的效果有限，程序员仍然应该养成良好的循环设计习惯 [9-12]。

优化准则二：充分利用数组整体运算。数组整体运算是 Fortran 在数值计算领域最重要的优势之一 (把数组当作指针处理的程序设计语言如 C、C++ 等不能使用数组的整体运算)，编译器针对数组整体运算进行了大量优化，因而使用数组整体运算可以获得极大的性能提升。例如：

```
real,dimension(N,M)::a,b,c
do j=1,M
do i=1,N
    a(i,j)=2.0*b(i,j)+c(i,j)
enddo
enddo
```

如果写成如下形式，不仅性能可以大幅提高，而且代码可读性更好：

```
a(:,:)=2.0*b(:,:)+c(:,:)
```

Fortran 不仅提供了大量专门的数组整体运算子程序，而且绝大多数普通内置子程序也支持数组整体运算。

比如，专门的数组整体运算函数 sum(数组元素之和) 和普通内置函数 sin：

```
real,dimension(N,M,K)::a,b
real::c
c=sum(a)
b=sin(a)
```

为了配合数组整体运算，Fortran 提供了取数组片段的方法 (即数组整体运算中提取其中一部分参与运算)：array(istart:iend:istep,:) 表示数组 arrary 第一维中按增量 istep 从 istart 至 iend 提取元素，第二维全部提取组成新的临时数组 (因而会消耗堆栈空间)。

但需注意的是，数组整体运算时系统实际需要使用临时内存空间，故设备端代码使用数组整体运算时数组不能太大 (具体大小和 CUDA Fortran 编译器有关)。

优化准则三：当数组元素被多次访问时，用临时变量替换数组元素可提升性能。原因在于，无论是 CPU 还是 GPU 代码，数组采用的是全局内存，临时变量则有机会使用高速缓存。

优化准则四：尽量使用内置子程序。Fortran 语言之所以在科学计算领域始终处于霸主地位，历史积累下来的大量优秀代码是重要因素。这些优秀代码很大一部分已经被内置到编译器成为内置子程序并进行了针对性优化，程序员要想达到同等功能而写出比它们性能更优的代码是很难的 (绝大多数时候也没必要)，因此在动手编写 Fortran 代码之前应检查编译器提供的用户手册，尽量使用内置子程序而避免重复劳动或降低代码性能。

比如，矩阵乘法直接调用内置矩阵乘法函数 matmul 既简洁，性能也通常远比自己写出的数组乘法代码性能更优：

```
c=matmul(a,b)
```

优化准则五：尽量避免速度较慢的运算操作。在早期计算机硬件中，乘法/除法计算耗时远高于加法/减法，现代计算机中通过提供乘法器硬件已经基本解决了这个问题，但仍然存在大量速度较慢的运算，比如乘方、开方、指数、求幂等，在 CPU 代码中的耗时已经远高于乘法、除法等基本运算，而在 GPU 代码中这种差距则更明显。此时，能用其他运算代替的尽量用其他运算代替，不能用其他运算代替的，也应该用算法改进以减少使用次数。例如，a^2 可以写成 $a*a$，计算结果不变但执行速度更快。

优化准则六：确保自定义变量名不和 Fortran 关键字同名。严格说，这不是优化准则而是编程习惯。Fortran 是一种 “有关键字无保留字” 的程序设计语言，real 等关键字用于类型说明，sin 等用于内置函数名，但语法上任何关键字都能被程序员当作自定义变量使用。而使用关键字做变量名可能导致程序可读性降低，而且容易导致预料之外的错误。比如，程序员自定义了一个函数名叫 sin(这在语法上是允许的，因而不会出现编译错误)，可是在程序中想要使用正弦函数的时候忘记了自定义函数已经占用了 sin 这个名称，仍然把 sin 当正弦函数使用，可能就会得到错误的运行结果。

优化准则七：GPU 代码中谨慎使用逻辑判断和分支结构。

一方面，在 CUDA 中，GPU 在执行如下分支程序结构时，会把所有分支都执行一遍，虽然最终结果仍然正确，但会导致代码执行性能降低：

```
if(logical_expr1) then
    ......
else
    ......
endif
```

解决方案是尽量减少分支结构。

另一方面，GPU 的浮点运算单元众多而逻辑运算单元相对较少，逻辑表达式对代码整体性能的影响极大，应尽可能在代码设计时避免或减少。

6.2　矩阵乘法 CUDA 程序优化

矩阵乘法是最适合 GPU 并行计算且足够简单的问题之一，通过矩阵乘法的 CUDA 程序优化学习可以熟悉掌握几乎全部常用 CUDA 程序优化技巧 [13-15]。

问题：由已知矩阵 A、B，求 $C = A \times B$。即

$$C = A \times B = \begin{bmatrix} a_{11} & a_{12} & \cdots & a_{1K} \\ a_{21} & a_{22} & \cdots & a_{2K} \\ \cdots & \cdots & \cdots & \cdots \\ a_{M1} & a_{M2} & \cdots & a_{MK} \end{bmatrix} \begin{bmatrix} b_{11} & b_{12} & \cdots & b_{1N} \\ b_{21} & b_{22} & \cdots & b_{2N} \\ \cdots & \cdots & \cdots & \cdots \\ b_{K1} & b_{K2} & \cdots & b_{KN} \end{bmatrix} \tag{6.1}$$

根据矩阵乘法规则，矩阵 A 的行矢量与矩阵 B 的列矢量点积得到矩阵 C 的一个元素 (与 A 的行矢量同行，与 B 的列矢量同列)，如图 6.2 所示。

$$c_{ij} = \sum_{p=1}^{K} a_{ip} b_{pj} \tag{6.2}$$

其串行算法通过两重 DO 循环遍历矩阵 C：

```
do j=1,N
do i=1,M
```

```
        c(i,j)=0.0
        do p=1, K
            c(i,j)=c(i,j)+a(i,p)*b(p,j)
        enddo
    enddo
    enddo
```

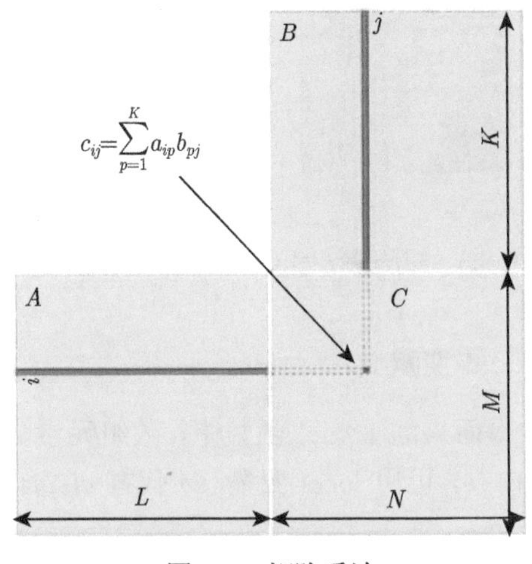

图 6.2 矩阵乘法

内层循环实现 A 的行矢量与 B 的列矢量的点积，存在数据依赖，不适合并行计算；但对于外层两重循环来说，任意一次循环的计算与其他循环无关，因而可将外层两重循环改用 CUDA 线程并行计算：

```
    i = (blockIdx%x-1)*blockDim%x + threadIdx%x
    j = (blockIdx%y-1)*blockDim%y + threadIdx%y
    if(i>M.or.j>N)return
    c(i,j)=0.0
    do p=1, K
        c(i,j)=c(i,j)+a(i,p)*b(p,j)
    enddo
```

与串行算法相比，循环变量由 CUDA 线程 ID 计算，循环体成为 kernel 函数核心代码 —— 仅增加一个逻辑判断语句以免冗余线程导致数组越界。

矩阵乘法的 CUDA 线程并行算法如图 6.3 所示，每个线程块完成 C 的一个子矩阵 (与线程块大小相同) 计算，每个线程完成一个矩阵元素计算。

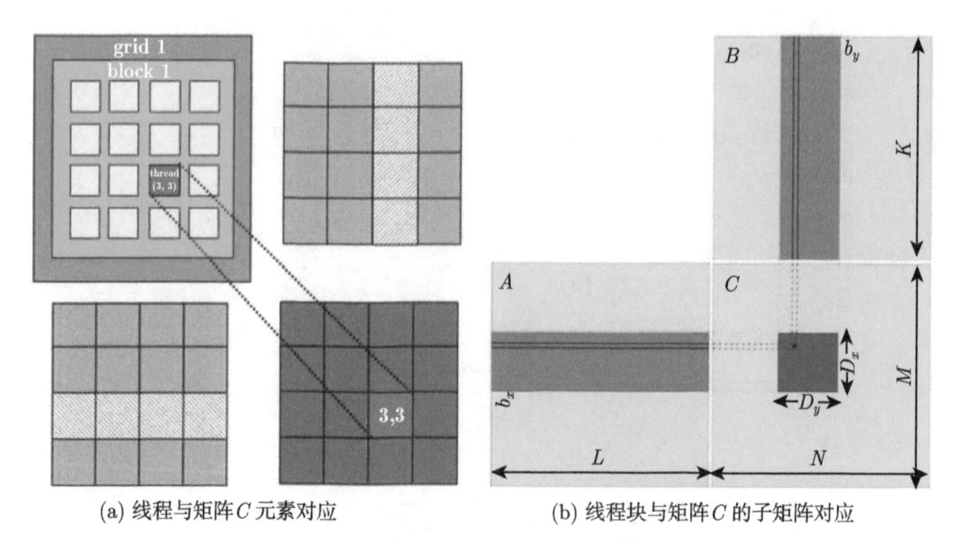

(a) 线程与矩阵C元素对应　　(b) 线程块与矩阵C的子矩阵对应

图 6.3　矩阵乘法的 CUDA 线程并行算法

6.2.1　优化一：使用 local 变量

由串行算法直接改写而来的 kernel 函数中，数组元素 $c(i,j)$ 被多次使用，而数组 c 位于 GPU 全局内存，可用 local 变量 cij 代替 $c(i,j)$，利用 L1 高速缓存的读写速度优势：

```
cij=0.0
do p=1, K
    cij=cij+a(i,p)*b(p,j)
enddo
c(i,j)=cij
```

改写前，全局内存 $c(i,j)$ 需读 K 次、写 $K+1$ 次；改写后只需写 1 次，其他为 L1 高速缓存读写 (耗时比全局内存低两个量级，可忽略不计)。

6.2.2　优化二：使用 shared 变量

由图 6.3 可见，矩阵 B 的任意列在线程块内将被重复使用 D_x 次 (同理，矩阵 A 的任意行被重复使用 D_y 次)。因此，如果能将线程块内用到的数组 a、b 片段读入 shared 内存，可极大提高计算效率：

```
real, shared::as(1: Dx,1:K),bs(1:K,1: Dy)
```

所需 shared 数组元素个数：

$$\text{SharedMemSize} = K\left(D_x + D_y\right) \tag{6.3}$$

可见，shared 内存用量随 K 线性增长，故整个数组片段读入 shared 内存是不现实的 (至少没有普适性)。

为此，将式 (6.2) 改写为分段计算，每段数据长度为 k：

$$\begin{cases} c_{ij} = \sum\limits_{s=1}^{s_{\max}} z_s \\ z_s = \sum\limits_{p=s\cdot k+1}^{(s+1)k} a_{ip} b_{pj} \end{cases} \tag{6.4}$$

由式 (6.4)，z_s 的计算只需分别将行矢量、列矢量长度为 k 的一段读入 shared 内存。图 6.4 为读取一段全局内存数据进 shared 内存的操作示意图，由此可知，每线程读取全局内存次数为

$$r = \text{ceiling}\left(\frac{k}{D_y}\right) + \text{ceiling}\left(\frac{k}{D_x}\right) \tag{6.5}$$

其中，ceiling 为 Fortran 库函数，返回不小于参数的最小整数，故 k 为 D_x、D_y 的最小公倍数时，r 达到最小值：

$$\begin{cases} r = n + m \\ k = nD_y = mD_x \end{cases} \tag{6.6}$$

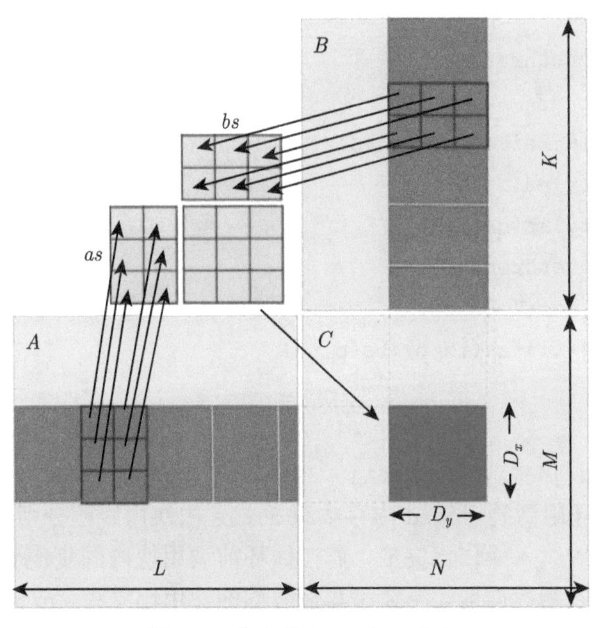

图 6.4 分段载入 shared 内存

故完成单线程 block 全部计算，需做全局内存读取次数为

$$R = (m+n)\,\text{ceiling}\left(\frac{K}{mD_x}\right) \tag{6.7}$$

当 $m = n = 1$ 即 $k = D_x = D_y$ 时，R 达到最小值：

$$R = 2\text{ceiling}\left(\frac{K}{k}\right) \tag{6.8}$$

故最合适的 shared 内存大小应申请为

```
real, shared::as(1:Bsize,1:Bsize),bs(1:Bsize,1:Bsize)
```

其中，Bsize $= k$ 为正方形线程 block 的边长。

相应的 kernel 算法写为

```
cij=0.0
do q=0, K-mod(K,Bsize)-1, Bsize
    as(tx,ty)=a(i, q+ty)
    bs(tx,ty)=b(q+tx,j)
    call syncthreads()
    do p=1,Bsize
        cij=cij+as(tx,p)*bs(p,ty)
    enddo
    call syncthreads()
enddo
do q=K-mod(K,Bsize), K-1, Bsize
    as(tx,ty)=a(i, q+ty)
    bs(tx,ty)=b(q+tx,j)
    call syncthreads()
    do p=1,mod(K,Bsize)
        cij=cij+as(tx,p)*bs(p,ty)
    enddo
enddo
if(i<=M.and.j<=N) c(i,j)=cij
```

其中，内层 p 循环用到的 shared 内存数组 as、bs 由块内线程分别读入，为了确保使用前其他线程的读入操作已完成，需在循环前调用块内同步 syncthreads；而完成使用后再次读入新数据前，需确保其他线程的使用已结束，故 p 循环后再调用一次块内同步函数 syncthreads。

循环变量为 q 的 DO 循环出现两次，将长度为 K 的数据分成两段计算：

$$\begin{cases} K = K_1 + K_2 \\ K_2 = \text{mod}(K, \text{Bsize}) \end{cases} \tag{6.9}$$

这种做法是为了避免在循环中引入 GPU 不擅长的逻辑运算以应对 K 不能被 Bsize 整除的情形。这种代码分段法是减少逻辑运算的小技巧，但会增加代码长度及代码可读性，在 CPU 代码中一般应予以避免。

6.2.3 kernel 的调用

矩阵乘法的 kernel 执行配置比较简单：不使用 shared 内存时，线程块大小没有任何限制，只需线程块内线程数大于线程束 (Warp) 大小且小于 CUDA 允许的最大值 1024 即可；使用 shared 内存的 kernel 执行配置则需提供 shared 内存大小：

$$\text{SharedMemSize} = 2\text{Bsize}^2 \tag{6.10}$$

这里得到的是元素个数，还需乘以单个实数所占字节数 (可由 Fortran 库函数 sizeof 计算)。根据式 (6.8)，线程 block 边长越大需读取全局内存次数越少，当 Bsize 取最大值 32 时，线程 block 大小为 1024，shared 内存需求只有 8KB(单精度时) 或 16KB (双精度时)，符合 CUDA 限制要求，故调用 kernel 的代码可如下设计：

```
blk=dim3(Bsize,Bsize,1)
grd=dim3((M+Bsize-1)/Bsize,(N+Bsize-1)/Bsize,1)
call system_clock(t1, cr)
i=cudaMemcpy(a_d, a, size(a))
i=cudaMemcpy(b_d, b, size(b))
call system_clock(t2, cr)
call matmul_kernel<<<grd,blk>>>(a_d,b_d,c_d,M,N,K)
i=cudaDeviceSynchronize()
call system_clock(t3, cr)
i=Bsize*Bsize*2*sizeof(cij)
call matmul_shared<<<grd,blk,i>>>(a_d,b_d,c_d,M,N,K)
i=cudaDeviceSynchronize()
call system_clock(t4, cr)
i=cudaMemcpy(c,c_d, size(c))
call system_clock(t5, cr)
```

代码中插入 system_clock、cudaDeviceSynchronize 是为了对数据上传/下载、两个 kernel 调用等 GPU 任务计时，以比较优化效果。

对 1024×1024 的两个矩阵相乘，最终运行结果 (篇幅考虑未列出全部代码，但省略的部分都很简单，读者可自行添加) 如图 6.5 所示：CPU(单核) 计算耗时约 11.69s，未经优化的 GPU 计算耗时 4.551ms，优化后降为 1.554ms。GPU 代码优化后加速 1.93 倍；若与 CPU 单核相比，将数据上传、下载时间计算在内，优化后的 GPU 计算加速比达到 4328!

```
[bzy@cn2 book]$ pgf95 -o Sample6_1.exe Sample6_1.cuf -Mcuda
[bzy@cn2 book]$ ./Sample6_1.exe
 GPU memory size(MB):      12.00000
 Time of upload      (s):   7.92000D-04
 Time of gpu         (s):   4.55100D-03
 Time of gpu_shared  (s):   1.55400D-03
 Time of download    (s):   3.54000D-04
 Time of cpu         (s):   1.16868D+01
```

图 6.5　矩阵乘法耗时测量结果

当然，这个加速比是虚假的，因为 GPU 代码经过严格的优化，而 CPU 代码的优化工作仅由编译器自动完成。若 CPU 端采用同样经过严格优化的 Fortran 库函数 matmul 计算矩阵乘法 (GPU 端代码不支持该库函数)，则 CPU 计算所需时间缩短为 0.1611s，与这一数据相比，GPU 计算达到的加速比为 59.67。

6.3　线程 block 优化设计

在第 3 章分析过，线程块大小、分布设计中如果不考虑性能优化，则只需考虑 CUDA 对线程块大小限制的基本规则，回顾如下：

(1) 线程块 x、y 方向最大线程数 1024；

(2) 线程块 z 方向最大线程数 64；

(3) 线程块内最大线程数 1024；

但对 GPU 代码的优化则必须在这些基本规则下考虑 GPU 硬件特性。

6.3.1　GPU 微架构与 CUDA 线程模型

在不涉及优化问题时，程序员了解 CUDA 线程结构模型的目的是掌握线程全局 ID 的计算方法，以便为不同的线程分配数据，故前文的介绍中从未讨论过一个话题：CUDA 的 grid、block 和 Warp 三级线程结构是如何与 GPU 硬件对应的。

1. GPU 微架构

GPU 微架构在发展过程中已经进行了多次改进，但总体逻辑结构没变，硬件改进主要是调整各功能器件数量、增加新的功能器件等。

流处理器 (SP) 是 GPU 最基本的计算单元，也称为 CUDA Core；多个 SP 组成一片流多处理器 (SM)。从高速寄存器等稀缺资源分配的角度，SM 可以看作 GPU 的 “大核”，对 CUDA 程序优化有极大的影响。

Pascal 架构 SM 如图 6.6 所示，每个 SM 由 64 个 CUDA Core 和 32 个双精度计算单元组成，这些计算单元被分成两个线程束 (Warp)；每个 Warp 各一个指令缓冲区 (Instruction Buffer) 和 Warp 调度器 (Warp Scheduler)，两个 Warp 共用一个指令缓存 (Instruction Cache)；每个 SM 含 64KB shared 内存、64KB 纹理/L1 缓存。

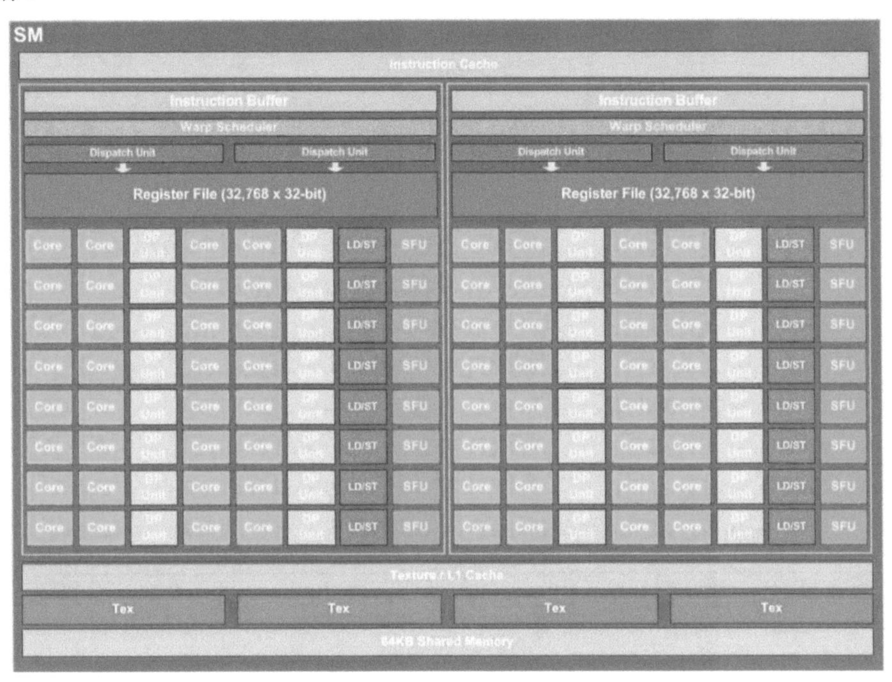

图 6.6 组成 Pascal 架构的 SM

其他架构的 SM 都由类似功能器件组成，只是数量不同。如图 6.7 所示 Kerler 架构的 SM (图中被称为 SMX) 由 192 个 CUDA Core 分为 6 个 Warp，共用一个指令缓存和 4 个 Warp 调度器，64KB 或 128KB 高速寄存器由 shared 内存和 L1 缓存共享，另有 48KB 高速缓存用于常量内存或纹理内存的缓冲区。

其他如 Fermi、Maxwell 等架构 GPU 的 SM(Maxwell 架构中称为 SMM) 组成结构相似，但数量差异较大，需在 CUDA 程序优化前查询相关参数。

在 SM 组成 GPU 时，一般还有两层集合：多个 SM 组成线程处理器集 (Kepler 架构中称为 Thread Processing Cluster，Pascal 架构中称为 Texture Processing Cluster，实际是一个概念，缩写为 TPC)，多个 TPC 组成图形处理器集 (Graphics

Processing Cluster，GPC)，多个 GPC 最终组成 GPU。如图 6.8 所示 Pascal 架构的 GP100 图形处理器，两个 SM 构成一个 TPC，5 个 TPC 构成一个 GPC，12 个 TPC 组成 GPU 卡。典型 GPU 硬件特性见表 6.1。

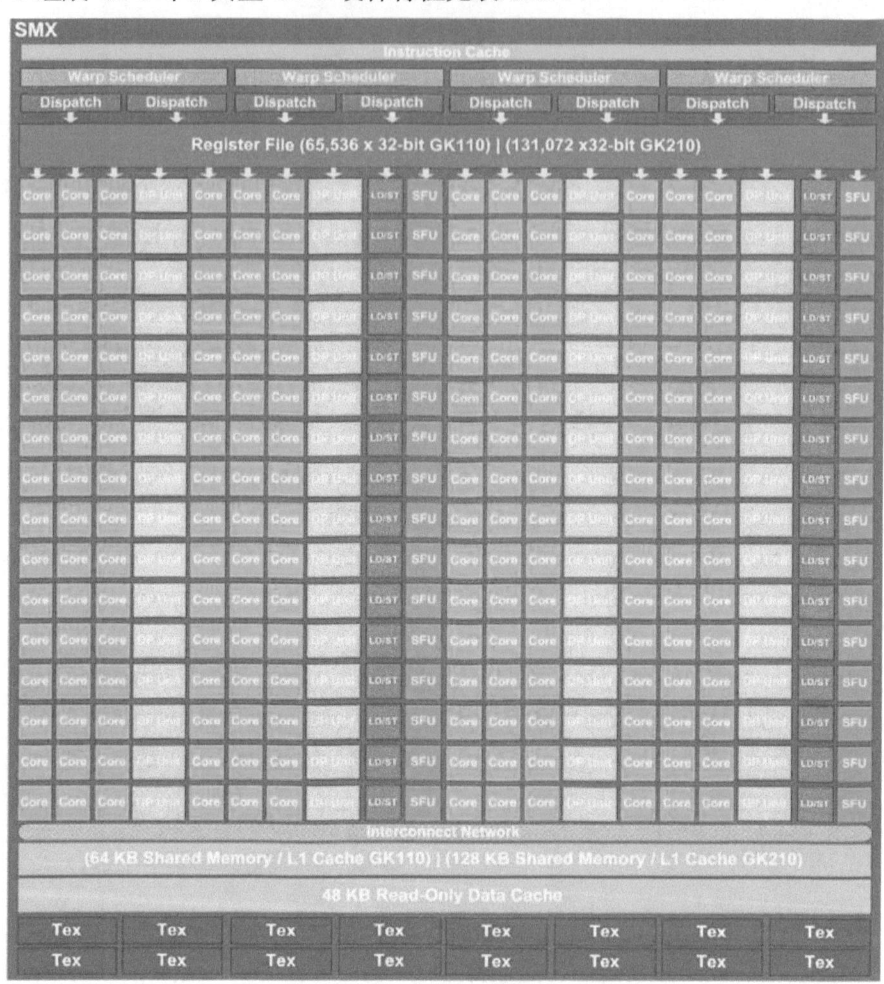

图 6.7　组成 Kepler 架构的 SM

2. CUDA 线程在 GPU 硬件上的执行

GPU 将由 kernel 函数产生的 CUDA 线程分派给硬件执行时，以线程 block 为单位，一个 block 分派给一个 SM；SM 再以 Warp 为单位将线程分派给 SP 执行；每个 SM 最多可同时分配不超过 8 个 block、2048 个 CUDA 线程。

这里出现了 CUDA 软件和硬件概念上的线程数量分歧：在 CUDA 线程结构中，每个线程 block 可以有 1024 个线程；但一个 block 只能分派给一个 SM，而

SM 可能只有 192 个 (Kepler 架构)、128 个 (Maxwall 架构) 甚至 64 个 (Pascal 架构) SP。这个分歧其实正是 GPU 提升并行规模、提高硬件利用率的关键：通过线程切换掩盖指令延迟。

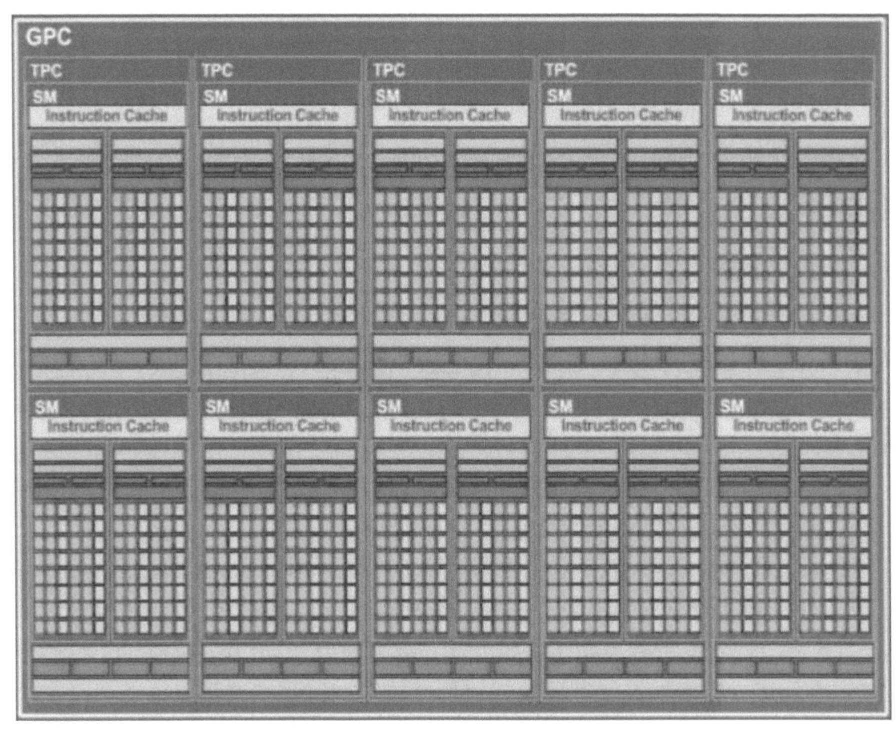

图 6.8 Pascal 架构的 GPU 组成

表 6.1 典型 GPU 硬件特性

Tesla Products	Tesla K40	Tesla M40	Tesla P100
GPU	GK110 (Kepler)	GM200 (Maxwell)	GP100 (Pascal)
SM	15	24	56
TPC	15	24	28
FP32/SM	192	128	64
FP64/SM	64	4	32
Register/SM	256KB	256KB	256KB

SP 在执行 CUDA 指令时，会有一定的时间延迟，如果一个 SP 只执行一个 CUDA 线程，则在指令延时期 SP 将处于空闲状态。为此，GPU 设计中采用某个 Warp 在执行时 (称为活动 Warp)，SM 在后台驻留若干其他 Warp (非活动 Warp)，当活动 Warp 出现读取数据等操作导致 SP 处于空闲时，马上切换到其他 Warp 执行，以提高 SP 利用率。故每个 SM 必须驻留足够多的 Warp 以掩盖指令延时。

作为轻量级线程，CUDA 线程切换不需 CPU 线程切换那样读取/保存线程上下文，因而线程切换的时间代价接近 0，但付出的代价是，驻留在 SM 后台的 CUDA 线程必须拥有全部存储器资源，尤其是 shared 内存、L1 缓存等。因此，每个 SM 能够驻留的 CUDA 线程数量除了受软件规则限制，还要受 share 内存、L1 缓存等硬件资源的限制。

6.3.2 线程 block 设计

在了解 CUDA 线程在 GPU 硬件上的执行方式后，可以讨论线程 block 设计的优化问题了。

1. 减少线程闲置

由于 CUDA 线程在执行时是按每 32 个线程组成一个 Warp 来发射指令的，即便只需 1 个线程参与的计算，GPU 硬件也会指派 32 个 SP 去执行：同一 Warp 内的其余 31 个线程虽然什么也不做，但仍然会被占用而不能参与别的计算任务，成为闲置线程。

例如，在调用 1000 个整型数组元素加法时，采用了如下执行配置：

```
call addArrayOnGPU<<<10, 100 >>> (a_d, N, M)
```

即线程块大小为 100。但由于 100 不能被 32 整除，而线程块内只能使用整数个 Warp，故线程块内会实际用到 4 个 Warp，即 128 个线程，程序只能用到其中的 100 个，另外 28 个线程被浪费了。即 GPU 最终需要 1280 个 SP 去执行 (假定每个 SP 一个线程) 而不是程序设计中理想的 1000 个 SP，浪费了 280 个。合理的方案应该使用 96、64 等 32 的倍数作为线程 block 大小，例如：

```
call addArrayOnGPU<<<(1000+127)/128, 128>>> (a_d, N, M)
```

改进后实际需要 1024 个 SP—— 仍然浪费了 24 个 SP，但浪费较少。

另外一种线程闲置是由待求解问题本身带来的。待求解的数组元素总数是1000，不能被 32 整除，必然带来线程的浪费 —— 这种物理问题带来的浪费虽然无法完全避免，但合理的设计仍然可以减少浪费。

2. SM 驻留线程的需求与限制

为了掩盖指令延迟，SM 中需要驻留数倍于片上 SP 的 CUDA 线程才能使 SP 利用率达到 100%，但 SM 驻留线程数受到三个限制 (具体数据和 CUDA 版本及 GPU 硬件有关，所列值仅供参考)：一是最大驻留线程数不能超过 2048，二是最大线程 block 数不能超过 8，三是线程 block 所用 shared 内存总和不超过 SM 片上 shared 内存。

在矩阵乘法算例中，shared 内存重用次数随线程 block 边长线性增长，故算例中调用 kernel 的执行配置设计中 block 边长取为最大值 32，每个线程 block 含

1024 个线程，因此每个 SM 有两个 block 驻留，基本满足掩盖指令延迟的需求。

再来看 shared 内存使用问题。由于驻留的 CUDA 线程即使处于非活动状态也需占用 shared 内存，故单线程 block 的 shared 用量应允许多个 block 驻留同一 SM。在矩阵乘法算例中，无论线程块大小怎么设计，平均每线程 shared 变量个数是固定值：

$$\text{SharedVarPerThread} = \frac{2\text{Bsize}^2}{\text{Bsize}^2} = 2 \tag{6.11}$$

而单片 SM 最大驻留线程数是 2048，所需 shared 内存量单精度时为 16KB、双精度时为 32KB，低于单片 SM 的 shared 内存。故矩阵乘法算例中没有考虑 shared 内存用量导致驻留线程 block 减少问题也得到了 kernel 函数调用的最优执行配置。

但在更复杂的算例中就未必有这么幸运了。例如，某 kernel 需要的 shared 变量定义为

```
real,shared,dimension(1:5, 0:Bs, 0:Bs, 0:Bs)::prim
real,shared,dimension(1:5, 1:Bs, 1:Bs, 1:Bs)::flr
```

平均每线程 shared 变量个数为

$$\text{SharedVarPerThread} = 5 + \frac{(\text{Bs}+1)^2}{\text{Bs}^3} > 10 \tag{6.12}$$

当 Bs 取最大值 8 时，单线程 block 为 512 线程，SM 允许的 block 数为 4，是个不错的选择，但即便是单精度实数，单线程 block 的 shared 内存超过 24KB，如果使用的是 Kepler 架构 Tesla K40 卡，单 SM 的 shared 内存最多只有 48KB，故单片 SM 最多只能有一个线程 block，不能掩盖指令延迟；当 Bs 取 4 时，单线程 block 为 64 线程，以线程数而论，SM 允许 32 个线程 block，但大于 SM 最大允许线程 block 数 8，故 SM 驻留 block 数为 8，而如果使用的是双精度实数，单线程 block 的 shared 内存大于 7KB，对于 K40 卡，单片 SM 最多允许 6 个 block 驻留。

实际需要求解的问题可能更复杂，比如，在有限差分或有限体积方法中，边长为 Bs 的方阵线程 block 只能得到边长为 Bs − 1 的方阵有效数据，此时，线程块越大，shared 内存重用次数就越多，浪费的 CUDA 线程比例也越小，但 SM 能驻留的线程 block 数可能更少而导致 SP 利用率更低。因此，CUDA 程序优化没有万用技巧，只能针对具体问题采取相应优化策略，必要时借助优化工具针对实际所用 GPU 硬件分析各种优化措施的效果再确定最终方案。

再次强调：强烈不建议针对特殊硬件的优化方案，具有可移植性的软件才是有生命力的软件，也才具有实用价值。

6.3.3 local 内存使用技巧

从矩阵乘法算例已经初步讨论了使用 local 内存的问题，但该算例需要的 local 内存数量较少，故并未涉及这种内存使用的技巧问题。

首先，必须留意 local 变量的存储空间分配策略问题：高速缓存够用的前提下，单变量和元素数量不大于 4 (具体数据跟 CUDA 版本有关，这里以 4 为准) 的数组临时变量将在高速缓存分配空间，否则使用全局显存。

这个 local 分配原则提出了两个 CUDA 代码设计中需要注意的问题：一是高速缓存是珍贵资源，为避免其耗尽，程序中要节约使用，否则可能把全局内存分配给 local 变量，导致性能大幅下降；二是临时数组元素不能超过 4 个，对于超过 4 个元素的临时数组，可将临时数组用多个单变量替换，比如：

```
real::a(5)
```

可替换为

```
real::a1,a2,a3,a4,a5
```

其次，local 变量实际占用内存空间问题：一方面，local 变量不仅包括 kernel 函数或 device 子程序中显式申请的临时变量，还包括 CUDA 系统预定义变量 grid-dim、blockdim、blockIdx 等；另一方面，虽然 kernel 函数或 device 子程序中的 local 变量只是单变量或小数组，但每个线程都拥有同等大小的 local 变量，故最终 local 变量占用的内存空间是 block 内线程总数 × 单线程 local 变量占用内存空间。

最后，local 变量可用 shared 变量代替。当 kernel 函数或 device 子程序所需 shared 内存较少时，无论是 local 变量较多或临时数组元素个数大于 4 的情形，都可以用 shared 数组代替 local 变量，强制 local 变量在高速缓存中分配空间。比如，在涉及张量计算时可能需要用到临时数组 $a(3,3)$，正常情况下应当写为

```
real,dimension(3,3)::a
```

但由于 a 的元素个数达到 9，编译器会自动在全局内存中给 a 分配空间。为此，可以在 kernel 中 (如果是被 kernel 调用的 device 子程序有这个需求，可以把 a 作为参数传递给 device 子程序使用) 把 a 如下申请为 shared 数组：

```
real,dimension(3,3,blockDim%x, blockDim%y, blockDim%z)::a
```

需要用到 $a(i,j)$ 的地方相应改写为 a(i,j,threadIdx%x, threadIdx%y, threadIdx%z) 即可。由于临时变量是每个线程都要单独申请的，写成临时数组或 shared 数组，实际耗费高速片上缓存总量并不会发生改变 —— 当然，写成 shared 数组的 a 是允许 block 内全部线程访问的，需确保 a 的各元素被正确的线程读写。

参 考 文 献

[1] 黄凯，徐志伟. 可扩展并行计算技术、结构与编程. 北京：机械工业出版社，2000.

[2] Jordan H F, Alaghband G. 并行处理基本原理. 迟利华，刘杰, 译. 北京：清华大学出版社，2004.

[3] PGI Compilers & Tools: CUDA Fortran Programming Guide and Reference (Version 2018). nVIDIA Inc.

[4] Sanders J, Kandrot E. GPU 高性能编程 CUDA 实战. 聂雪军, 等, 译. 北京: 机械工业出版社，2011.

[5] CUDA Fortran 高效编程实践. 小小河, 等, 译. 电子版. 2014.

[6] 刘文志. 并行算法设计与性能优化. 北京: 机械工业出版社，2015.

[7] 徐金秀，李志辉，尹万旺. MPI 并行调试与优化策略在三维绕流气体运动论数值模拟中的应用. 计算机科学, 2012, 39(5): 300-303, 313.

[8] 徐金秀，孙俊，尤洪涛，李志辉，张彦彬. OpenACC 众核编程语言在求解 Boltzmann 模型方程的应用研究. 高性能计算技术，2016, 239(2): 7-12.

[9] PGI Compilers & Tools: Rlease Notes for x86-64 CPUs and Tesla GPUs (Version 2018), nVIDIA Inc.

[10] 陆林生，董超群，李志辉. 多相空间数值模拟并行化研究. 计算机科学，2003, 30(3): 129-137.

[11] 李志辉. 稀薄流到连续流气体流动问题统一算法应用研究. 北京：清华大学，2003.

[12] Munshi A, Gaster B R, Mattson T G, Fung J, Ginsburg D. OpenCL 编程指南. 苏金国, 李璜, 杨健康, 译. 北京: 机械工业出版社，2012.

[13] 肖江，胡柯良，邓元勇. 基于 CUDA 的矩阵乘法和 FFT 性能测试. 计算机工程，2009, 35(10): 7-10.

[14] Gregory R, Massimiliano F. CUDA Fortran for Scientists and Engineers: Best Practices for Efficient CUDA Fortran Programming. Elsevier Inc., 2014.

[15] Gaster B, Kaeli D R, Lee H, et al. Heterogeneous Computing with OpenCL. Elsevier Inc., 2012.

第 7 章　高超声速流场数学模型

在前述基于 CUDA Fortran 的 GPU 并行算法程序设计与异构并行计算编程模型介绍基础上，自本章开始介绍高超声速流场 N-S 方程数值求解的大规模并行算法数学模型、GPU 并行算法高效实现与应用。

7.1　高超声速绕流流场问题描述

在过去的一百多年中，飞行器在向更快、更高、更安全的目标飞速发展，飞行器的速度由亚声速 ($Ma < 1$) 到超声速 ($Ma > 1$) 再到高超声速 ($Ma > 5$)，飞行的高度由离地面几公里到几十公里直至几百公里的近地轨道。在飞行器研制发展过程中，CFD 技术作为飞行器绕流流场特性模拟最重要的研究手段之一，扮演着越来越重要的角色 [1,2]。

在高超声速飞行状态下的飞行器，具有典型的绕流流态，如图 7.1 所示 [3]。

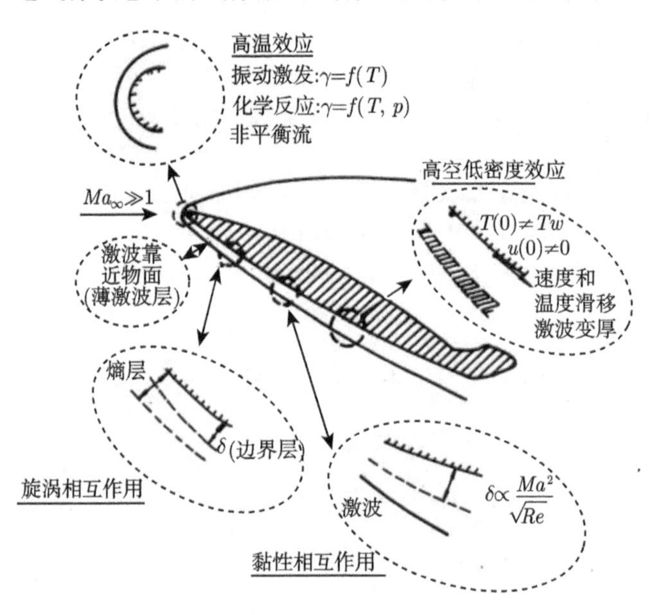

图 7.1　高超声速飞行典型绕流流态

从流体物理的观点来看，其流动具有的特点包括 [2-5]：

(1) 高马赫数。通常用自由流马赫数大于 5 作为高超声速流的一种标志，虽然这种马赫数的界限不是绝对的。流动是否具有高超声速还与飞行器的具体外形有关。

(2) 薄激波层。激波与物体间的流动区域称为激波层。当自由流的马赫数增大时，激波增强，激波后气体受到的压缩增强，使得自由流的气体在很薄的激波层内完全通过。

(3) 强的黏性相互作用。在高超声速流动中，层流边界层厚度 δ 与自由流马赫数 Ma_∞ 及当地雷诺数 Re 存在简化关系 $\delta \propto \dfrac{Ma_\infty^2}{\sqrt{Re}}$。在高空、高超声速情况下，$\delta$ 将变得很大，这将改变物体的有效外形，在流动中存在黏性边界层和无黏流动的强相互作用以及黏性边界层和激波层的强相互作用。

(4) 存在熵层。高超声速飞行器都做成钝头体，将头部钝化可以减轻热载荷。在钝头细长体的高超声速绕流中，环绕头部的激波将是高度弯曲的，穿越激波不同位置的流线经历了不同的熵增，并延伸到头部下游相当宽的距离。强熵梯度和强旋度联系在一起，边界层外缘不同位置流线的熵值不同，边界层外缘特性受到熵层的影响，出现了旋涡边界层相互作用。

(5) 高温流动。当高超声速气流通过激波压缩或黏性阻滞而减速时，气体部分动能将转化为分子随机热运动能量，气体温度升高。在空气温度低于 800K 的常温条件下，只需考虑气体分子的平动和转动能的激发。这时气体可以看作量热完全气体，其比热比 γ 为常数。当空气的温度进一步增加，在 800~2000K 时，空气中气体分子的振动自由度被激发，使得 C_p 和 C_v、$\gamma = \dfrac{C_p}{C_v}$ 成为温度的函数。当空气温度进一步增加时，气体内部将发生化学反应等复杂非平衡流动现象。

飞行器在高超声速飞行状态下，其流场几乎包含了所有当前计算流体力学的前沿课题，包括流动的转捩、湍流、激波与激波的相互干扰、激波与边界层的相互作用、多组分气体的化学反应等问题 [6-8]。作为一本主要介绍并行算法的书籍，这里将不涉及相关专题的机理研究，同时对那些探索性的、尚未得到广泛应用证明的新方法也不予讨论，而是重点介绍怎么利用该领域已经建立起来的基本理论、模型和方法建立近空间高超声速飞行器绕流流场问题大规模并行算法，以适应快速、准确的流场仿真需求。本章主要介绍适于高超声速流场并行计算的基本数学模型。

7.2 控制方程

近空间高超声速飞行器气动问题可用 N-S 方程加以描述，直角坐标系下，N-S 方程微分形式为 [7]

$$\frac{\partial \tilde{Q}}{\partial t}+\frac{\partial \tilde{E}}{\partial x}+\frac{\partial \tilde{F}}{\partial y}+\frac{\partial \tilde{G}}{\partial z}=\frac{\partial \tilde{E}^v}{\partial x}+\frac{\partial \tilde{F}^v}{\partial y}+\frac{\partial \tilde{G}^v}{\partial z}+\tilde{S} \tag{7.1a}$$

$$\tilde{Q}=\begin{bmatrix}\rho\\ \rho u\\ \rho v\\ \rho w\\ \rho E\\ \rho_i\end{bmatrix},\quad \tilde{S}=\begin{bmatrix}0\\0\\0\\0\\0\\ \omega_i\end{bmatrix} \tag{7.1b}$$

$$\tilde{E}=\begin{bmatrix}\rho u\\ \rho uu+p\\ \rho vu\\ \rho wu\\ \rho Hu\\ \rho_i u\end{bmatrix},\quad \tilde{E}^v=\begin{bmatrix}0\\ \tau_{xx}\\ \tau_{xy}\\ \tau_{xz}\\ u\tau_{xx}+v\tau_{xy}+w\tau_{xz}+q_x\\ J_{i,x}\end{bmatrix} \tag{7.1c}$$

$$\tilde{F}=\begin{bmatrix}\rho v\\ \rho uv\\ \rho vv+p\\ \rho wv\\ \rho Hv\\ \rho_i v\end{bmatrix},\quad \tilde{F}^v=\begin{bmatrix}0\\ \tau_{yx}\\ \tau_{yy}\\ \tau_{yz}\\ u\tau_{yx}+v\tau_{yy}+w\tau_{yz}+q_y\\ J_{i,y}\end{bmatrix} \tag{7.1d}$$

$$\tilde{G}=\begin{bmatrix}\rho w\\ \rho uw\\ \rho vw\\ \rho ww+p\\ \rho Hw\\ \rho_i w\end{bmatrix},\quad \tilde{G}^v=\begin{bmatrix}0\\ \tau_{zx}\\ \tau_{zy}\\ \tau_{zz}\\ u\tau_{zx}+v\tau_{zy}+w\tau_{zz}+q_z\\ J_{i,z}\end{bmatrix} \tag{7.1e}$$

式中，$\tilde{Q}$ 为守恒变量；$\tilde{E}$、$\tilde{F}$、$\tilde{G}$ 为无黏通量；$\tilde{E}^v$、$\tilde{F}^v$、$\tilde{G}^v$ 为黏性通量；$\tilde{S}$ 为源项；ρ 为混合气体密度，单位为 $\mathrm{kg/m^3}$；ρ_i 为组元 i 密度，单位为 $\mathrm{kg/m^3}$；u、v、w 为混合气体速度矢量的直角坐标系分量，单位为 m/s；E 为单位质量混合气体总能，单位为 J/kg；p 为混合气体压力，单位为 Pa；H 为单位质量混合气体总焓，单位为 J/kg；$J_{i,n}$ 为组元 i 质量扩散通量矢量直角坐标系分量，单位为 $\mathrm{kg/(m^2{\cdot}s)}$；$\tau_{mn}$ 为混合物剪应力张量分量，单位为 Pa；q_n 为混合物总热通量矢量直角坐标系分量，单位为 $\mathrm{W/m^2}$。

式 (7.1) 包含了混合气体总质量守恒方程、x 方向动量守恒方程、y 方向动量守恒方程、z 方向动量守恒方程、总能量守恒方程、组元质量守恒方程。当温度较低时，无需考虑流场化学反应，则式 (7.1) 仅含前 5 个方程，下文将此时的 N-S 方程称为完全气体 N-S 方程。

假定气体混合物中组元都是量热完全气体，则组元状态方程为

$$p_i = \rho_i R_i T \tag{7.2}$$

式中，R_i 为组元 i 的气体常数，与组元 i 的摩尔质量 M_i 有关：

$$R_i = \frac{8.314}{M_i} \tag{7.3}$$

由 Dalton 分压定律可得混合气体压力和密度分别为

$$p = \sum_{i=1}^{ns} p_i \tag{7.4}$$

$$\rho = \sum_{i=1}^{ns} \rho_i \tag{7.5}$$

计算中，常用组元质量分数 c_i、摩尔分数 X_i、摩尔质量比 η_i 和摩尔浓度 $[X_i]$ 等量描述气体混合物的组成：

$$c_i = \frac{\rho_i}{\rho}, \quad X_i = \frac{\rho_i/M_i}{\sum\limits_{i=1}^{ns} \rho_i/M_i} = \frac{c_i/M_i}{\sum\limits_{i=1}^{ns} c_i/M_i} \tag{7.6a}$$

$$\eta_i = \frac{c_i}{M_i}, \quad \bar{M} = \frac{1}{\sum\limits_{i=1}^{ns} c_i M_i^{-1}} = \sum_{i=1}^{ns} X_i M_i \tag{7.6b}$$

$$R = \sum_{i=1}^{ns} c_i R_i, \quad [X_i] = \frac{\rho_i}{M_i} = \eta_i \rho = \frac{\rho}{\bar{M}} X_i \tag{7.6c}$$

单位质量混合气体总能与总焓分别为

$$E = e + \frac{1}{2}\left(u^2 + v^2 + w^2\right) \tag{7.7}$$

$$H = E + \frac{p}{\rho} \tag{7.8}$$

式中，e 为单位质量混合物内能，单位为 J/kg。

根据 Fick 定律，能量扩散通量与组元质量扩散通量的关系为

$$q_n = \sum_{i=1}^{ns} J_{i,n} h_i + k\frac{\partial T}{\partial n} \tag{7.9}$$

$$J_{i,n} = \rho D_i \frac{\partial c_i}{\partial n} \tag{7.10}$$

式中，k 为热传导系数，D_i 为组元 i 的扩散系数，h_i 为组元 i 的单位质量焓。对于完全气体，组元质量扩散通量为 0，能量扩散通量简化为

$$q_n = k\frac{\partial T}{\partial n} \tag{7.11}$$

对于层流，剪应力张量各分量为

$$\tau_{xx} = \lambda\left(\frac{\partial u}{\partial x} + \frac{\partial v}{\partial y} + \frac{\partial w}{\partial z}\right) + 2\mu\frac{\partial u}{\partial x} \tag{7.12a}$$

$$\tau_{yy} = \lambda\left(\frac{\partial u}{\partial x} + \frac{\partial v}{\partial y} + \frac{\partial w}{\partial z}\right) + 2\mu\frac{\partial v}{\partial y} \tag{7.12b}$$

$$\tau_{zz} = \lambda\left(\frac{\partial u}{\partial x} + \frac{\partial v}{\partial y} + \frac{\partial w}{\partial z}\right) + 2\mu\frac{\partial w}{\partial z} \tag{7.12c}$$

$$\tau_{xy} = \mu\left(\frac{\partial u}{\partial y} + \frac{\partial v}{\partial x}\right) \tau_{xz} = \mu\left(\frac{\partial u}{\partial z} + \frac{\partial w}{\partial x}\right) \tau_{yz} = \mu\left(\frac{\partial v}{\partial z} + \frac{\partial w}{\partial y}\right) \tag{7.12d}$$

7.3　组分热力学特性

7.3.1　统计热力学方法

为了描述气体分子的内能，高温气体动力学衍生了多种模型，其中单温度模型假定气体分子平动能和转动能处于平衡，用平动温度描述，同时假定其他能量模式未激发，故单位质量组元 i 的内能和焓分别为

$$e_i = e_{\mathrm{tr},i} + e_{\mathrm{rot},i} + e_{0,i} \tag{7.13}$$

$$h_i = e_i + R_i T \tag{7.14}$$

式中，$e_{0,i}$ 是组元 i 在 0K 的生成能，空气 11 组元生成能见表 7.1。

表 7.1　空气 11 组元生成能

组元	N	O	N_2	O_2	NO	NO^+	e^-	N^+	O^+	N_2^+	O_2^+
$e_{0,i}$	470.818	246.790	−8.670	−8.680	90.767	984.617	−6.197	1873.149	1560.732	1503.310	1165.000

而单位质量组元平动能和转动能分别为

$$\begin{cases} e_{\mathrm{tr},i} = 0, & \text{电子} \\ e_{\mathrm{tr},i} = \dfrac{3}{2}R_i T, & \text{其他粒子} \end{cases} \tag{7.15}$$

$$\begin{cases} e_{\mathrm{rot},i} = R_i T, & \text{双原子分子} \\ e_{\mathrm{rot},i} = 0, & \text{原子和电子} \end{cases} \tag{7.16}$$

相应各能量模式的定容比热分别为

$$\begin{cases} c_{v,\mathrm{tr},i} = 0, & \text{电子} \\ c_{v,\mathrm{tr},i} = \dfrac{3}{2}R_i, & \text{其他粒子} \end{cases} \tag{7.17}$$

$$\begin{cases} e_{\mathrm{rot},i} = R_i T, & \text{双原子分子} \\ e_{\mathrm{rot},i} = 0, & \text{原子和电子} \end{cases} \tag{7.18}$$

7.3.2 拟合函数法

由统计热力学方法获得组分热力学特性在使用上并不方便，为此，在高温气体流场数值计算中常根据统计热力学方法获得的基础数据建立分段拟合函数，常用的有适用温度范围 200~20000K 的三段拟合方法和适用温度范围 300~30000K 的五段拟合方法。

三段拟合方法 [9]：

$$\frac{c_{p,i}}{\hat{R}} = a_1 T^{-2} + a_2 T^{-1} + a_3 + a_4 T + a_5 T^2 + a_6 T^3 + a_7 T^4 \tag{7.19a}$$

$$\frac{h_i}{\hat{R}} = -a_1 T^{-1} + a_2(\ln T) + a_3 T + a_4 T^2/2 + a_5 T^3/3 + a_6 T^4/4 + a_7 T^5/5 + b_1 \tag{7.19b}$$

$$\frac{S_i}{\hat{R}} = -a_1 T^{-2}/2 - a_2 T^{-1} + a_3 \ln T + a_4 T + a_5 T^2/2 + a_6 T^3/3 + a_7 T^4/4 + b_2 \tag{7.19c}$$

五段拟合方法 [10]：

$$\frac{c_{p,i}}{\hat{R}} = a_1 + a_2 T + a_3 T^2 + a_4 T^3 + a_5 T^4 \tag{7.20a}$$

$$\frac{h_i}{\hat{R}} = a_1 T + \frac{a_2}{2}T^2 + \frac{a_3}{3}T^3 + \frac{a_4}{4}T^4 + \frac{a_5}{5}T^5 + b_1 \tag{7.20b}$$

$$\frac{S_i}{\hat{R}} = a_1 T(1 - \ln T) - \frac{a_2}{2}T^2 - \frac{a_3}{6}T^3 - \frac{a_4}{12}T^4 - \frac{a_5}{20}T^5 + b_1 - b_2 T \tag{7.20c}$$

式中，a_j、b_j 为拟合函数系数；$c_{p,i}$ 为组元 i 的定压比热，单位为 J/(K·mol)；h_i 为组元 i 的焓，单位为 J/mol；S_i 为组元 i 的熵，单位为 J/(K·mol)。

两种拟合方法系数不同，分别列于附录 A 表 A.1、表 A.2。得到定压比热后可根据热力学关系式得到定容比热：

$$c_{v,i}=c_{p,i}-R_i \tag{7.21}$$

e_i、h_i 和 S_i 通过 $c_{v,i}$、$c_{p,i}$ 对温度的积分获得，积分下限 T_{ref} 通常取为 0K 或 298.15K。为了考虑化学反应吸收或放出的热量，积分下限处的焓值取为相应温度下的生成能，详见文献 [2]。

由单位质量组元的内能和焓可得到混合气体的内能和焓：

$$e=\sum_{i=1}^{ns}c_i e_i \tag{7.22}$$

$$h=\sum_{i=1}^{ns}c_i h_i \tag{7.23}$$

7.4　组分输运特性

7.4.1　黏性系数

根据分子运动论，黏性系数可如下计算：

$$\mu_i=8.3861\times10^{-6}\frac{\sqrt{M_i T}}{\pi\bar{\Omega}_{ii}^{(2,2)}} \tag{7.24}$$

式中，$\pi\bar{\Omega}_{ii}^{(2,2)}$ 为碰撞积分，由统计热力学方法得到。

直接由碰撞积分计算黏性系数并不方便，一般根据温度分段计算。

完全气体 N-S 方程求解时黏性系数采用 Sutherland 公式计算，但高温下误差较大，化学反应流动中仅用于 1000K 以下组元黏性系数计算：

$$\mu_i=\mu_{i,\mathrm{ref}}\frac{T^{1.5}}{T+T_{i,\mu}} \tag{7.25a}$$

空气 11 组元的相关系数 $\mu_{i,\mathrm{ref}}$、$T_{i,\mu}$ 见附录 A 表 A.3。

温度超过 1000K 时组元黏性系数可由 Blotter 拟合函数计算 [11]：

$$\mu_i=0.1\exp[A_{\mu i}(\ln T)^4+B_{\mu i}(\ln T)^3+C_{\mu i}(\ln T)^2+D_{\mu i}(\ln T)+E_{\mu i}] \tag{7.25b}$$

式中的系数见附录 A 表 A.4。

7.4.2 热传导系数

对于完全气体 N-S 方程求解，热传导系数可由普朗特数计算：

$$k = \frac{c_p \mu}{Pr} \tag{7.26}$$

对于温度低于 1000K 的气体组元，热传导系数由 Sutherland 公式计算：

$$k_i = k_{i,\text{ref}} \frac{T^{1.5}}{T + T_{i,k}} \tag{7.27}$$

式 (7.27) 在形式上和式 (7.25a) 一致，相关系数见附录 A 表 A.3。

温度高于 1000K 时，热传导系数常见计算方法有两种。第一种是 Eucken 关系式 [2]。非电子组元不同模式热传导系数分别为

$$k_{\text{tr},i} = \frac{5}{2} \mu_i c_{v,\text{tr},i} \tag{7.28a}$$

$$k_{\text{rot},i} = \mu_i c_{v,\text{rot},i} \tag{7.28b}$$

组元 i 的热传导系数为不同能量模式热传导系数之和：

$$k_i = k_{\text{tr},i} + k_{\text{rot},i} \tag{7.28c}$$

对于自由电子，采用下式计算：

$$k_{\text{e}} = \frac{5}{2} \mu_{\text{e}} c_{v,\text{e},\text{e}} \tag{7.29}$$

第二种常见的计算方法是拟合公式法，如 Blotter 拟合公式 [11]：

$$k_i = 420 \exp[A_{ki}(\ln T)^4 + B_{ki}(\ln T)^3 + C_{ki}(\ln T)^2 + D_{ki}(\ln T) + E_{ki}] \tag{7.30}$$

式中系数见附录 A 表 A.4。

7.4.3 扩散系数

由统计热力学方法计算组元扩散系数是最准确的方法：

$$D_i = (1 - X_i) \Big/ \sum_j \frac{X_j}{D_{ij}} \tag{7.31a}$$

式中，D_{ij} 为组元 i 扩散到 j 的双组元扩散系数，由碰撞积分求得。

为了方便，也可由路易斯数 Le (常取 1.4) 计算：

$$Le = \frac{\rho D_i c_p}{k} \tag{7.31b}$$

或由施密特数 Sc 计算：

$$\rho D_i = \frac{(1-c_i)\mu}{(1-X_i)Sc} \tag{7.31c}$$

对于分子和原子，Sc 取 0.5；对于离子，Sc 取 0.25。

对于自由电子，假定气体混合物呈电中性，则可通过使电子扩散速度等于离子扩散速度得到电子的扩散系数：

$$\rho D_e = M_e \frac{\sum\limits_{i=\text{ion}} \frac{c_i}{M_i}\rho D_i}{\sum\limits_{i=\text{ion}} c_i} \tag{7.32}$$

7.4.4 混合气体输运特性

获得组元输运特性后，混合气体输运特性应由碰撞积分求得，但为简化计算，常用 Wike 混合规则：

$$\mu = \sum_{i=1}^{ns} \frac{X_i\mu_i}{\sum\limits_{j}^{ns} X_j\phi_{ij}} \tag{7.33}$$

$$\phi_{ij} = \frac{1}{\sqrt{8}}\left(1+\frac{M_i}{M_j}\right)^{-1/2}\left[1+\left(\frac{\mu_i}{\mu_j}\right)^{1/2}\left(\frac{M_j}{M_i}\right)^{1/4}\right]^2 \tag{7.34}$$

对于热传导系数，仅需把式 (7.33) 和式 (7.34) 中的黏性系数全部换成热传导系数即可。

7.5 化学动力学模型

7.5.1 纯空气化学反应

对于纯空气，一般认为存在三类化学反应 [12]：离解–复合反应、置换反应、电离反应。

流场温度达不到电离条件时 (只有极小的局部区域达到电离条件也可采用)，可采用 5 组元 (O_2、N_2、NO、O、N) 化学反应模型，包括 3 个离解与复合反应、2 个置换反应：

$$O_2 + M_1 \rightleftharpoons 2O + M_1$$

$$N_2 + M_2 \rightleftharpoons 2N + M_2$$

$$N_2 + N \rightleftharpoons 2N + N$$

$$NO + M_3 \rightleftharpoons N + O + M_3$$

$$\mathrm{NO+O \rightleftharpoons O_2+N}$$

$$\mathrm{N_2+O \rightleftharpoons NO+N}$$

其中，碰撞体 M_1、M_2、M_3 可以是 5 组元中的任意一种。

当流场温度较高，电离反应很重要时，可在 5 组元基础上增加 NO^+ 和电子 e^- 组元形成 7 组元化学反应模型，并增加 N 原子与 O 原子碰撞逸出电子的反应：

$$\mathrm{N+O \rightleftharpoons NO^+ + e^-}$$

当流场温度非常高，分子、原子都可能直接电离时，可在 7 组元基础上增加 O_2^+、N_2^+、O^+、N^+ 组元，形成 11 组元化学反应模型，并增加如下电离反应：

$$\mathrm{O+e^- \rightleftharpoons O^+ + e^- + e^-}$$

$$\mathrm{N+e^- \rightleftharpoons N^+ + e^- + e^-}$$

$$\mathrm{O+O \rightleftharpoons O_2^+ + e^-}$$

$$\mathrm{O+O_2^+ \rightleftharpoons O_2 + O^+}$$

$$\mathrm{N_2+N^+ \rightleftharpoons N + N_2^+}$$

$$\mathrm{N+N \rightleftharpoons N_2^+ + e^-}$$

$$\mathrm{O_2+N_2 \rightleftharpoons NO + NO^+ + e^-}$$

$$\mathrm{NO+M_4 \rightleftharpoons M_4 + NO^+ + e^-}$$

$$\mathrm{O+NO^+ \rightleftharpoons NO + O^+}$$

$$\mathrm{N_2+O^+ \rightleftharpoons O + N_2^+}$$

$$\mathrm{N+NO^+ \rightleftharpoons NO + N^+}$$

$$\mathrm{O_2+NO^+ \rightleftharpoons NO + O_2^+}$$

$$\mathrm{O+NO^+ \rightleftharpoons O_2 + N^+}$$

7.5.2 化学反应源项

为方便统一处理，可将具有 ns 个组元的化学反应方程写为通式：

$$\sum_{i=1}^{ns} \alpha_{ri} X_i <=> \sum_{i=1}^{ns} \beta_{ri} X_i \tag{7.35}$$

其中，下标 r 是化学反应式序号，X_i 代表组元或催化物，α_{ri}、β_{ri} 分别为反应物和生成物的当量系数。

化学反应引起组元质量变化，产生化学源项 (化学冻结时为 0)：

$$\omega_i = M_i \sum_{r=1}^{nr} \frac{\mathrm{d}\left[X_i\right]_r}{\mathrm{d}t} \tag{7.36}$$

式中，nr 为组元 i 参加的化学反应个数。

则化学反应中组元 X_i 的净生成速率为

$$\frac{\mathrm{d}[X_i]_r}{\mathrm{d}t} = (\beta_{ri} - \alpha_{ri})(R_{fr} - R_{br}) \tag{7.37}$$

其中，正向和逆向反应速率分别为

$$\begin{cases} R_{fr} = k_{fr} \prod_{j=1}^{ns} [X_j]^{\alpha_{rj}} \\ R_{br} = k_{br} \prod_{j=1}^{ns} [X_j]^{\beta_{rj}} \end{cases} \tag{7.38}$$

式中，k_{fr}、k_{br} 分别为正向和逆向反应速率系数。

故化学反应源项计算方法为

$$\omega_i = M_i \sum_{r=1}^{nr} (\beta_{ri} - \alpha_{ri}) \left[k_{fr} \prod_{j=1}^{ns} \left(\frac{\rho_j}{M_j} \right)^{\alpha_{rj}} - k_{br} \prod_{j=1}^{ns} \left(\frac{\rho_j}{M_j} \right)^{\beta_{rj}} \right] \tag{7.39a}$$

对于有碰撞体参与的化学反应，常引入碰撞效率以减少化学反应方程个数，此时，式 (7.39a) 改写为

$$\omega_i = M_i \sum_{r=1}^{nr} \left\{ (\beta_{rs} - \alpha_{rs}) \left[k_{fr} \prod_{j=1}^{ns} \left(\frac{\rho_j}{M_j} \right)^{\alpha_{rj}} - k_{br} \prod_{j=1}^{ns} \left(\frac{\rho_j}{M_j} \right)^{\beta_{rj}} \right] P_r \right\},$$

$$P_r = \begin{cases} \sum_{n=1}^{ns} \frac{\rho_n}{M_n} Z_n, & \text{碰撞体参与的反应} \\ 1, & \text{无碰撞体参与的反应} \end{cases} \tag{7.39b}$$

其中，n 为碰撞体，Z_n 为碰撞效率。

7.5.3 化学反应速率系数

正向和逆向反应速率系数可由修正的 Arrhenius 经验公式得到：

$$\begin{cases} k_{fr} = A_{fr} T_f^{B_{fr}} \exp\left(-\frac{C_{fr}}{T_f} \right) \\ k_{br} = A_{br} T_b^{B_{br}} \exp\left(-\frac{C_{br}}{T_b} \right) \end{cases} \tag{7.40}$$

其中，T_f、T_b 分别是正向和逆向反应控制温度，在多温度模型中两者可能不同，在单温度模型中取平动温度 T；A_r、B_r、C_r 是依赖于反应方程的常数，通过实验测量获得。为了使用方便，通常将化学反应及其相关常数归纳为数据表，纯空气 11

组元化学反应常见的化学反应模型包括 Dunn&Kang 模型、Gupta 模型、Park 模型等，相关系数见附录 A 表 A.5~表 A.7。

此外，这些化学反应模型中有些反应采用了碰撞体的描述方式，计算时，碰撞体碰撞效率可表达为

$$Z_i = \sum_{i=1}^{ns} Z_{j-ns,i}\eta_i \tag{7.41}$$

其中，$Z_{j-ns,i}$ 为以氩为标准的碰撞效率，由所考虑的化学反应确定，纯空气 11 组元的碰撞效率见附录 A 表 A.8。

7.6 N-S 方程空间离散

理论上，以偏微分方程组作为控制方程的流场可以求得解析解，但实际应用中，由于外形复杂性等诸多因素，能求得解析解的情形非常少，绝大多数情况下只能求得数值解。CFD 通过在感兴趣的流场区域 (即解域) 设置有限个网格点，并在网格点将流场控制方程连同其边界条件，离散成代数方程组，用代数方程组的数值解近似原偏微分方程组的解，获得流场的流动特征。根据由控制方程到代数方程转换过程的不同，计算流体力学的空间离散方法主要分为有限差分方法、有限体积方法和有限元方法三种，时间离散则分为显格式和隐格式两类。

有限差分方法将求解域划分为结构网格，用有限个网格节点代替连续的求解域，并在网格节点将微分方程离散为差分方程，从而建立以网格节点值为因变量的代数方程组 [13-16]。该方法具有数学概念直观、表达简单等优点，是计算机数值模拟最早也最成熟的一种方法，在 CFD 中被广泛采用。有限元方法将求解域划分为互不重叠的有限个单元，在每个单元内选择合适的插值点建立未知量的插值函数，从而利用变分原理或加权余量法对微分方程离散求解。有限元方法由于其高精度、普适性而在弹性力学、结构力学、电磁学、流体力学等领域得到广泛应用，但对于存在强间断的高超声速流场数值模拟中的应用尚处于发展阶段。有效体积方法是一种介于有限差分和有限元方法之间的数值计算方法：将求解域划分为互不重叠的有限个控制体，并在每个控制体内假定因变量符合某种分布规律 (比如，均匀分布、线性分布等)，从而可将微分方程在控制体内积分建立整个解域的代数方程组 [17,18]。该方法满足物理量守恒，同时还具有不受网格形式限制、可有效利用有限差分方法中的成熟数值方法等优点 [19-25]，在 CFD 发展后期逐渐占据了主导地位。

本节针对 N-S 方程的空间离散，首先介绍一维有限体积方法，然后将其推广到多维问题。

7.6.1　定解条件

为简化问题，以一维 N-S 方程为例：

$$\frac{\partial Q}{\partial t}+\frac{\partial F}{\partial x}=\frac{\partial F^v}{\partial x} \tag{7.42a}$$

$$Q=\begin{bmatrix}\rho\\ \rho u\\ \rho E\end{bmatrix},\quad F=\begin{bmatrix}\rho u\\ \rho u^2+p\\ \rho uH\end{bmatrix},\quad F^v=\begin{bmatrix}0\\ \tau_{xx}\\ u\tau_{xx}+q_x\end{bmatrix} \tag{7.42b}$$

对方程组 (7.42) 的求解等价于依次求解下述两组方程：

$$\frac{\partial Q}{\partial t}+\frac{\partial F}{\partial x}=0 \tag{7.43a}$$

$$\frac{\partial Q}{\partial t}=\frac{\partial F^v}{\partial x} \tag{7.43b}$$

其中，式 (7.43a) 为 Euler 方程，体现流场中对流项的贡献，是流场的主控方程，决定 N-S 方程的定解条件提法。为此，将式 (7.43a) 在光滑解域内展开为等价形式：

$$\frac{\partial Q}{\partial t}+A\frac{\partial Q}{\partial x}=0 \tag{7.44a}$$

$$A\equiv\frac{\partial F}{\partial Q} \tag{7.44b}$$

容易求得，雅可比矩阵 A 有三个特征值：$\lambda_1=u-c$、$\lambda_2=u$ 和 $\lambda_3=u+c$，其中 c 为当地声速

$$c=\sqrt{\frac{\gamma p}{\rho}} \tag{7.45}$$

由于 $c>0$，故这三个特征值为互不相同的实数，Euler 方程为双曲型偏微分方程组，存在三条特征线：

$$\begin{aligned} l_1&:\frac{\mathrm{d}x}{\mathrm{d}t}=u-c\\ l_2&:\frac{\mathrm{d}x}{\mathrm{d}t}=u\\ l_3&:\frac{\mathrm{d}x}{\mathrm{d}t}=u+c \end{aligned} \tag{7.46}$$

对于双曲型偏微分方程，沿特征线传播的扰动将保持特征信息不变，故由特征线可以确定空间任意点 P 的依赖域 (点 P 的流动特性决定于该区域的流场) 和影响域 (点 P 的流动特性影响该区域流场)，如图 7.2 所示。

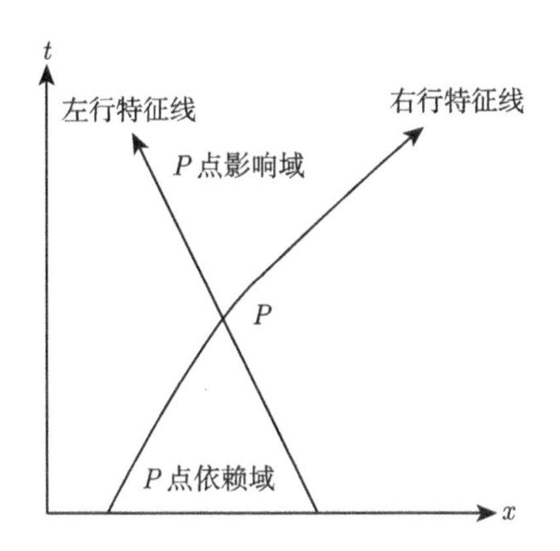

图 7.2 流场任意点的依赖域和影响域

根据这种特性，可以确定 Euler 方程的定解条件，如图 7.3 所示。

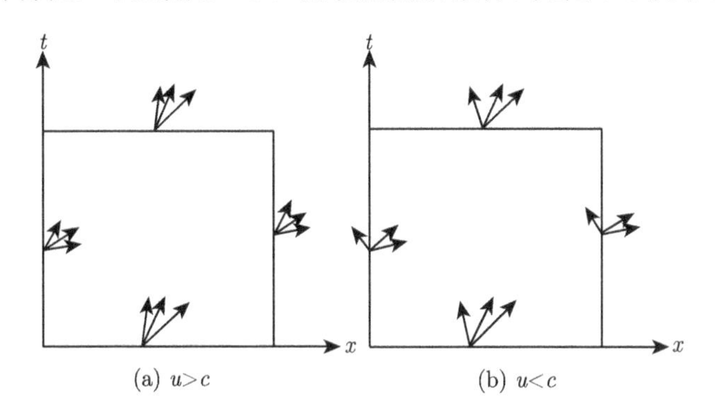

图 7.3 Euler 方程解域边界特征线

对于 $u > c$ 的超声速流动，在求解域左边界，三条特征线均指向解域内，意味着该边界及其左侧的流动情况将影响解域内的流场，因而需要在该边界准确给定流场物理信息 (即物理边界条件)，这种边界称为超声速入口；而在求解域右边界，三条特征线均指向解域外，即该边界的流动情况由解域内的流场决定，因而在该边界不能给定物理边界条件，而是应以内流场物理信息外插 (数值边界条件)，这种边界称为超声速出口。

对于 $u < c$ 的亚声速流动，在求解域左边界，有一条特征线指向解域外、两条特征线指向解域内，故需提两个物理边界条件和一个数值边界条件，这种边界称为亚声速入口；在求解域右边界，有两条特征线指向解域外、一条特征线指向解域内，故在该边界需要给定一个物理边界条件和两个数值边界条件，这种边界称为亚声速出口。

无论是亚声速还是超声速情形，初始时刻 ($t = 0$) 的特征线总是指向解域内，任意时刻的特征线总是指向时间增加方向，即 Euler 方程求解时，初场需给定全部流场信息，而在求解过程中应沿时间方向推进求解。

7.6.2　有限体积方法

为了在给定解域求得微分方程的数值解，需要首先将解域离散为有限个网格点，在网格点建立与微分方程相容的代数方程，并将这些网格点上的代数方程数值解作为微分方程的近似解。一种广泛使用的离散方法是在网格单元内对偏微分方程积分，将偏微分方程转化为积分方程，这种方法称为有限体积方法 (Finite Volume Method，FVM)。

如图 7.4 所示，在 i 与 i+1 点组成的控制体内积分：

$$\int_{\Omega} \frac{\partial Q}{\partial t} \mathrm{d}\Omega + \int_{\Omega} \frac{\partial F}{\partial x} \mathrm{d}\Omega = \int_{\Omega} \frac{\partial F^v}{\partial x} \mathrm{d}\Omega \tag{7.47}$$

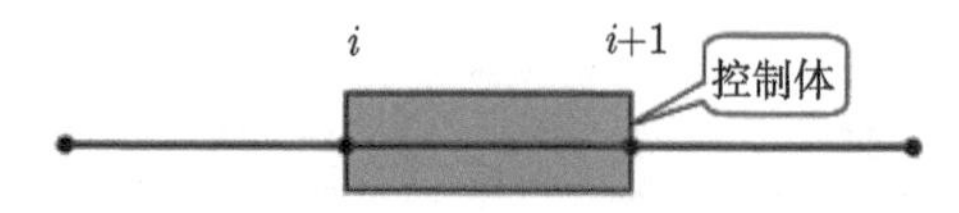

图 7.4　有限体积方法

根据高斯定理：

$$\int_{\Omega} \nabla \boldsymbol{f} \mathrm{d}\Omega = \oint_{\partial\Omega} \boldsymbol{f} \cdot \mathrm{d}\boldsymbol{s} \tag{7.48}$$

其中，面元矢量指向控制面外法向。对于一维问题，沿 x 的垂直方向流动无变化，故不妨取 i 的垂直方向尺度为单位长度，则式 (7.48) 可写为半离散形式

$$\frac{\partial Q}{\partial t} = \frac{1}{\Delta x} \left[\left(F_{i+1}^v - F_i^v \right) - \left(F_{i+1} - F_i \right) \right] \tag{7.49}$$

式 (7.49) 中，无黏通量 F 和黏性通量 F^v 均在网格点，守恒量 Q 在半点，为了不增加未知量，需将半点的守恒量插值到网格点，即差分格式。

7.6.3　差分格式

最简单的插值算法是用相邻网格数据做平均：

$$Q_i = \frac{1}{2} \left(Q_{i-\frac{1}{2}} + Q_{i+\frac{1}{2}} \right) \tag{7.50}$$

式 (7.50) 称为中心差分格式，一般适用于椭圆型或抛物型微分方程，在 N-S 方程求解中可用于黏性项的空间离散。

在中心差分格式中，假定相邻网格点的流场对半点有同等大小的影响，而前已述及，Euler 方程是双曲型方程组，半点的流场信息决定于其依赖域。对于特征信

息向右传播的流动，半点的流场受其左侧网格点的影响，故在一阶近似下有

$$Q_i = Q_{i-\frac{1}{2}} \tag{7.51a}$$

类似地，对于特征信息向左传播的流动，一阶近似下有

$$Q_i = Q_{i+\frac{1}{2}} \tag{7.51b}$$

式 (7.51) 采用与特征信息传播方向相反的一阶插值方法，被称为一阶迎风格式。实际应用中，通常将半点的无黏通量根据特征传播方向分解为左行和右行分量 (如图 7.5 所示)，从而分别采用迎风格式：

$$\begin{cases} F(Q_i) = F^+\left(Q_i^{\mathrm{L}}\right) + F^-\left(Q_i^{\mathrm{R}}\right) \\ Q_i^{\mathrm{L}} = Q_{i-\frac{1}{2}} \\ Q_i^{\mathrm{R}} = Q_{i+\frac{1}{2}} \end{cases} \tag{7.52}$$

式中，上标 L、R 分别表示界面两侧分量，为了书写方便，也可用符合 +、− 替换而不会引起混淆 (下文采用这一写法)。

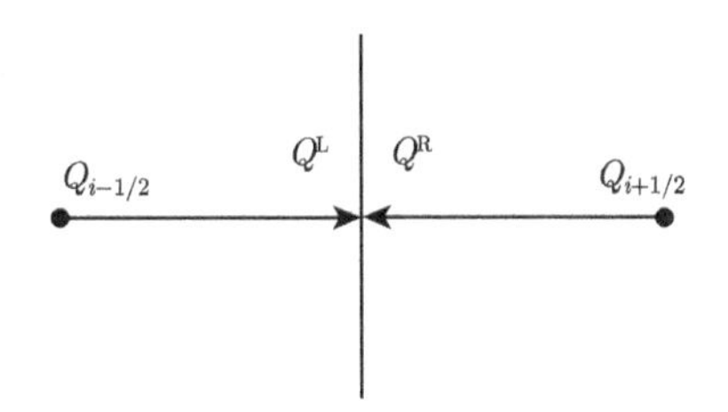

图 7.5 界面左右两侧分量

由于迎风格式具有耗散特性，一阶迎风格式一般很少直接用于流场数值计算，但它所体现的“通量分裂”“迎风差分”思想是 N-S 方程对流项空间离散的基础，各种高阶迎风格式均秉承这一思路 [24]。

7.6.4 通量分裂

1. Steger-Warming 分裂 [26]

Euler 方程中，特征信息的传播方向决定于特征值，因此，按特征值分裂通量是直观的方法。

式 (7.44) 定义的雅可比系数矩阵可特征分解为

$$A = R\Lambda R^{-1} \tag{7.53}$$

Λ 为 A 的特征值 λ_i 组成的对角阵。

定义

$$\lambda_i^{\pm} \equiv \frac{\lambda_i \pm |\lambda_i|}{2} \tag{7.54a}$$

则相应地有

$$\Lambda^{\pm} = \mathrm{diag}\left(\lambda_i^{\pm}\right) \tag{7.55}$$

$$A^{\pm} = R\Lambda^{\pm}R^{-1} \tag{7.56}$$

容易验证

$$F = AQ \tag{7.57a}$$

故有

$$F^{\pm} = A^{\pm}Q \tag{7.57b}$$

通过雅可比系数矩阵的特征值的分裂最终达到通量分裂的目的，又称特征分裂。但这种分裂方法存在的一个问题是在特征值从负过渡到正的区域 (滞止区、跨声速区)，分裂后的通量存在间断，如图 7.6(a) 所示。

为了弥补这一问题，可在特征值数值较小时施加一个小的数值修正：

$$\lambda_i^{\pm} = \frac{\lambda_i \pm \sqrt{\lambda_i^2 + \varepsilon^2}}{2} \tag{7.54b}$$

一般 ε 可取 0.01~0.05，修正后的效果如图 7.6(b) 所示。

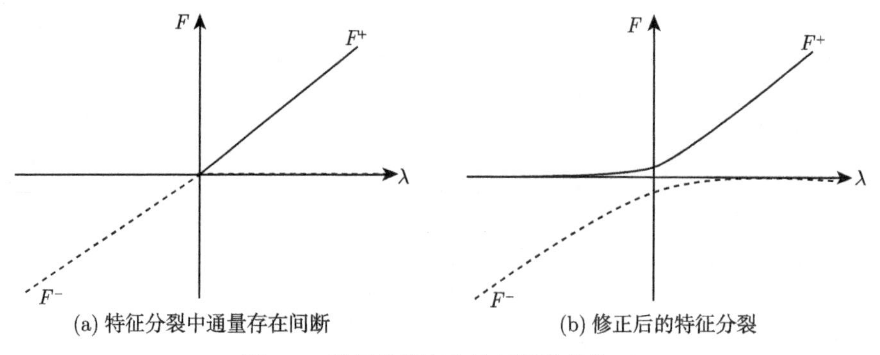

(a) 特征分裂中通量存在间断　　(b) 修正后的特征分裂

图 7.6　特征分裂存在的问题及其修正

2. Van Leer 分裂 [24]

即便采用式 (7.54b) 对特征分裂进行修正，分裂后的通量也不是连续可微的。为此，Van Leer 提出了另一种通量分裂算法：在超声速区，流动速度超过特征信息传播速度，故总通量要么只含左行分量，要么只含右行分量；在亚声速区，将通量表示为当地马赫数 Ma_x 的函数，用 Ma_x 的二次多项式分别拟合左右通量，即

$$F^{+} = \begin{cases} F, & Ma_x \geqslant 1 \\ 0, & Ma_x \leqslant -1 \end{cases} \tag{7.58a}$$

$$F^{-}=\begin{cases}0, & Ma_x\geqslant 1\\ F, & Ma_x\leqslant -1\end{cases} \tag{7.58b}$$

$$F^{\pm}=f_1^{\pm}\begin{bmatrix}1\\ \dfrac{(\gamma-1)\,u\pm 2c}{\gamma}\\ \dfrac{[(\gamma-1)\,u\pm 2c]^2}{2\,(\gamma^2-1)}\end{bmatrix},\quad -1<Ma_x<1 \tag{7.58c}$$

其中，

$$f_1^{\pm}=\pm\rho c\frac{(Ma_x\pm 1)^2}{4} \tag{7.58d}$$

其他优秀的通量分裂格式还包括 Roe 通量差分裂 [28] 等多种分裂算法，感兴趣的读者可查阅文献 [24]。

7.6.5 高阶迎风型格式

某种意义上说，双曲型偏微分方程反映的是波动的传播，而式 (7.52) 所示一阶迎风格式具有较强的耗散特性，需要非常细密的网格才能减小波动传播过程中的非物理损耗。为了减少网格量，CFD 发展了多种二阶以上精度迎风型格式，这里介绍其中最常见的几种。

1. 二阶迎风格式

一阶迎风格式中隐含一个假设：沿特征信息传播方向，物理量在控制面 (即网格面) 和控制体中心 (即网格单元中心) 间均匀分布。只有当网格单元足够小才不会导致过大的偏差，更一般的情况下物理量是非均匀分布的。一种改进措施是假定这种分布是线性的，即物理量沿特征信息传播方向的导数为常数，于是式 (7.52) 改写为

$$\begin{cases}Q_i^{\pm}=Q_{i\mp\frac{1}{2}}\pm\dfrac{1}{2}\Delta Q_{i\mp1}\\ \Delta Q_i=Q_{i+\frac{1}{2}}-Q_{i-\frac{1}{2}}\end{cases} \tag{7.59}$$

式 (7.59) 具有二阶精度，称为二阶迎风格式。类似地，物理量沿特征信息传播方向的更高阶分布假设可以得到更高阶的迎风格式。

2. NND 格式 [29,30]

二阶迎风格式在无间断波动场模拟中可以得到很好的结果，但在流场间断 (比如激波) 附近会存在非物理波动现象。

对差分格式修正方程的分析表明 [31]，在激波上、下游，应对左行波和右行波分别采用不同的差分格式以抑制激波附近的非物理波动：在激波上游，右行波应采

用二阶迎风格式，左行波应采用中心差分格式；在激波下游，右行波应采用中心差分格式，左行波应采用二阶迎风格式。即

$$
\begin{aligned}
Q_i^+ &= Q_{i-\frac{1}{2}} + \begin{cases} \dfrac{1}{2}\Delta Q_{i-1}, & \text{激波上游} \\ \dfrac{1}{2}\Delta Q_i, & \text{激波下游} \end{cases} \\
Q_i^- &= Q_{i+\frac{1}{2}} - \begin{cases} \dfrac{1}{2}\Delta Q_i, & \text{激波上游} \\ \dfrac{1}{2}\Delta Q_{i+1}, & \text{激波下游} \end{cases}
\end{aligned}
\tag{7.60}
$$

式 (7.60) 虽然解决了激波附近的波动问题，但使用并不方便。分析可知，ΔQ_{i-1} 与 ΔQ_i 在间断单侧符号相同，但在激波上游 ΔQ_{i-1} 绝对值更小，在激波下游 ΔQ_i 绝对值更小；ΔQ_i 与 ΔQ_{i+1} 在间断单侧符号相同，但在激波上游 ΔQ_i 绝对值更小，在激波下游 ΔQ_{i+1} 绝对值更小。于是，可以定义如下运算符用于自动判断激波上下游所需采用的格式：

$$
\operatorname{minmod}(x, y) = \operatorname{sign}(x) \cdot \min(|x|, |y|) \tag{7.61a}
$$

则式 (7.60) 改写为

$$
Q_i^{\pm} = Q_{i\mp\frac{1}{2}} \pm \frac{1}{2}\operatorname{minmod}(\Delta Q_{i\mp1}, \Delta Q_i) \tag{7.62}
$$

式 (7.62) 虽然统一了激波上下游的格式，但在激波间断处不满足熵增条件。一般地，由于间断处不可微，为了捕捉间断只能降低格式精度，采用一阶迎风格式计算，即式 (7.62) 中 minmod 运算结果取为 0。考虑到间断处 ΔQ_{i-1} 与 ΔQ_i、ΔQ_i 与 ΔQ_{i+1} 符号相反，故只需改写 minmod 运算，即

$$
\operatorname{minmod}(x, y) = \frac{1}{2}\left[\operatorname{sign}(x) + \operatorname{sign}(y)\right] \cdot \min(|x|, |y|) \tag{7.61b}
$$

采用 NND 格式进行无黏项空间离散，无需任何输入参数即可得到无波动的流场解。

式 (7.61b) 定义的运算符在客观上起到了防止激波附近解的波动、过冲或过膨胀作用，这类运算符被称为限制器。除了式 (7.61b) 定义的 minmod 限制器，还有多种限制器可用于迎风型格式，这里列举其中使用较为广泛的另外两种：

Van Albada 限制器：

$$
\operatorname{vanalbada}(x, y) = \frac{\left(x^2+\varepsilon\right)y + x\left(y^2+\varepsilon\right)}{x^2+y^2+2\varepsilon}, \quad 10^{-7} \leqslant \varepsilon \leqslant 10^{-6} \tag{7.63}
$$

微分限制器：

$$\mathrm{cdiff}(x,y)=\frac{2xy+\varepsilon}{x^2+y^2+2\varepsilon},\quad \varepsilon=10^{-6} \tag{7.64}$$

其中，Van Albada 限制器在激波间断分辨率方面有较好的表现；微分限制器具有更好的可微性；minmod 限制器具有扩散性，会将激波间断抹平得较多但有更好的稳定性。

限制器对流场解的影响较大，若需进一步了解相关研究情况，可参阅文献 [27]。

3. 迎风偏置格式 [27]

Van Leer 等提供了一种精度可控的迎风偏置格式：

$$Q_i^{\pm}=Q_{i\mp\frac{1}{2}}\pm\frac{1}{4}\left[(1-k)\Delta Q_{i\mp1}+(1+k)\Delta Q_i\right] \tag{7.65a}$$

其中，k 为控制参数，当 $k=-1$ 时为二阶迎风格式，$k=1/3$ 时为三阶迎风格式，$k=1$ 时为中心差分格式。为消除激波附近的振荡，可引入限制器 ϕ (取前述 minmod、Van Albada、微分限制器等)：

$$\begin{cases} Q_i^{\pm}=Q_{i\mp\frac{1}{2}}\pm\dfrac{1}{4}\left[(1-k)\hat{\Delta}Q_{i\mp1}+(1+k)\tilde{\Delta}Q_i\right] \\ \hat{\Delta}Q_i=\phi\left(\Delta Q_i,w\Delta Q_{i+1}\right) \\ \tilde{\Delta}Q_i=\phi\left(\Delta Q_i,w\Delta Q_{i-1}\right) \end{cases} \tag{7.65b}$$

其中，w 为格式参数：

$$1\leqslant w\leqslant\frac{3-k}{1-k} \tag{7.65c}$$

7.6.6 高维问题

前述数值方法均从一维 N-S 方程求解发展而来，但可简便地推广到二维或三维 N-S 方程的求解。

如图 7.7 所示，结构网格一般习惯分别用 i、j、k 对其空间曲线网格节点进行编号，并规定网格面积矢量指向节点编号增加方向为正。为叙述方便，本书对半点编号采用下述约定：

$$\begin{cases} I=i+\dfrac{1}{2} \\ J=j+\dfrac{1}{2} \\ K=k+\dfrac{1}{2} \end{cases} \tag{7.66}$$

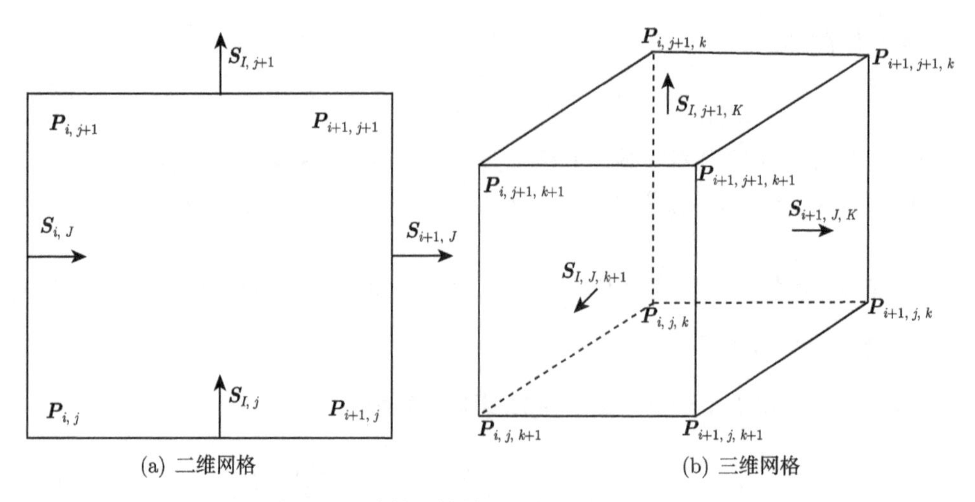

图 7.7 结构网格单元几何量编号示意图

将二维 N-S 方程在如图 7.7(a) 所示网格单元积分：

$$\int_{\Omega}\frac{\partial\tilde{Q}}{\partial t}\mathrm{d}\Omega+\int_{\Omega}\left(\frac{\partial\tilde{E}}{\partial x}+\frac{\partial\tilde{F}}{\partial y}\right)\mathrm{d}\Omega=\int_{\Omega}\left(\frac{\partial\tilde{E}^v}{\partial x}+\frac{\partial\tilde{F}^v}{\partial y}\right)\mathrm{d}\Omega+\int_{\Delta V}\tilde{S}\mathrm{d}\Omega \tag{7.67a}$$

其中 Ω 为网格单元体积 (二维时为面积)，则由高斯定理可得

$$\begin{cases}\dfrac{\partial Q}{\partial t}=\dfrac{1}{\Omega}\displaystyle\sum_{m=i,j}\left[\left(F^v_{m+1}-F^v_m\right)-\left(F_{m+1}-F_m\right)\right]+S\\ Q\equiv\dfrac{1}{\Omega}\displaystyle\int_{\Omega}\tilde{Q}\mathrm{d}\Omega\\ F^v\equiv\tilde{E}^v s_x+\tilde{F}^v s_y\\ F\equiv\tilde{E}s_x+\tilde{F}s_y\\ S\equiv\dfrac{1}{\Omega}\displaystyle\int_{\Omega}\tilde{S}\mathrm{d}\Omega\end{cases} \tag{7.68a}$$

式中，未注明的下标为半点，s_x、s_y 为网格面积矢量的直角坐标分量。式 (7.68a) 将二维问题转化为 i、j 方向两个一维问题之和，在每一维应用一维 N-S 方程数值离散方法即可。

同理，将三维 N-S 方程在如图 7.7(b) 所示网格单元积分：

$$\int_{\Omega}\frac{\partial\tilde{Q}}{\partial t}\mathrm{d}\Omega+\int_{\Omega}\left(\frac{\partial\tilde{E}}{\partial x}+\frac{\partial\tilde{F}}{\partial y}+\frac{\partial\tilde{G}}{\partial z}\right)\mathrm{d}\Omega=\int_{\Omega}\left(\frac{\partial\tilde{E}^v}{\partial x}+\frac{\partial\tilde{F}^v}{\partial y}+\frac{\partial\tilde{G}^v}{\partial z}\right)\mathrm{d}\Omega+\int_{\Omega}\tilde{S}\mathrm{d}\Omega \tag{7.67b}$$

同样，由高斯定理可得

$$
\begin{cases}
\dfrac{\partial Q}{\partial t}=\dfrac{1}{\Omega}\displaystyle\sum_{m=i,j,k}\left[\left(F_{m+1}^{v}-F_{m}^{v}\right)-\left(F_{m+1}-F_{m}\right)\right]+S \\
Q\equiv\dfrac{1}{\Omega}\displaystyle\int_{\Omega}\tilde{Q}\mathrm{d}\Omega \\
F^{v}\equiv\tilde{E}^{v}s_{x}+\tilde{F}^{v}s_{y}+\tilde{G}^{v}s_{z} \\
F\equiv\tilde{E}s_{x}+\tilde{F}s_{y}+\tilde{G}s_{z} \\
S\equiv\dfrac{1}{\Omega}\displaystyle\int_{\Omega}\tilde{S}\mathrm{d}\Omega
\end{cases}
\tag{7.68b}
$$

式 (7.68b) 将三维问题转化为 i、j、k 方向三个一维问题之和。

在网格严格正交的前提下，这种将高维问题分解为一维问题之和并分别在每一维应用一维数值方法不会引入额外的误差，但由于飞行器外形及流场结构的复杂性，网格设计很难严格满足正交性要求，因而这种方法的二维或三维 N-S 方程求解的实际离散精度会有一定程度降低。

三维问题无黏通量雅可比矩阵及其分裂表达式详见附录 B。

7.7 时间迭代

对于既含空间导数也含时间导数的微分方程，其时间导数可以采用离散空间导数类似的思想转化为关于时间的差分，从而可以在时间方向递推求解。在递推过程中，如果假定空间离散项处于已知时间层，则得到显格式。显格式具有简单直观、可获得更高的时间精度等优点。但受稳定性条件限制，显格式对时间步长限制极其严格。对于定常或准定常问题，人们往往对数值计算的时间精度要求不高而追求更快的求解速度，此时，可假定未知量在时间步长内符合某种分布，从而在空间离散中引入一些 (或全部) 未来时刻的“预测”值进而加速计算过程的收敛，这就是隐格式。隐格式因其更好的稳定性和更快的收敛速度而得到普遍重视和广泛应用。

7.7.1 显式方法

在完成空间离散后，N-S 方程简记为

$$
\frac{\partial Q}{\partial t}=-\mathrm{RHS} \tag{7.69}
$$

其中，RHS 为空间离散结果，对于定常问题，RHS 最终趋于 0，因而又称为残差。

1. 一阶显格式

假如第 n 时间层的流场为已知，则可利用泰勒展开式获得第 $n+1$ 时间层的流场结果：

$$Q^{n+1}=Q^n+\Delta t\frac{\partial Q^n}{\partial t}+O\left(\Delta t^2\right)\approx Q^n-\Delta t\cdot \mathrm{RHS}^n \tag{7.70}$$

这种时间逐层推进的方法为显式方法，具有一阶时间精度。根据双曲型方程特点，N-S 方程求解中必须确保计算得到的 $n+1$ 时间层流场处于第 n 层流场的影响域内，否则将得到非物理解，即

$$\Delta t\leqslant\frac{\varOmega}{\max\left(\lambda_i\left|\boldsymbol{s}\right|\right)} \tag{7.71a}$$

改写为可控形式：

$$\Delta t=CFL\frac{\varOmega}{\max\left(\lambda_i\right)\left|\boldsymbol{s}\right|} \tag{7.71b}$$

其中，CFL 为库朗数，在显式时间迭代中不能大于 1；由式 (7.71) 得到的每个网格单元时间步长可能不同，取全场最小值。

显式方法虽然使用简单，但由于时间步长受到严格限制，尤其是在超声速黏性流动中，附面层内网格尺度很小导致极小的时间推进步长，整个方程的求解收敛过程非常慢。而化学反应流动中，化学反应特征时间与流动特征时间不一致，还会导致所谓的“刚性”问题。因此，显式方法在高超声速流场数值模拟中并不常用。

2. 龙格–库塔方法

一阶显格式不仅推进时间步长受到严格限制，在非定常问题求解中还存在时间精度较低的问题。为了提高时间精度，可构造如下迭代算法：

$$\begin{cases}\delta Q^{n+1}\equiv Q^{n+1}-Q^n=\displaystyle\sum_{m=1}^{M}c_m k_m\\ k_1=\Delta t\cdot f\left(t_n,Q^n\right)\\ k_m=\Delta t\cdot f\left(t_n+a_m\Delta t,Q^n+b_m\cdot k_{m-1}\right)\end{cases} \tag{7.72}$$

式中，t_n 表示第 n 步迭代对应的物理时间，函数 f 为式 (7.69) 右端项。适当选取系数 a_m、b_m、c_m，使得式 (7.72) 具有 M 阶时间精度。这种方法称为龙格–库塔 (Runge-Kutta) 方法。各阶龙格–库塔方法的推导比较复杂，而且系数的取值也并不唯一，这里仅列举常见的几种龙格–库塔方法计算公式，感兴趣的读者可参阅计算方法类书籍。

二阶龙格–库塔方法 1：

$$\begin{cases} \delta Q^{n+1} = \dfrac{\Delta t}{2}\left(\dfrac{\partial Q^n}{\partial t} + \dfrac{\partial Q^{(1)}}{\partial t}\right) \\ Q^{(1)} = Q^n + \Delta t \dfrac{\partial Q^n}{\partial t} \end{cases} \tag{7.73a}$$

二阶龙格–库塔方法 2：

$$\begin{cases} \delta Q^{n+1} = \Delta t \dfrac{\partial Q^{(1)}}{\partial t} \\ Q^{(1)} = Q^n + \dfrac{\Delta t}{2}\dfrac{\partial Q^n}{\partial t} \end{cases} \tag{7.73b}$$

三阶龙格–库塔方法：

$$\begin{cases} \delta Q^{n+1} = \dfrac{\Delta t}{6}\left(\dfrac{\partial Q^n}{\partial t} + 4\dfrac{\partial Q^{(1)}}{\partial t} + \dfrac{\partial Q^{(2)}}{\partial t}\right) \\ Q^{(1)} = Q^n + \dfrac{\Delta t}{2}\dfrac{\partial Q^n}{\partial t} \\ Q^{(2)} = Q^n + \Delta t\left(2\dfrac{\partial Q^{(1)}}{\partial t} - \dfrac{\partial Q^n}{\partial t}\right) \end{cases} \tag{7.73c}$$

四阶龙格–库塔方法：

$$\begin{cases} \delta Q^{n+1} = \dfrac{\Delta t}{6}\left(\dfrac{\partial Q^n}{\partial t} + 2\dfrac{\partial Q^{(1)}}{\partial t} + 2\dfrac{\partial Q^{(2)}}{\partial t} + \dfrac{\partial Q^{(3)}}{\partial t}\right) \\ Q^{(1)} = Q^n + \dfrac{\Delta t}{2}\dfrac{\partial Q^n}{\partial t} \\ Q^{(2)} = Q^n + \dfrac{\Delta t}{2}\dfrac{\partial Q^{(1)}}{\partial t} \\ Q^{(3)} = Q^n + \Delta t\dfrac{\partial Q^{(2)}}{\partial t} \end{cases} \tag{7.73d}$$

龙格–库塔方法在提高时间精度的同时，对时间步长的限制也有所降低，但总的来说仍然属于显式方法，而且 M 阶时间精度就至少需完成 M 次流场空间离散计算，因而方程求解效率仍然不高。

7.7.2 隐式方法

1. 隐式方法的一般形式

仍然利用泰勒展开式构造时间迭代算法：

$$Q^n = Q^{n+1} - \frac{\partial Q^{n+1}}{\partial t}\Delta t + \frac{\partial^2 Q^{n+1}}{\partial t^2}\frac{\Delta t^2}{2} + O(\Delta t^3) \tag{7.74a}$$

$$Q^{n+1}=Q^n+\frac{\partial Q^n}{\partial t}\Delta t+\frac{\partial^2 Q^n}{\partial t^2}\frac{\Delta t^2}{2}+O(\Delta t^3) \tag{7.74b}$$

式 (7.74a) 中，忽略 Δt^2 以上高阶小量，得到一阶时间精度的隐式方法：

$$\delta Q^{n+1}=\Delta t\cdot\frac{\partial Q}{\partial t}^{n+1} \tag{7.75a}$$

将式 (7.74a) 与式 (7.74b) 相减，忽略 Δt^3 以上高阶小量，则得到二阶时间精度的隐式方法：

$$\delta Q^{n+1}=\frac{\Delta t}{2}\cdot\left(\frac{\partial Q}{\partial t}^n+\frac{\partial Q}{\partial t}^{n+1}\right) \tag{7.75b}$$

无论哪种方法，式 (7.75) 含未知的第 $n+1$ 时间层的残差项，不能直接用于计算。

对于一维 Euler 方程，其有限体积半离散形式为

$$\frac{\partial Q}{\partial t}^{n+1}=-\frac{1}{\Delta x}\left(F_{i+1}^{n+1}-F_i^{n+1}\right) \tag{7.76a}$$

将通量 F 做线性化处理并忽略高阶残差项：

$$F^{n+1}=F^n+\frac{\partial F^n}{\partial Q}\delta Q^{n+1}=F^n+A\delta Q^{n+1} \tag{7.77a}$$

故

$$\begin{aligned}\frac{\partial Q^{n+1}}{\partial t}&=-\frac{1}{\Delta x}\left[\left(F_{i+1}^n-F_i^n\right)+\left(A_{i+1}\delta Q_{i+1}^{n+1}-A_i\delta Q_i^{n+1}\right)\right]\\&=\frac{\partial Q^n}{\partial t}-\frac{1}{\Delta x}\left(A_{i+1}\delta Q_{i+1}^{n+1}-A_i\delta Q_i^{n+1}\right)\end{aligned} \tag{7.78a}$$

将式 (7.78a) 代入式 (7.75) 即得到一维隐式算法的一般表达式：

$$\left[I+\Delta t\frac{\alpha}{\Delta x}\left(A_{i+1}-A_i\right)\right]\delta Q^{n+1}=-\Delta t\cdot\mathrm{RHS}^n \tag{7.79a}$$

其中，α 为时间精度控制参数，取 1 时为一阶时间精度，取 0.5 时为二阶时间精度。结合边界条件，式 (7.79a) 可采用追赶法求解。

对于二维 Euler 方程，式 (7.76a) 应为

$$\frac{\partial Q}{\partial t}^{n+1}=-\frac{1}{\varOmega}\sum_{m=i,j}\left(F_{m+1}-F_m\right) \tag{7.76b}$$

仿照式 (7.77a) 分别将 i、j 方向通量 F 做线性化处理并忽略高阶残差项：

$$\begin{cases}F_i^{n+1}=F_i^n+\dfrac{\partial F_i^n}{\partial Q}\delta Q^{n+1}=F_i^n+K_i\delta Q^{n+1}\\F_j^{n+1}=F_j^n+\dfrac{\partial F_j^n}{\partial Q}\delta Q^{n+1}=F_j^n+K_j\delta Q^{n+1}\end{cases} \tag{7.77b}$$

其中，省略的下标为半点 (即 I 或 J)。于是式 (7.78a) 改写为

$$\begin{aligned}\frac{\partial Q^{n+1}}{\partial t} &= -\frac{1}{\Omega}\left[\sum_{m=i,j}(F_{m+1}-F_m)+\sum_{m=i,j}\left(K_{m+1}\delta Q_{m+1}^{n+1}-K_m\delta Q_m^{n+1}\right)\right]\\ &= \frac{\partial Q^n}{\partial t}-\frac{1}{\Omega}\sum_{m=i,j}\left(K_{m+1}\delta Q_{m+1}^{n+1}-K_m\delta Q_m^{n+1}\right)\end{aligned} \tag{7.78b}$$

则二维 Euler 方程的隐格式为

$$\left[I+\Delta t\frac{\alpha}{\Omega}\sum_{m=i,j}(K_{m+1}-K_m)\right]\delta Q^{n+1}=-\Delta t\cdot \mathrm{RHS}^n \tag{7.79b}$$

类似地，三维 Euler 方程的隐格式为

$$\left[I+\Delta t\frac{\alpha}{\Omega}\sum_{m=i,j,k}(K_{m+1}-K_m)\right]\delta Q^{n+1}=-\Delta t\cdot \mathrm{RHS}^n \tag{7.79c}$$

对于 N-S 方程，由于隐式项只影响计算收敛过程，不影响计算结果精度，故在隐式项忽略黏性通量的影响，最终隐式算法同式 (7.79)。

考虑到 Δt 较小，Δt^2 可忽略，故有矩阵运算式：

$$\begin{aligned}(I+\alpha\Delta tA)(I+\alpha\Delta tB) &= I+\alpha\Delta t(A+B)+\alpha^2\Delta t^2AB\\ &\approx I+\alpha\Delta t(A+B)\end{aligned} \tag{7.80}$$

从而式 (7.79b) 和式 (7.79c) 可分别近似分解为

$$\prod_{m=i,j}\left[I+\Delta t\frac{\alpha}{\Omega}(K_{m+1}-K_m)\right]\delta Q^{n+1}=-\Delta t\cdot \mathrm{RHS}^n \tag{7.81a}$$

$$\prod_{m=i,j,k}\left[I+\Delta t\frac{\alpha}{\Omega}(K_{m+1}-K_m)\right]\delta Q^{n+1}=-\Delta t\cdot \mathrm{RHS}^n \tag{7.81b}$$

从而将二维问题转化为两个一维问题，三维问题转化为三个一维问题，可采用追赶法求解。

2. LUSGS 方法 [32]

无论是式 (7.79a) 还是式 (7.81)，方程左端项系数为矩阵，求解时需矩阵求逆，计算量较大。为此，对方程 (7.79) 左端项系数矩阵采用最大特征值分裂：

$$K^{\pm}=\frac{1}{2}(K\pm\rho_K I) \tag{7.82a}$$

其中，ρ_K 为矩阵 K 的最大特征值，也称谱半径。采用一阶迎风格式有

$$\begin{aligned}K_{m+1}-K_m &= K^-_{m+\frac{3}{2}}+K^+_{m+\frac{1}{2}}-K^-_{m+\frac{1}{2}}-K^+_{m-\frac{1}{2}}\\ &= K^-_{m+\frac{3}{2}}+\rho_{K_{m+\frac{1}{2}}}I-K^+_{m-\frac{1}{2}}\end{aligned} \tag{7.82b}$$

故式 (7.79) 可改写为

$$\left(\frac{1}{\Delta t}+\frac{\alpha}{\Omega}\sum_m \rho_{K_m}\right)\delta Q^{n+1}=-RHS^n+\frac{\alpha}{\Omega}\sum_m\left(K^+_{m-\frac{1}{2}}\delta Q^{n+1}_{m-\frac{1}{2}}-K^-_{m+\frac{3}{2}}\delta Q^{n+1}_{m+\frac{3}{2}}\right) \tag{7.83}$$

对于一维问题，m 取 i；对于二维问题，m 取 i、j；对于三维问题，m 取 i、j、k。

方程 (7.83) 左端项系数为标量，求解过程中无矩阵求逆；但右端项既含 $m+3/2$ 点未知量也含 $m-1/2$ 点未知量，不能直接使用追赶法求解 [33]。为此，将式 (7.83) 采用 LU 分解为两步：

$$\left(\frac{1}{\Delta t}+\frac{\alpha}{\Omega}\sum_m \rho_{K_m}\right)\delta \bar{Q}^{n+1}=-\mathrm{RHS}^n+\frac{\alpha}{\Omega}\sum_m\left(K^+_{m-\frac{1}{2}}\delta Q^{n+1}_{m-\frac{1}{2}}\right) \tag{7.84a}$$

$$\left(\frac{1}{\Delta t}+\frac{\alpha}{\Omega}\sum_m \rho_{K_m}\right)\delta Q^{n+1}=\delta \bar{Q}^{n+1}-\frac{\alpha}{\Omega}\sum_m\left(K^-_{m+\frac{3}{2}}\delta \bar{Q}^{n+1}_{m+\frac{3}{2}}\right) \tag{7.84b}$$

求解时，首先沿节点编号增加方向完成式 (7.84a) 计算，然后沿节点编号减小方向完成式 (7.84b) 计算，得到最终流场增量 δQ^{n+1}，如图 7.8 所示。由于避免了矩阵求逆，整个求解过程类似高斯–赛德尔迭代，这种隐式算法称为 LUSGS (Lower-Upper Symmetric-Gauss-Seidel) 方法。

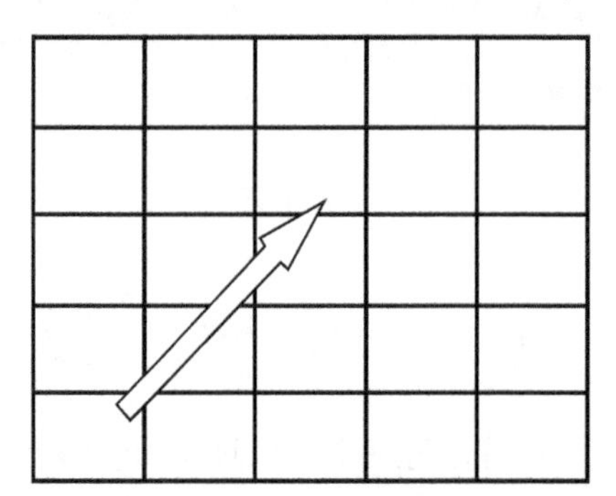
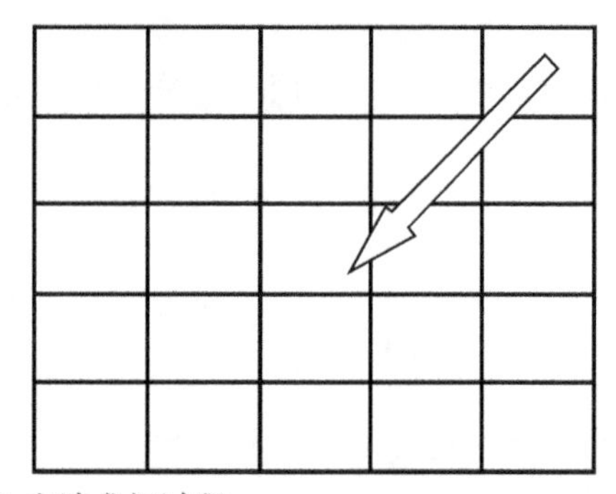

图 7.8　LUSGS 方法求解过程

7.8 边界条件

如定解条件分析所示，N-S 方程是典型的初边值问题，既需要提供初始流场，也需要提供边界条件。初场提法相对简单：对于非定常问题，按物理问题实际情况

给定初场分布；对于定常问题，由于收敛过程并不重要，而流场数值计算稳定性要求算法具有一定的容错能力，因而可以在一定范围内假定初场分布 —— 通常采用自由流或按实际情况给定初场分布。这里主要讨论边界条件的处理。

7.8.1 虚拟网格法

在本章的空间离散部分介绍中，任意网格单元的二阶以上空间离散算法至少需要用到左、右各至少 2 个网格单元的流场参数。对于边界面相邻的第一、第二排网格单元，如果边界面外侧没有网格单元，则空间离散算法将无法实现。CFD 早期的做法是在边界面相邻的、无法实现高阶离散的网格单元中采用低阶格式进行空间离散 (即降阶处理)。更通用、更有效的做法是在网格块外设置若干层虚拟网格单元 (二阶格式时附加两层)，如图 7.9 所示。设置虚拟网格后，网格块内部任意网格单元在任意方向均有足够的相邻网格单元，因此整个网格块内的流场算法完全相同，无需考虑边界的影响；边界条件处理体现为虚拟网格单元的流场信息给定。

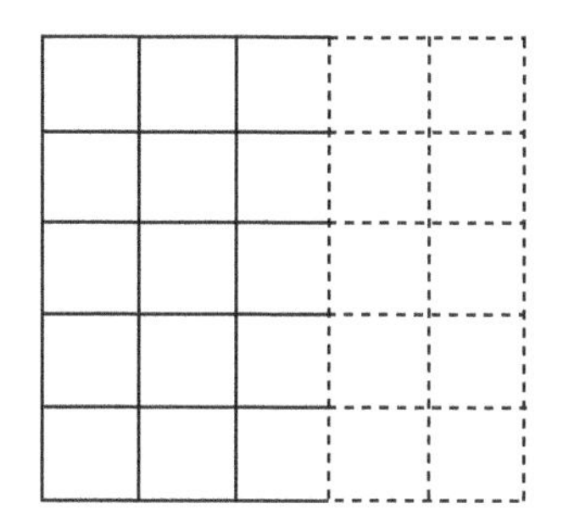

图 7.9 网格块外设置虚拟网格

7.8.2 物理边界条件处理方法

只有多块网格流场计算中才会出现两相邻块间的对接边界，关于这种边界条件的处理留待区域分解算法章节讨论，这里介绍高超声速流场计算中常见的流场入口、出口、物面、对称面等边界条件处理方法 [34-37]。

在边界处理中，物理边界条件是由所求解的问题给定的，但在某些条件下需要采用数值边界条件，即插值，常用的插值方法有如下几种：

0 阶插值：

$$q_{i+\frac{1}{2}} = q_{i-\frac{1}{2}} \tag{7.85a}$$

线性插值：

$$q_{i+\frac{1}{2}} = 2q_{i-\frac{1}{2}} - q_{i-\frac{3}{2}} \tag{7.85b}$$

二阶插值：

$$q_{i+\frac{1}{2}} = \frac{4}{3}q_{i-\frac{1}{2}} - \frac{1}{3}q_{i-\frac{3}{2}} \tag{7.85c}$$

1. 入口边界

超声速入口：根据如图 7.3(a) 所示特征线传播方向，当入口为超声速时，内场流动的变化不会影响入口边界外的虚拟网格，因而这种边界条件只需在 CFD 预处理阶段将边界外的虚拟网格给定来流条件即可，流场迭代过程中不再变化。

亚声速入口：根据如图 7.3(b) 所示特征线传播方向，当入口为亚声速时，内场流动的变化不会影响入口边界外的虚拟网格，且由于只有一条特征线从内场指向虚拟网格，故只能提一个数值边界条件。严格的处理方法应该根据特征值处理，但为使用方便，也可选取最容易实现的物理量外插到虚拟网格，比如选取密度：

$$\rho_{i+\frac{1}{2}} = f\left(\rho_{i-\frac{1}{2}}, \rho_{i-\frac{3}{2}}\right) \tag{7.86}$$

2. 出口边界

超声速出口：根据如图 7.3(a) 所示特征线传播方向，当出口为超声速时，边界面特征线全部指向虚拟网格，故此时在该边界提任何物理条件都是不相容的，应全部采用数值边界条件，即式 (7.85) 所示插值算法。

亚声速出口：根据如图 7.3(b) 所示特征线传播方向，当出口为亚声速时，有一条特征线从虚拟网格指向内流场，故应该提一个物理边界条件，其余量采用数值边界条件。当无明确的物理条件可用时，一般选取环境压力作为出口压力进行近似处理。

当不能事先确定出口究竟是哪种边界条件时，可通过边界面法向马赫数判断：

$$Ma_n = \boldsymbol{V} \cdot \boldsymbol{n} \left(\rho \frac{p}{\rho}\right)^{-0.5} \tag{7.87}$$

当 Ma_n 小于 1 时，压力采用给定的出口压力；否则由内场插值。

3. 对称边界及延展边界

在对称面两侧，流场标量信息 (密度、压力等) 对应相等，即

$$q' = q \tag{7.88a}$$

速度关于对称面对称，故

$$\boldsymbol{V}' = \boldsymbol{V} - 2\left(\boldsymbol{V} \cdot \boldsymbol{n}\right)\boldsymbol{n} \tag{7.88b}$$

在某些情况下，不仅希望流动在边界面法向滞止而切向不受影响 (对称边界效果)，而且希望流场信息在该边界不产生反射，这样的边界可称为延展边界。该边界除了式 (7.88) 所示对称边界条件，还需施加 “边界面梯度为 0” 条件：

$$\nabla q' = \nabla q - 2\left(\nabla q \cdot \boldsymbol{n}\right)\boldsymbol{n} \tag{7.89}$$

4. 物面边界

物面外的虚拟网格处理相对比较特殊，由于部分参数必须在壁面取 0 值，按照插值算法，这些参数在虚拟网格内的值应该与内场值相反才能达到壁面 0 值：

$$q_w = \frac{q' + q}{2} = 0 \tag{7.90}$$

但诸如密度、温度等流场参数不可能小于等于 0，因此，在物面边界条件中，对于可能出现虚拟网格参数小于等于 0 的情况，一般采用 “虚拟网格参数取物面参数” 的做法。

黏性流场计算中，根据附面层理论，物面法向压力梯度为 0，计算中可简单理解为内场压力与虚拟网格压力关于边界面对称：

$$p' = p \tag{7.91}$$

速度处理分光滑物面和粗糙物面。对于光滑物面，法向无穿透、切向无梯度，此时处理方法同对称边界，即采用式 (7.88b) 处理。

对于粗糙物面，流动在物面滞止：

$$\boldsymbol{V}' = -\boldsymbol{V} \tag{7.92}$$

能量在物面的传播分等温壁和绝热壁。对于等温壁，物面温度 T_w 事先给定，可强制虚拟网格温度保持物面温度：

$$T' = T_w \tag{7.93a}$$

完全气体的绝热壁的处理比较简单，温度法向梯度为 0。

$$T' = T \tag{7.93b}$$

对于化学反应流动，绝热壁的处理要考虑组分扩散带来的影响：

$$k\frac{\partial T}{\partial n} + \rho \sum_s D_s h_s \frac{\partial c_s}{\partial n} = 0 \tag{7.93c}$$

由于壁面催化的影响，式 (7.93c) 不能直接应用，还需先根据壁面催化条件得出物面组分及其法向梯度。部分论文中采用式 (7.93b) 计算化学非平衡流绝热壁温度，这种做法虽然更简单，但与物理问题不符。

7.8.3 壁面催化

在化学反应流动中，组分在与壁面发生碰撞时，一般会引发局部化学反应，这种现象称为壁面催化，甚至某些飞行器的表面故意采用增强或抑制某类化学反应的催化材料，以达到控制飞行器气动特性的目的。

一般来说，壁面催化特性由实验测得，流场计算中只需采用相关数据即可。但绝大多数飞行器流场问题研究中，壁面的催化特性数据是未知的，于是 CFD 发展了相关的数值处理方法进行近似模拟，相关的催化条件包括非催化壁、完全催化壁、平衡催化壁、部分催化壁 [38]。

对于非催化壁，组分在壁面两侧相等：

$$c_s' = c_s \tag{7.94a}$$

对于完全催化壁，所有的原子、电子和离子组分都已复合为分子，因此它们的质量分数为 0：

$$c_s' = 0 \tag{7.94b}$$

对于平衡催化壁，所有化学反应处于平衡态，可由平衡常数获得组分分布：

$$c_s' = c_s^{\text{equil}} \tag{7.94c}$$

对于部分催化壁，由催化率确定组分分布：

$$\rho D_s \frac{\partial c_s}{\partial n} = w_c \tag{7.94d}$$

w_c 需由实验测定，当无实验结果时，可人为给定试探值，通过计算与地面实验或飞行实验得到的宏观参数比较确定催化率。

参 考 文 献

[1] Ebrahimi H B. An overview of computational fluid dynamics for application to advanced propulsion systems. AIAA 2002-5130, 2013.

[2] Anderson J D, Jr. Hypersonic and High Temperature Gas Dynamics. New York: McGraw-Hill Book Company, 1989.

[3] 瞿章华，曾明，刘伟，等. 高超声速空气动力学. 长沙: 国防科技大学出版社，2001.

[4] 黄志澄. 高超声速飞行器空气动力学. 北京: 国防工业出版社, 1995.

[5] Li Z H, Zhang H X. Gas-kinetic numerical studies of three-dimensional complex flows on spacecraft re-entry. Journal of Computational Physics, 2009, 228(4): 1116-1138.

[6] Heiser W H, Pratt D T. Hypersonic Airbreathing Propulsion. Washington DC: AIAA, 1994.

[7] Bertin J J. Hypersonics Aerothermodynamics. Washington DC: AIAA, 1994.

[8] Park C. Nonequilibrium Hypersonic Aerothermodynamics. New York: John Wiley and Sons, 1990.

[9] Bonnie J, McBride, Michael J. NASA glenn coefficients for calculating thermodynamic properties of individual pecies. NASA/TP—2002-211556, 2002.

[10] Kee R J, Rupley F M, Meeks E, Miller J A. Chemkin- III: A fortran chemical kinetics package for the analysis of gas-phase chemical and plasma kinetics. Sandia National Laboratories report SAND96-8216, 1996.

[11] Blottner F G, Johnson M, Ellis M. Chemically reacting viscous flow program for multi-component gas mixtures. Sandia Laboratories Report No.Sc-RR-70-754, 1971.

[12] Palmer G E, Wright M J. A comparison of methods to compute high-temperature gas viscosity. AIAA paper No. 2002-3342, 2002.

[13] Anderson D A, Tannehill J C, Pletcher R H. Computational Fluid Mechanics and Heat Transfer. New York: Mcgraw-Hill, 1984.

[14] Hirsh C. Numerical Computayion of Internal and External Flow. Vol.2, Computational Methods of Inviscid and Viscous Flow. John Wiley & Sons, 1990.

[15] 傅德薰. 流体力学数值模拟. 北京: 国防工业出版社，1993.

[16] 陈作斌. 计算流体力学及应用. 北京: 国防工业出版社，2003.

[17] Selmin V. The node-center finite-volume approach: Bridge between finite differences and finite elements. Comp. Meth. Appl. Eng., 1993, 102: 107-138.

[18] Idelsohn S R, Onate E. Finite volume and finite elements: Two 'Good Friends'. Int. J. Num. Meth. Eng., 1994, 37: 3323-3342.

[19] Lerat A, Sides J. Numerical simulation of unsteady transonic flows using the Euler equations in integral form. Israel Journal of Technology, 1979, 17: 302-310.

[20] Jameson A, Mavriplis D J. Finite volume solution of the two dimensional Euler equations on a regular mesh. AIAA J., 1986, 24: 611-618.

[21] Jameson A, Baker T J, Weatherill N P. Calculation of inviscid transonic flow over a complete aircraft. AIAA 86-0103, 1986.

[22] Jameson A, Baker T J. Improvements to the aircraft Euler method. AIAA 87-0452, 1987.

[23] Vinokur M. An analysis of finite-difference and finite-volume formulations of conservation laws, Journal of Computational Physics, 1989, 81: 1-52.

[24] 朱自强，等. 应用计算流体力学. 北京: 北京航空航天大学出版社，1998.

[25] 党雷宁，白智勇，柳森. DPLR 隐格式在多块结构网格的计算实现. 空气动力学学报，2018, 36(5): 891-899.

[26] Steger J L, Warming R F. Flux vector splitting of the inviscid gasdynamic equations with application to finite difference methods. Journal Computational Physics, 1981, 40: 263-293.

[27] Van Leer B. Towards the ultimate conservative difference scheme. A second order sequel to Godunpv's method. Journal Computational Physics, 1979, 32: 101-136.

[28] Roe P L. Approximate Riemann solve, parameter vectors, and difference schemes. J. of Comp. Phy., 1981, 43: 357-372.

[29] Zhang H X. Non-oscillatory and non-free-parameters dissipative difference scheme. Acta Aerodynamica Sinica, 1988, 7(2): 145-155.

[30] 李志辉，蒋新宇，吴俊林，徐金秀，白智勇. 求解 Boltzmann 模型方程高性能并行算法在航天跨流域空气动力学应用研究. 计算机学报，2016, 39(9): 1801-1811.

[31] 张涵信，沈孟育. 计算流体力学: 差分方法的原理和应用. 北京: 国防工业出版社，2003.

[32] Yoon S, Jameson A. Lower-upper symmetric-Gauss-Seidel method for the Euler and Navier-Stokes equations. AIAA Journal, 1988, 26(9): 1025-1026.

[33] Peng A P, Li Z H, Wu J L, Jiang X Y. Implicit gas-kinetic unified algorithm based on multi-block docking grid for multi-body reentry flows covering all flow regimes. Journal of Computational Physics, 2016, 327: 919-942.

[34] Li Z H, Peng A P, Zhang H X, Yang J Y. Rarefied gas flow simulations using high-order gas-kinetic unified algorithms for Boltzmann model equations. Progress in Aerospace Sciences, 2015, 74: 81-113.

[35] Li Z H, Bi L, Zhang H X, Li L. Gas-kinetic numerical study of complex flow problems covering various flow regimes. Computers and Mathematics with Application, 2011, 61(12): 3653-3667.

[36] Li Z H, Zhang H X, Fu S. Gas kinetic algorithm for flows in Poiseuille-like microchannels using Boltzmann model equation. Science China, Physics, Mechanics & Astronomy, 2005, 48(4): 496-512.

[37] Li Z H, Zhang H X. Study on gas kinetic unified algorithm for flows from rarefied transition to continuum. Journal of Computational Physics, 2004, 193(2): 708-738.

[38] 李海燕，李志辉，罗万清，李明. 近空间飞行环境泰氟隆烧蚀流场化学非平衡流数值算法及应用研究. 中国科学: 物理学 力学 天文学，2014, 44(2): 194-202.

第 8 章　N-S 方程并行算法

现代飞行器设计对 CFD 提供的流场仿真分析精细化要求越来越高，所需计算量越来越大，飞行器全机模拟的单状态计算所需浮点运算量已达到 10^{15}~10^{18} Flops[1-3]，如此海量的运算采用串行算法完成是不可想象的。因此，并行算法已经成为 CFD 发展不可或缺的一部分，本章基于区域分解算法，以 MPI 为工具，介绍流场 CPU 并行算法及其程序实现。

8.1　并行计算术语

HPC 硬件在最近二十年间提升了百万倍，但先进的大规模并行算法在 CFD 领域的应用却相对滞后，即便在这一领域处于绝对领先的美国 NASA[4](National Aeronautics and Space Administrator)，其超级计算机 Pleiades(总浮点性能 2.88PFlops) 2013 年 10 月 24 日作业排队快照显示 [5]，469 个作业的平均内核数为 457，唯一超过 1000 进程的作业内核数也仅为 5000。与此相比，国内的研究现状更不容乐观 [6,7]。而与此同时，现代飞行器设计对 CFD 提供的流场仿真分析精细化要求越来越高，所需计算量越来越大 (文献 [7] 测试中使用的网格量达到 8.7 亿)，缺乏行之有效的大规模并行算法已经成为阻碍 CFD 发展的瓶颈之一，以至于 NASA 资助的由波音公司、斯坦福大学等美国六大研究机构联合开展的 “2030 年 CFD 展望研究” 中，将 “利用和优化 HPC 系统，进行大规模 CFD 开发和测试” 列为六大纲领性建议之一 [4]。

相对于 GPU、MIC 等异构计算平台，以 CPU 为核心计算硬件的计算机系统具有核心数相对较少、单核心计算能力较强的特点，因此基于 CPU 的大规模并行算法多采用区域分解的任务级并行算法 [8-17]。区域分解是并行算法设计中常用的一种粗粒度并行算法，如图 8.1 所示，将计算域划分为多个对接或部分重叠的子区域，各子区域的计算采用串行算法由不同的进程独立完成，并在子区域边界借助 MPI 工具交换信息以确保各进程协同工作。

由于区域分解并行算法的子区域计算采用的是串行算法，与并行计算无关，因而在将串行算法的代码移植到并行算法时，原算法的主要部分得以保留而只需修改子区域对接 (或重叠) 边界的处理，这不仅意味着移植工作量的减小，更重要的是对原算法可靠性的破坏较少，而算法的可靠性通常需要大量人力、物力进行验证，是算法移植中必须加以保护的。

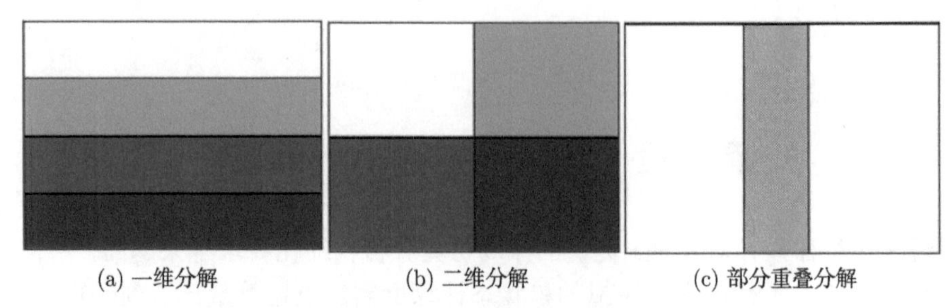

(a) 一维分解　(b) 二维分解　(c) 部分重叠分解

图 8.1　区域分解方法

并行计算在发展过程中，逐渐形成了一些惯用术语，下文将多次用到：

数据依赖：一般指数据间的相互关系，在并行算法设计中用于描述任务的关联状态。当任务 B 的执行需引用任务 A 执行的结果数据时，任务 B 与任务 A 存在数据依赖关系，A 与 B 只能顺序执行，因此，衡量各子任务适合并行执行的重要标志是相互不能有数据依赖。

并行粒度：各个处理机可独立并行执行的任务大小的度量。大粒度反映可并行执行的运算量大，亦称为粗粒度；指令级并行等则是小粒度并行，亦称为细粒度。

加速比：串行执行时间为 T_s，使用 q 个处理机并行执行的时间为 $T_p(q)$，则加速比为

$$S_p(q)=\frac{T_s}{T_p(q)} \tag{8.1}$$

并行算法本质上是算法优化的一种，加速比则是衡量优化效果的标准。

并行效率：设 q 个处理机的加速比为 $S_p(q)$，则并行算法的效率为

$$E_p(q)=\frac{S_p(q)}{q} \tag{8.2}$$

加速比只能衡量算法并行化的效果，而式 (8.2) 反映的则是并行求解规模的可扩展性：增加处理机数量获得的计算周期缩短收益。因此，部分专家不认可“并行效率”这个概念，以“可扩展性”代之。

当处理机数量为 2 时，并行效率低于 50%意味着串行算法比并行算法耗时更少，所以一般认为低于 50%并行效率的并行算法是失败的。但如果继续增加处理机数量能带来计算周期的缩短，则仍然是有意义的，只是付出的代价较高。

浮点性能：求解一个问题的计算量为 W，执行时间为 T，则浮点性能 (Flops) 为

$$\mathrm{Perf}=\frac{W}{T} \tag{8.3}$$

Amdahl 定律：对已给定的一个计算问题，假设串行计算所占的百分比为 α，则使用 q 个处理机的并行加速比为

$$S_p(q) = \frac{1}{\alpha + (1-\alpha)/q} \tag{8.4}$$

当并行计算的子任务其中一部分存在数据依赖时，这部分代码只能串行执行，Amdahl 定律则描述了需串行执行代码对并行化效果的影响：串行计算所占百分比越高，并行计算获得的收益越低；当算法中存在必不可少的的串行计算时，并行规模越大，并行加速比偏离理想加速比越多。因此，并行算法设计中选择并行粒度，主要取决于数据依赖性：若进一步分解问题将带来数据依赖，表明算法的并行粒度不宜进一步减小。

8.2 MPI 并行环境 [18]

MPI(Message Passing Interface) 是一个跨语言的通信协议，它制定了创建/回收进程、发送/接收/解释消息等一系列通用标准。虽然随着计算机软硬件的飞速发展，MPI 的标准协议已几经修订，出现了多个版本，但不同硬件厂商的并行计算机平台、软件厂商推出的 MPI 库 (常见的包括 Intel-MPI、HP-MPI、MPICH 等) 都遵循同样的标准 (一般同时支持多个版本)，保证了采用 MPI 的并行计算程序具有极好的可移植性。

MPI 不是编程语言，它提供的是实现并行计算的编程标准和函数库，Fortran、C、C++ 等多种程序设计语言通过调用 MPI 库可以轻易建立高效的并行计算程序。本节围绕区域分解并行算法的最低需求介绍相关功能，读者如果对 MPI 感兴趣，可参阅 MPI 帮助文档或相关专著。

8.2.1 MPI 进程级并行计算

MPI 是一种进程级并行计算工具。采用 MPI 编写的并行计算程序运行时在多个处理机 (或 CPU 核心) 上建立程序的实例即进程，各进程无主副之分因而是对等模式运行，但程序中可以根据需要将某个进程指定为主进程而建立主从模式并行计算。

与 CUDA 线程级并行相比，相似之处在于 MPI 程序员只需编写单个进程执行的指令代码并根据进程 ID 指定不同进程处理的数据即可；不同之处在于 MPI 进程各自独立，进程间只能通过 MPI 特有方式传送数据实现信息交互 (最新的 MPI 标准中加入了分布式共享内存机制，但最常见的信息交互方式还是显式数据发送 - 接收)。

MPI 并行计算程序一般的工作方式如图 8.2 所示：各进程独自完成自己的计算，在需要时向其他进程发送数据或从其他进程接收数据。

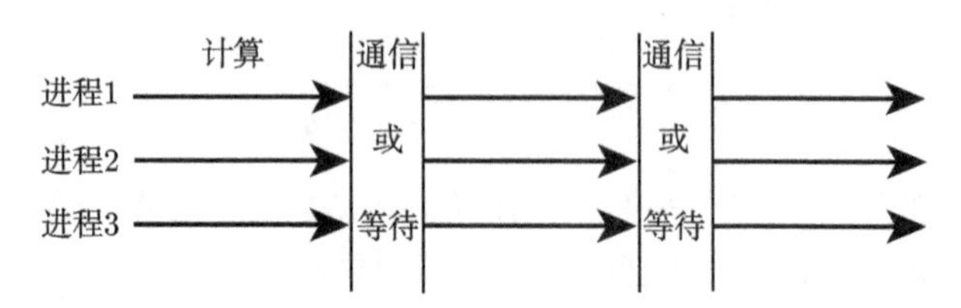

图 8.2 MPI 并行计算程序工作方式

从概念内涵来说，一个进程可以占用多个处理机，也可能多个进程交替使用一个处理机，但在数值计算应用中，多个进程交替使用一个处理机对于提升处理机利用率几乎没有帮助，反而要付出进程切换的代价，因此，在科学计算领域，每个进程默认占用一个处理机，因而有时把进程和处理机概念混用。

8.2.2 MPI 程序编译与运行

使用 MPI 库编写的并行 Fortran 程序，编译时需提供 MPI 库使用的头文件路径及库文件，其余部分仍维持 Fortran 编译器的普通格式：

```
编译命令 编译参数 链接参数 fortran源程序 -IMPI头文件路径 MPI库文件
```

其中，各 Fortran 编译器使用的编译命令不同，比如 PGI Fortran 使用 pgfortran 或 pgf 或 pgf95；编译参数和链接参数也根据所用 Fortran 编译器不同而不同，一般编译器都提供缺省值，仅当用户需求与缺省值不一致时才需在程序编译中提供，详情可查阅所用编译器使用手册；MPI 头文件路径和库文件与具体的 MPI 实现有关。

为了简化 MPI 程序的编译，通常 MPI 库都会提供针对不同 Fortran 编译器的编译脚本，在脚本中已经加入了编译所需头文件路径及所需库文件，从而让 MPI 程序与普通程序的编译在格式上一致。常见的编译脚本包括 mpiifort(Intel MPI 针对 Intel Fortran 的编译脚本)、mpif90(通用编译脚本，通常优先支持 GNC 编译器)：

```
mpiifort 编译参数 链接参数 fortran源程序
mpif90 编译参数 链接参数 fortran源程序
```

将 MPI 程序编译成可执行程序后，需使用 MPI 库提供的专用工具 mpirun 或 mpiexec 启动程序的执行：

```
mpirun -n 进程数 可执行程序
mpiexec -n 进程数 可执行程序
```

其中的 -n 参数在某些 MPI 中为 -np；另外，如果用户需要指定参与并行的计算机，可使用 -hostfile 或 -machinefile 参数通过文件列表方式提供这些计算机名 (或 IP 地址)，详见 MPI 帮助文档。

8.2.3 并行进程的创建与回收

区域分解算法用于 CFD 时，通常希望各子区域的串行算法是一样的，只是需要处理的流场数据不同。此时，需要为同一套流场计算程序创建多个进程，每个进程都是流场计算程序的一个实例，这可以通过调用 MPI_INIT 实现，并由 MPI_FINALIZE 结束这些进程：

```
program
   include 'mpif.h'
   integer:: ierr
   ......
   call MPI_INIT(ierr)
   ......
   call MPI_FINALIZE(ierr)
   ......
end
```

其中，头文件 mpif.h 包括 MPI 库的一些变量和库函数 (Fortran 版的 MPI 库调用几乎全是子例程子程序，这里遵循习惯称其为“库函数”，下同) 的接口说明，任何 MPI 程序都不能缺少这个头文件，但在 Fortran 90 编译器中可以用 use mpi 代替，效果完全相同，但出于移植性考虑，推荐使用头文件 mpif.h：不同编译器产生的二进制 module 文件 mpi.mod 差别较大，通常不适用于另一款编译器软件；整型变量 ierr 用于返回调用的结果错误信息 ID(返回 0 表示成功，其他值则代表本次调用出现了错误，可由此 ID 值查询错误信息 —— 几乎所有的 MPI 库函数调用都有返回错误 ID，后文统一用变量 ierr 表示并不再加以说明；此外，为叙述方便，下文将采用 “MPI 预定义常量、变量及库函数使用大写，用户自定义变量使用小写” 的命名约定。

MPI_INIT 调用可以出现在程序的任何可执行代码位置，功能是 “初始化 MPI”，在初始化时按照运行程序时 mpirun(或 mpiexec) 指定的进程数创建多个主进程的副本 (总进程数等于指定的进程数，且各进程功能完全一样，没有主副之分)；而 MPI_FINALIZE 调用则结束多进程并行计算，因此任何其他 MPI 调用都应该出现在 MPI_INIT 和 MPI_FINALIZE 调用之间，否则将出现运行错误。

调用 MPI_INIT 会创建多个进程，从而使得程序得以并行执行，但如果不对每个进程分配不同的数据，那么这些并行执行只是将串行程序重复执行多次，毫无意义。因此，需要根据进程总数和进程 ID 给每个进程分派任务，这需要用到另外两个 MPI 调用：

```
call MPI_COMM_RANK(MPI_COMM_WORLD,myid,ierr)
```

```
call MPI_COMM_SIZE(MPI_COMM_WORLD,num_proc,ierr)
```

其中，MPI_COMM_WORLD 是 MPI 库预定义的公共通信域，所有 MPI_INIT 创建的进程都在这个通信域中，使用这个域的 MPI 调用对全部进程可见；整型变量 myid 和 num_proc 分别为本进程 ID 和总进程数。注意，进程 ID 的取值范围为 0~num_proc-1。

每个进程究竟分配什么任务是程序员的工作，比如，一种简单的区域分解算法程序可能如下所示：

```
program
   include 'mpif.h'
   integer:: ierr
   ......
   call MPI_INIT(ierr)
   call MPI_COMM_RANK(MPI_COMM_WORLD,myid,ierr)
   call MPI_COMM_SIZE(MPI_COMM_WORLD,num_proc,ierr)
   if (myid==0)then
      计算子区域1
   elseif (myid==1)then
      计算子区域2
   ......
   end if
   call MPI_FINALIZE(ierr)
   ......
end
```

8.2.4 MPI 通信

MPI 最重要的功能是在进程间通信，以实现进程间的协作。

1. MPI 消息

MPI 将需要通信的数据看作消息，六大要素分为两部分，如图 8.3 所示。

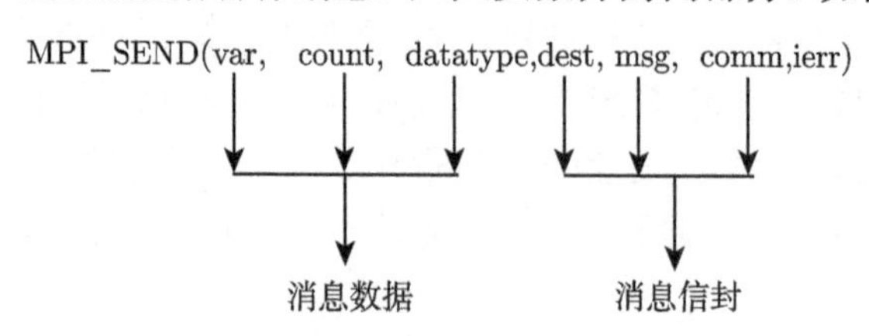

图 8.3 MPI 消息的组成

消息数据用于描述通信的数据缓冲区、数据个数和 MPI 数据类型。

数据缓冲区 var 可以是本进程的任何数据类型的单变量、数组或指针。需要注意的是，MPI 并不提供数据有效性检查，只要 var 符合 Fortran 语法规则，程序编译就能顺利通过，程序员必须自己确保提供的数据缓冲区大小足够，否则将导致运行时错误，或得到错误的计算结果。

数据个数 count 为整型，每个数据长度由 MPI 数据类型描述。

MPI 数据类型与程序设计中的数据类型含义不同，实际为整型常量，可以理解为数据类型的句柄。MPI 预定义了多个整型常量用于描述 Fortran 标准数据类型，如表 8.1 所示：当 var 为表中的 Fortran 标准数据类型时，datatype 用表中的 MPI 预定义整型常量代替。

表 8.1 MPI 数据类型与 Fortran 标准数据类型对照表

MPI 数据类型 (预定义整型常量)	Fortran 标准数据类型
MPI_INTEGER	integer(kind=4)
MPI_REAL	real(kind=4)
MPI_DOUBLE_PRECISION	real(kind=8)
MPI_COMPLEX	complex(kind=4)
MPI_LOGICAL	logical
MPI_CHARACTER	character(len=1)
MPI_BYTE	无
MPI_PACKED	无

如果需要传送的数据不是 Fortran 标准数据类型 (比如自定义的数据类型)，可以通过 MPI 提供的库调用定义新的 MPI 数据类型，但涉及数据对齐等很多方面内容。一般来说，非结构网格 CFD 并行计算中必然用到自定义 MPI 数据类型，但结构网格 CFD 并行计算有替代方案 (见后文)，故这里不介绍自定义 MPI 数据类型的方法，若需了解相关操作详情可查阅 MPI 帮助文档。

消息信封用于描述通信对象、消息号和通信域，MPI 根据消息信封提供的信息进行通信：只有消息信封完全匹配才能完成通信。

点对点通信 (即单进程与另一进程通信) 必须提供通信对象 (进程 ID)。对于发送数据操作，dest 为数据发送的目的进程；对于接收数据操作，dest 为数据来源进程 ID。

消息号 msg 即消息 ID 为整型，当进程接收到来自另一进程的多个消息时，可以通过消息 ID 区分这些消息。MPI 允许不同的消息使用同一消息 ID，此时若不能通过消息信封的另外两个信息区分这些消息，将按接收消息的先后顺序处理，可能出现与程序员的设想不一样的结果，因此强烈建议在大规模并行计算中不要使用可能引起歧义的相同消息 ID。

通信域相当于对进程的分组，同样为整型。MPI 初始化时自动创建公共通信域 MPI_COMM_WORLD，通过 mpirun 或 mpiexec 启动的 MPI 进程全都属于这个通信域。如果需要在局部范围内通信，可用 MPI 库调用自己创建局部通信域，将进程分组或分层，详见 MPI 相关资料。

2. *消息发送与接收*

最容易理解的通信无疑是 A 进程发送数据 B 进程接收，MPI 提供了系列库函数完成这个操作，其中最简单的是 MPI 标准发送/接收消息库函数:

```
call MPI_SEND(var,count,datatype,dst,msg,comm,ierr)
call MPI_RECV(var,count,datatype,src,msg,comm,status,ierr)
```

其中，MPI_SEND 发送消息，MPI_RECV 接收消息，这两个 MPI 库函数的前 6 个参数含义如图 8.3 所示；参数 ierr 用于返回库函数调用结果：0 表示成功，否则为错误信息 ID；接收消息库函数多一个参数 status，是一个用于返回含接收消息状态的一维整型数组，元素个数为 MPI 预定义常量 MPI_STATUS_SIZE:

```
integer:: status(MPI_STATUS_SIZE)
```

status 中最重要的元素是 status(MPI_SOURCE) 和 status(MPI_TAG)，分别表示消息来源 (发送消息的进程 ID) 和消息 ID，其中 MPI_SOURCE 和 MPI_TAG 为 MPI 预定义常量。读者可能会感到迷惑：MPI_RECV 库函数的第 4、5 个参数已经表明了消息来源和消息 ID，为什么还需要从 status 数组中获得呢？

MPI 规定，发送消息时必须准确提供目的进程 ID 和消息 ID，但接收消息时可以分别用预定义常量 MPI_ANYSOURCE、MPI_ANYTAG 代替，分别表示接收来自任意进程的消息、接收任意 ID 的消息，此时就需要从 status 数组中查询真正的消息来源和消息 ID。

例如:

```
if (myid==0)then
  call MPI_SEND(a,5,MPI_INTEGER,1,0                          &
      ,MPI_COMM_WORLD,ierr)
elseif (myid==1)then
  call MPI_RECV(a,5,MPI_INTEGER                              &
      ,0,0, MPI_COMM_WORLD,status,ierr)
end if
```

则 0 号进程以 0 为消息号向 1 号进程发送数组 a 的前 5 个整型数据；1 号进程从 0 号进程接收 0 号消息，数据为 5 个整型，存入数组 a (占用前 5 个元素位置)。由于 MPI_RECV 提供了准确的消息来源 (0 号进程) 和消息 ID(0 号)，这里用不上 status，但是必须提供它。

3. 通信死锁

MPI_SEND 和 MPI_RECV 为 MPI 标准阻塞式通信调用。调用 MPI_RECV 的进程会等待 ID 为 src 的进程调用可匹配的消息接收操作后才会继续向下执行，调用 MPI_SEND 的进程会等待 ID 为 dst 的进程调用可匹配的消息接收操作后才会继续向下执行。如果没有匹配的消息发送操作，接收消息的进程会无限等待而导致程序运行失败；同样，如果没有匹配的消息接收操作，发送消息的进程也会无限等待 (在某些情况下 MPI 可能使用缓存机制，将发送消息存入缓存不等待接收操作，但是否使用缓存机制由 MPI 系统决定，并不保险)。

如果只是缺少对应的发送或接收操作，通常很容易被发现，而如果出现发送、接收操作齐全，但顺序不对而导致无限等待就比较麻烦。例如：

```
if(myid==0)
 call MPI_SEND(A,1,MPI_REAL,1,0,MPI_COMM_WORLD,ierr)
 call MPI_RECV(B,1,MPI_REAL,1,1                        &
     ,MPI_COMM_WORLD,status,ierr)
elsif(myid==1)
 call MPI_SEND(B,1,MPI_REAL,1,1,MPI_COMM_WORLD,ierr)
 call MPI_RECV(A,1,MPI_REAL,1,0                        &
     ,MPI_COMM_WORLD,status,ierr)
endif
```

这段代码的执行流程如图 8.4 所示，0 号进程执行到 “发送数据” 处等待 1 号进程接收数据，但 1 号进程首先遇到的也是 “发送数据” 指令，需等待 0 号进程接收数据，于是两个进程都陷入无限等待状态，即通信死锁。

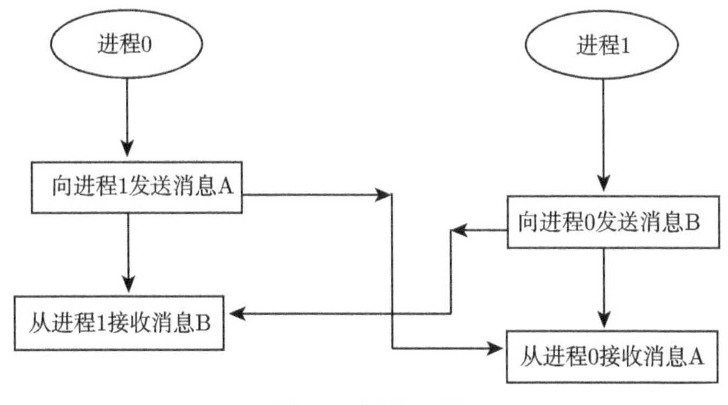

图 8.4 通信死锁

这个问题可以通过交换其中一个进程 (不能两个进程都交换) 的发送/接收数据的调用秩序解决：

```
if(myid==0)
 call MPI_SEND(A,1,MPI_REAL,1,0,MPI_COMM_WORLD,ierr)
 call MPI_RECV(B,1,MPI_REAL,1,1                          &
    ,MPI_COMM_WORLD,status,ierr)
elsif(myid==1)
 call MPI_RECV(A,1,MPI_REAL,0,0                          &
    ,MPI_COMM_WORLD,status,ierr)
 call MPI_SEND(B,1,MPI_REAL,0,1,MPI_COMM_WORLD,ierr)
endif
```

修改后，1 号进程先执行接收数据操作再执行发送操作，于是两个进程顺利握手完成数据传送。

此外，针对这种既发送也接收数据的操作，MPI 提供组合调用：

```
call MPI_SENDRECV(sendvar,sendcount,senddatatype,dst,sendtag   &
                  ,recvvar,recvcount,recvdatatype,src,recvtag &
                  ,comm,status,ierr)
```

组合调用把发送和接收操作捆绑到一起，除了书写更简洁，主要好处是发送、接收操作不再有先后秩序上的区别，可以解决类似例子所示这种简单情形下的通信死锁问题 —— 但要注意，组合调用仍然是阻塞式通信，只有得到对应进程的响应后才会继续向下执行，因此在复杂得多的进程通信问题中仍然存在通信死锁的可能性。

除了标准通信模式数据发送/接收调用的 MPI_SEND 和 MPI_RECV，MPI 还提供缓存通信模式、同步通信模式及就绪通信模式的数据发送/接收，详情参见 MPI 帮助文档。

8.2.5　非阻塞通信

现代网络交换机通常都自带处理器和缓存，能够不依赖于 CPU 独立完成通信，为通信与计算的异步提供了硬件保障，但前文介绍的阻塞式通信会阻塞进程的执行，并不能发挥这种硬件优势。为此，MPI 提供另一种通信模式：非阻塞通信。

```
call MPI_ISEND(var,count,datatype,dst,msg,comm,req,ierr)
call MPI_IRECV(var,count,datatype,src,msg,comm,req,ierr)
```

与阻塞式通信调用相比，非阻塞式通信多一个参数 req，即通信请求 ID(整型)，这是因为，调用非阻塞通信实际是向系统发出一个 “通信请求”，然后把通信的实际启动、完成交给系统，进程继续执行后续操作。由于非阻塞通信调用的完成并不意味着通信的结束 (甚至不意味着通信的开始)，所以接收操作不再有返回通信状态的必要 (即使返回通信状态，得到的参数也毫无意义)，故调用参数中不出现 status

数组。

使用非阻塞通信的程序执行流程如图 8.5 所示。

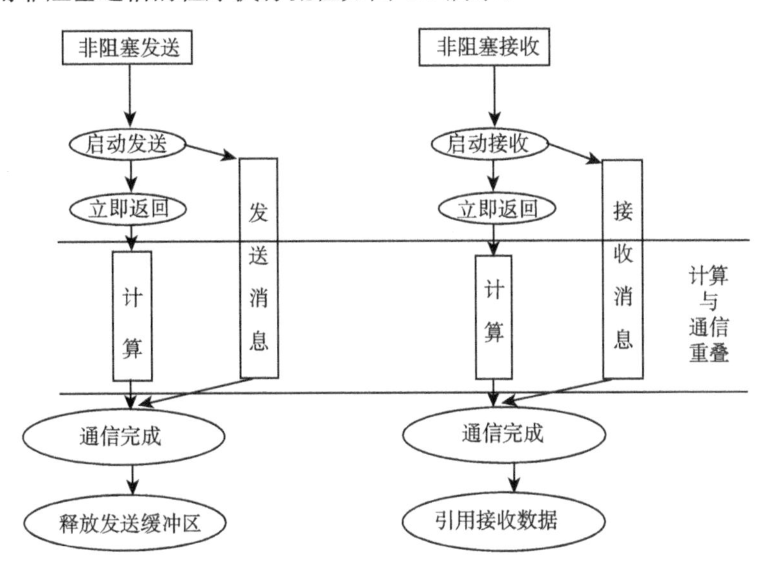

图 8.5 使用非阻塞通信的程序执行流程

那么，非阻塞通信什么时候真正完成了呢？MPI 提供了查询或等待通信的完成的方法：

```
call MPI_TEST(req,flag,status,ierr)
call MPI_WAIT(req,status,ierr)
```

MPI_TEST 用于查询通信请求 req 是否已完成，返回的结果存储在 flag(逻辑型) 中，但它只是测试通信结果，同样不等待通信完成。MPI_WAIT 则会阻塞进程直至通信请求 req 已完成。

当有多个通信请求时，MPI 提供了“批处理”这种测试、等待的方法：

```
call MPI_TESTANY(count,arrayofreq,index,flag,status,ierr)
call MPI_WAITANY(count,arrayofreq,index,status,ierr)
```

这两个调用用于查询、等待通信请求数组 arrayofreq (count) 中任意一个通信请求的完成，返回值 index (整型) 为已经完成的通信请求在通信请求数组中的索引。同样地，MPI_TESTANY 只测试是否有通信已完成，不等待；MPI_WAITANY 则会阻塞进程，等待一个通信完成后继续执行。

```
call MPI_TESTALL(count,arrayofreq,flag,arrayofstatus,ierr)
call MPI_WAITALL(count,arrayofreq,arrayofstatus,ierr)
```

这两个调用用于查询、等待通信请求数组 arrayofreq (count) 中全部通信请求的完成，全部通信请求都已完成 flag 才为真。为了返回多个通信状态，arrayofstatus

需要申请为二维数组：arrayofstatus(MPI_STATUS_SIZE, count)。同样地，MPI_TESTALL 只测试是否全部通信已完成，不等待；MPI_WAITALL 则会阻塞进程，等待全部通信完成后继续执行。

此外，还有 MPI_TESTSOME 和 MPI_WAITSOME，详见 MPI 帮助文档。

8.2.6 组通信

除了上述进程与进程间的点对点通信，并行计算中通常还会有向全部 (或某一组) 进程发送消息的需求，比如收集、修改全局变量的值。虽然这样的通信需求也可以用阻塞、非阻塞通信逐进程实现，但 MPI 提供了更简便的方式：组通信。

```
call MPI_BCAST(var,count,datatype,root,comm,ierr)
```

广播用于将 root 进程的变量 var 的值发给组内全体进程，属于一对多通信。

```
call MPI_GATHER(sendvar,count,datatype,recvvar,count,datatype &
                ,root,comm,ierr)
```

收集用于组内全体进程将 sendvar 发送给 root 进程，并在 root 进程中按进程 ID 依次存储在 recvvar 中 (这意味着 recvvar 的大小至少是 sendvar 的 n 倍，n 为组内进程数)；其中，recvvar 仅对 root 进程有效，但全组的进程都必须提供这个参数。

```
call MPI_SCATTER(sendvar,count,datatype,recvvar          &
                 ,count,datatype,root,comm,ierr)
```

散发与广播类似，用于将 root 进程中的 sendvar 发送给组内全体进程，但散发给每个进程发送的数据可以不同 (按进程号存储在 sendvar 中)。

有时候，并行计算不仅需要收集到各进程的数据，还希望对这些数据进行一些简单的运算，这可通过规约操作实现：

```
call MPI_REDUCE(sendvar,recvvar,count,datatype          &
                ,op,root,comm,ierr)
```

规约将组内各进程的 sendvar 进行 op(MPI 规约操作句柄，整型) 运算，然后发送给 root 进程并存入 recvvar。MPI 预定义的规约操作如表 8.2 所示，此外，用户还可以自定义规约操作，详见 MPI 帮助文档。

表 8.2　MPI 预定义的规约操作

MPI 规约操作	含义	MPI 规约操作	含义
MPI_MAX	最大值	MPI_MIN	最小值
MPI_SUM	求和	MPI_PROD	求积
MPI_LAND	逻辑与	MPI_BAND	按位与
MPI_LXOR	逻辑异或	MPI_BXOR	按位异或
MPI_MAXLOC	最大值及相应位置	MPI_MINLOC	最小值及相应位置

并行计算中，有时候需要让各进程执行任务的进度保持一致，此时就需要同步，即设置一个点，执行快的进程到达此点后进入等待，直到参与同步的进程都到达此点。组调用则相当于组内进程进行了一次同步 (因此，必须确保组内全体进程都能执行到组调用，否则将会死锁：等待那些不能到达的进程)，而前文介绍的阻塞式通信及非阻塞式通信的等待操作都相当于对参与通信的进程进行了一次同步(未参与的进程不受影响)。除了这些隐式同步调用，MPI 提供了显式同步操作：

```
call MPI_BARRIER(comm,ierr)
```

调用 MPI_BARRIER 将等待 comm 通信域内的全体进程都到达时才继续向下执行。

8.2.7 MPI 高级话题

1. *灵活利用 MPI 类型匹配*

在 MPI 程序设计中最容易导致初学者迷惑的概念无疑是 MPI 数据类型：它并不是程序设计语言中常见的实型、整型等数据类型，而是 MPI 定义的 “数据类型句柄”。

为什么要使用 MPI 数据类型呢？这得从 MPI 消息传递过程谈起。如图 8.6 所示，MPI 消息传递实际包含三个过程：发送消息的进程 A 将数据解释为二进制编码并加上消息信封完成消息装配；消息被放入网络传递给进程 B；进程 B 将收到的消息重新解释为数据完成消息拆卸。

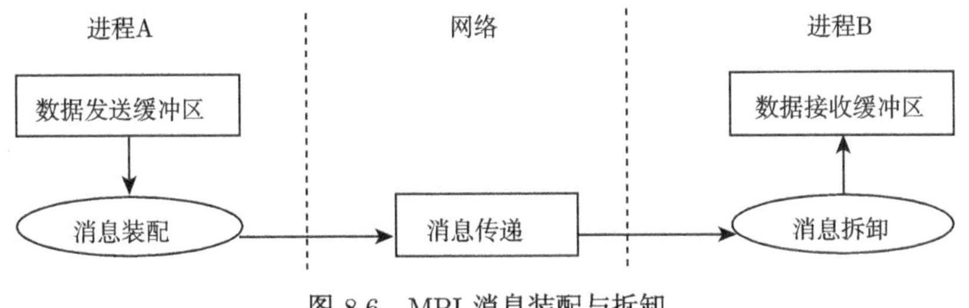

图 8.6 MPI 消息装配与拆卸

作为一种跨平台数据传递协议，MPI 消息的二进制编码与程序设计语言的数据编码可能不一致，为了统一，MPI 在消息装配时将程序设计语言的数据按 MPI 规则编码，然后在消息拆卸时再按同样的规则解码还原数据。MPI 数据类型实际是用于描述 MPI 编码/解码规则的句柄，在 MPI 程序中与编程语言的数据类型对应，便于 MPI 程序编码。

当存在与程序设计语言数据类型对应的 MPI 数据类型时，当然是使用现成的 MPI 数据类型最合适了：程序可读性高，容易查错纠错。但当程序设计语言使用的是 MPI 不支持的数据类型 (比如自定义类型) 时，除了通过 MPI 库函数定义新的

MPI 数据类型，更简单的做法是在发送和接收数据中使用统一的 MPI 数据类型，同时确保传输数据的长度无误即可。在 MPI 预定义数据类型中，按字节装配、卸载消息的 MPI_BYTE 无疑是最佳选择：MPI 数据传输的最小单位是字节，任何精度的数据都可以看作多个字节的 MPI_BYTE 类型。

比如，对于下述自定义类型数据：

```
type mytype
   sequence
   integer(kind=4)::a
   real(kind=8)::b
end type
type(mytype)::x(10)
```

为了使用 MPI 传送数组 x，一般做法是定义一个新的与 mytype 匹配的 MPI 数据类型，但同样也可使用 MPI_BYTE：

```
m=sizeof(x)
if(myid==0)
   call MPI_SEND(x,m,MPI_BYTE,1,0                          &
      ,MPI_COMM_WORLD,ierr)
elsif(myid==1)
   call MPI_RECV(x,m,MPI_BYTE,0,0                          &
      ,MPI_COMM_WORLD,status,ierr)
endif
```

由于不同精度单个数据所含字节数不同，稳妥起见，MPI_SEND 和 MPI_RECV 中的数据个数通过调用 sizeof 函数计算得到。就本例而言，x 含 10 个 mytype 类型数据，而每个 mytype 类型数据由 12 字节组成 (4 字节整数、8 字节实数)，故 m=120。但同样的调用其实适用于任何数据类型，只是实际传输的数据长度不同。比如，当 x 为单精度整型或实型时，m=40；当 x 为双精度整型或实型时，m=80；当 x 为字符型时，m=10。

2. 有规律的非连续数据传送

另一种常见的情形是传输非连续数据。对于非结构网格 CFD 计算，非连续数据的存储规律性不明确，因而只能通过数据打包或自定义 MPI 数据类型完成数据传输，但结构网格 CFD 计算需要传输的数据通常位于网格块边界，数据存储虽然不连续但规律性很好，此时可利用 Fortran 指针描述数据而避免定义新的 MPI 数据类型。比如二维问题：

```
real::q(5,50,60)
```

其中第一维压力、密度等流场参数需完整传输，需要传输的边界数据通常如图 8.7 中的阴影区所示。

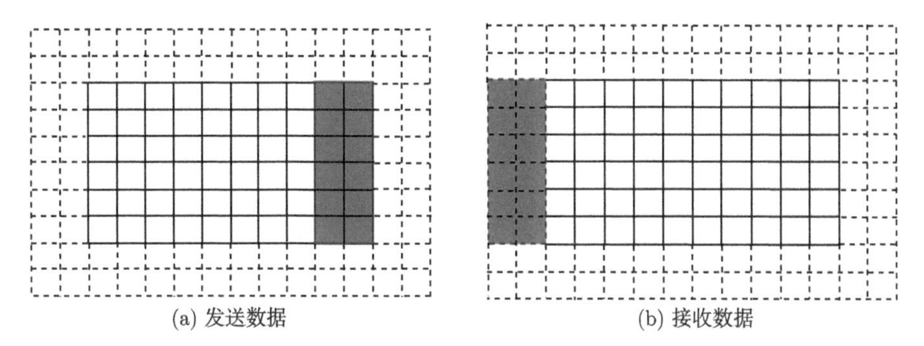

图 8.7 结构网格边界数据

为此，先用指针指向需传输的数据：

```
real,pointer,dimension(:,:,:)::p
```

对于发送方，指针如下：

```
p=>q(:,3:48,57:58)
```

对于接收方，指针如下：

```
p=>q(:,3:48,1:2)
```

则将 p 作为 MPI 通信的数据缓冲区即可完成非连续的数组片段传输。

```
m=size(x)
if(myid==0)
   call MPI_SEND(p,m,MPI_REAL,1,0                              &
      ,MPI_COMM_WORLD,ierr)
elsif(myid==1)
   call MPI_RECV(x,m,MPI_REAL,0,0                              &
      ,MPI_COMM_WORLD,status,ierr)
endif
```

注意，此处使用的是 MPI_REAL 类型，数据个数计算不是 sizeof(结果为字节数) 而是 size。

3. 重复非阻塞通信

任何 MPI 通信操作都由三个步骤组成：通信初始化、进程握手、数据传输。其中，进程握手耗时极短无需优化，而数据传输耗时由数据长度和网络带宽决定，没有优化余地，但如果同样的通信需要重复执行，MPI 提供了重复非阻塞通信，通信初始化只需执行一次。其使用方法为

在循环体外进行通信初始化:

```
call MPI_SEND_INIT(var,count,datatype,dst,msg,comm,req,ierr)
call MPI_RECV_INIT(var,count,datatype,src,msg,comm,req,ierr)
```

通信初始化后，通信所需全部信息均由系统保存，此后仅需通信请求句柄 req 作为唯一的访问依据。

在真正进行数据传输时启动通信:

```
call MPI_START(req,ierr)
```

也可一次启动全部通信:

```
call MPI_STARTALL(num_of_req,array_of_req,ierr)
```

8.3　流场区域分解的 N-S 方程并行算法

MPI 进程级并行算法的一般模式是: 将计算任务分解为子任务分配给多个进程，各进程串行完成子任务计算并根据需要通过 MPI 交换数据。因此，任务分解、子任务的串行计算、MPI 数据通信是流场并行算法的基础。

8.3.1　高超声速流场的 N-S 方程数值求解

根据第 7 章的介绍，三维 N-S 方程的结构网格有限体积方法可概括为

$$\begin{cases} \dfrac{\partial Q}{\partial t}=\dfrac{1}{\Omega}\left[\sum\limits_{m=i,j,k}\left(F_{m+1}^{v}-F_{m}^{v}\right)-\sum\limits_{m=i,j,k}\left(F_{m+1}-F_{m}\right)\right]+S \\ \delta Q^{n+1}=f\left(Q^{n},\Delta t,\dfrac{\partial Q^{n}}{\partial t},\delta Q_{m-\frac{1}{2}}^{n+1},\delta Q_{m+\frac{3}{2}}^{n+1}\right) \\ Q^{n+1}=Q^{n}+\delta Q^{n+1} \end{cases} \tag{8.5}$$

式 (8.5) 针对任意网格单元，第一式完成 N-S 方程的空间离散，第二式获得流场参数增量，第三式完成流场更新。空间离散、时间迭代均有多种格式或方法可选，流场更新涉及边界条件处理，从算法设计的角度讲，每种格式、方法均对应一个功能模块 (可能还需分解为子模块)，流场算法设计的任务是组织这些功能模块的调用流程，形成计算软件。

1. CFD 基本功能模块

根据式 (8.5)，CFD 计算可分解为如下功能模块:

(1) 黏性项离散，即式 (8.5) 右端第一项 $\sum\limits_{m=i,j,k}\left(F_{m+1}^{v}-F_{m}^{v}\right)$，包含三个方向的黏性通量构造及其差值计算。

(2) 流场参数梯度计算，根据式 (7.1)，黏性通量构造时需用到流场参数梯度，可由式 (7.48) 计算任意参数的空间梯度；本模块可以作为黏性项离散模块的子模

块，但考虑到某些无黏项离散格式也会用到流场参数梯度，故作为一个与黏性项离散并列的独立模块。

(3) 无黏项离散，即式 (8.5) 右端第二项 $\sum\limits_{m=i,j,k}(F_{m+1}-F_m)$，包含三个方向的无黏通量构造及其差值计算，每个方向又包括通量分裂、差分格式等子模块。

(4) 源项计算，即式 (8.5) 右端第三项 S，仅在流场存在化学反应时需要。

(5) 时间步长计算，由式 (7.71b) 得到。

(6) 边界处理。

以上功能模块数据流向如图 8.8 所示。其中，所有模块均需用到的网格体积、面积和流场参数 Q^n 已省略。

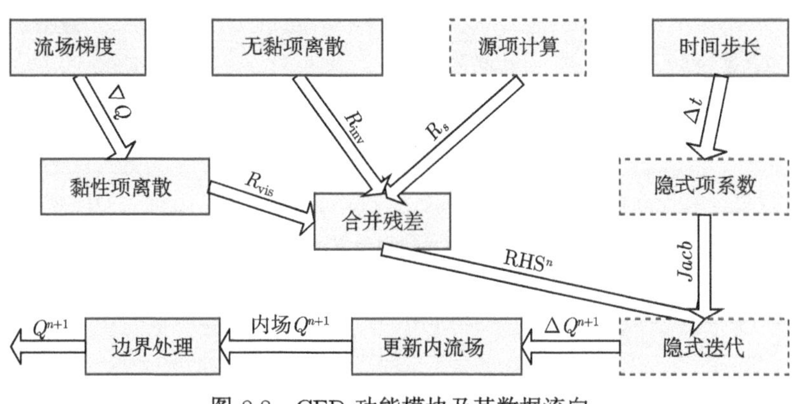

图 8.8 CFD 功能模块及其数据流向

2. N-S *方程数值算法设计*

根据基本功能模块数据流向关系，无黏项离散、流场梯度、源项计算和时间迭代模块不依赖于其他模块，可任选其中一个作为单步迭代的起点；当不考虑流场化学反应时无需调用源项模块，而当采用显式计算方法时无需调用隐式项系数计算和隐式迭代模块，故这三个模块是可选项。根据数据流向关系，可如图 8.9(a) 所示设计单块网格 CFD 串行算法。其中，预处理模块包括参数输入、网格读入及几何参数计算等，后处理模块包括计算过程数据输出。

对于多块对接网格，每块网格的流场算法都与单块网格情形一致，仅新增相邻网格块间的对接边界处理算法。对接边界与物理边界不同，它的存在只是将流场在局部人为“剖开”，因此必须确保“剖开”前后流场计算结果的一致性。为此，如图 8.10 所示设置虚拟网格和处理数据，同时如图 8.9(b) 所示设计多块对接网格 CFD 串行算法，确保在给虚拟网格赋值时所需数据已被邻接网格块传出。

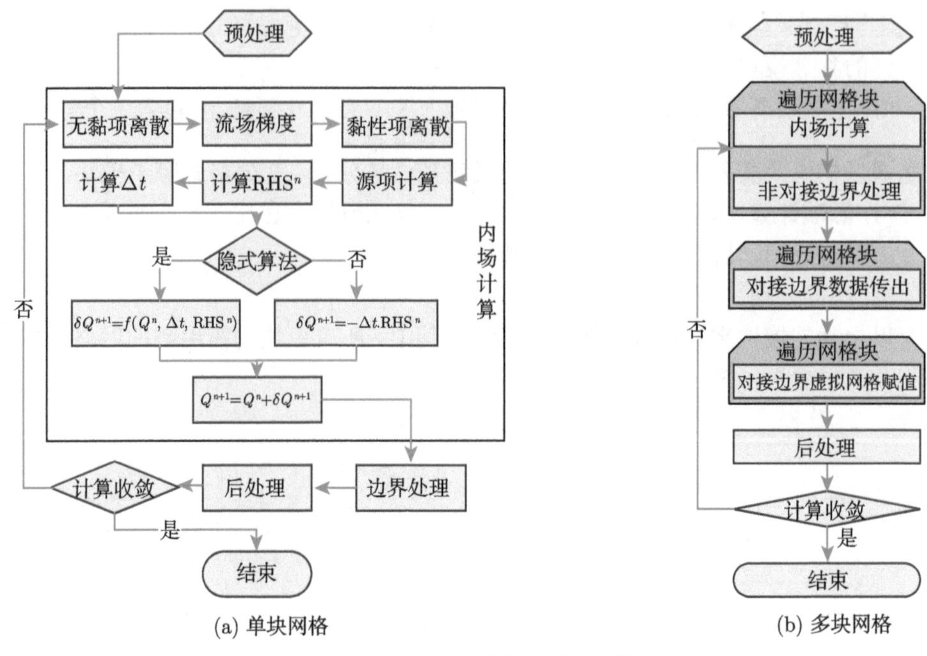

(a) 单块网格　　(b) 多块网格

图 8.9　N-S 方程数值算法流程图

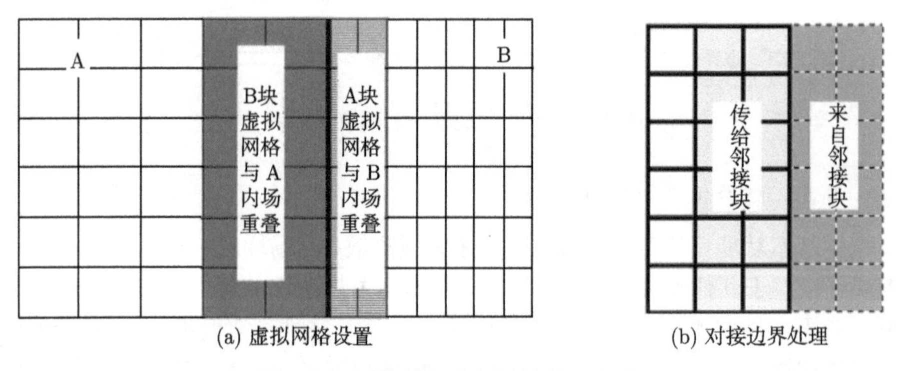

(a) 虚拟网格设置　　(b) 对接边界处理

图 8.10　对接边界虚拟网格处理方法

8.3.2　流场并行算法

在多块对接网格 CFD 串行算法基础上，假定邻接网格块不在本进程内，借助 MPI 数据通信实现邻接网格块间的数据传输，则构成图 8.11 所示最简单的 CFD 并行算法。其中，为了避免通信死锁，要么采用 MPI 发送/接收组合调用方式并调整调用顺序，要么采用 MPI 非阻塞通信方式。

N-S 方程数值求解并行算法虽然与多块对接网格的数值求解过程相似，但其工作方式有较大变化：N-S 方程数值求解串行算法整个计算过程由单进程完成，而

CFD 并行算法工作方式示意图如图 8.12 所示，每个进程算法相同但处理不同的网格块，进程间有相邻网格块时产生数据通信。

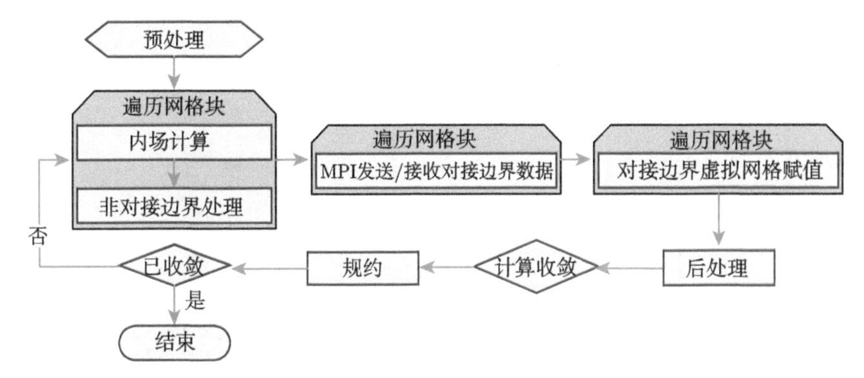

图 8.11 N-S 方程数值求解并行算法流程图

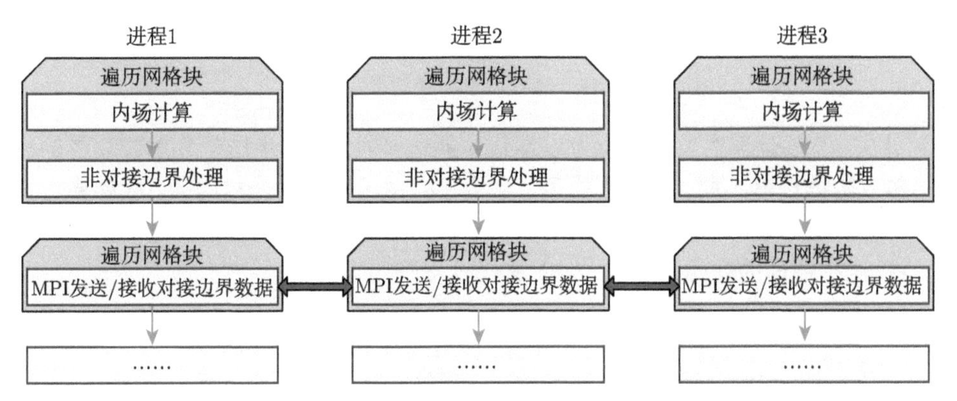

图 8.12 N-S 方程数值求解并行算法多进程工作示意图

8.3.3 流场并行算法优化

由图 8.11 可见，流场并行算法并不神秘，只是在多块网格 CFD 串行算法的基础上增加少量 MPI 调用即可。但由于并行算法增加了数据通信，因而获得的实际并行加速并不总是随并行规模 (进程数) 增加而增加的，高效并行算法需要针对性采用多种优化措施。

1. 一些简单的优化措施

MPI 非阻塞通信是大规模并行计算中解决通信死锁问题的通用做法，但 MPI 非阻塞通信需要使用缓冲区：数据先被赋值到发送缓冲区然后调用 MPI 非阻塞发送函数；接收数据先被存入接收缓冲区然后赋值给虚拟网格，如图 8.13(a) 所示。对于相邻网格块位于同一进程的对接边界，即便进程内部的 MPI 通信完全不耗时，这种模式也会增加数据赋值操作。为此，可如图 8.13(b) 所示将内部对接边界特殊处理：用邻接块接收缓冲区替代发送缓冲区，且不再调用 MPI 通信而是直接赋值。由于这种对接边界的处理与其他进程无关，故下文将这种对接边界称为内部对接边界，并在算法描述中将其划入非对接边界处理类。

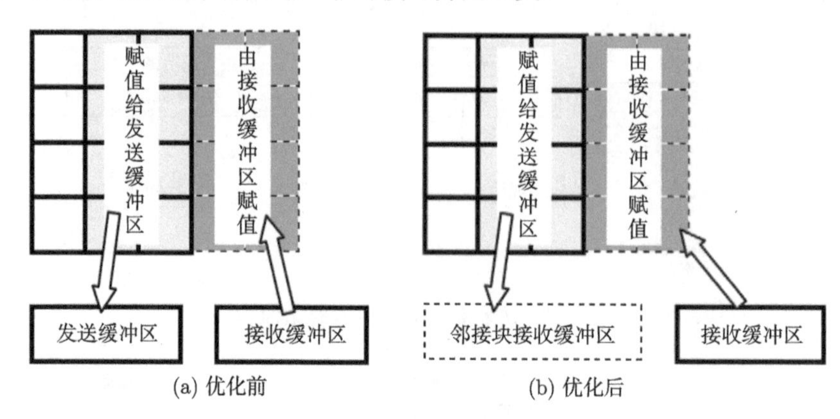

图 8.13　进程内部对接边界处理

此外，流场计算需要成千上万步迭代才能达到收敛，每步迭代各对接边界的传出、传入数据虽然不同，但数据类型、数量和数据结构是完全相同的，故如果对接边界采用的是 MPI 非阻塞通信，另一个简单的优化措施是采用重复非阻塞通信方式，将 MPI 通信的初始化放在 CFD 迭代过程开始之前。

2. 通信启动时机

分析如图 8.11 所示并行算法可知，进程的对接边界处理过程主要是“发送数据给邻接进程”或“等待从邻接进程接收数据”，整个计算过程如图 8.2 所示，在内场计算、非对接边界处理过程中网络处于闲置状态，而在对接边界数据通信过程中 CPU 处于闲置状态。

图 8.2 中的“通信或等待”时间是由并行计算引入的，是并行加速比难以随并行规模线性增长的主要原因。考虑到网络通信与 CPU 计算所用硬件不同，通信与计算是完全有可能同时进行的，如果能如图 8.14 所示将网络通信耗时全部或部分隐藏在 CPU 计算耗时中，则并行效率有望大幅提升。

由图 8.14 可知，为了隐藏通信时间，应尽早启动通信，而且由于启动通信需要 CPU 操作，故必须采用 MPI 非阻塞通信方式。

分析对接边界的数据交换可知，接收数据可以在任何时候开始，而发送数据必须等本网格块内场计算结束才能开始；而由 CFD 算法分析可知，非对接边界处理可在任何时候进行。为此，每迭代步开始之前，首先用非阻塞方式发出接收数据的通信请求，并在每完成一个网格块内场计算后立即发出该网格块的对接边界数据发送请求，同时将非对接边界处理移至启动全部数据发送请求之后，如图 8.15 所示。

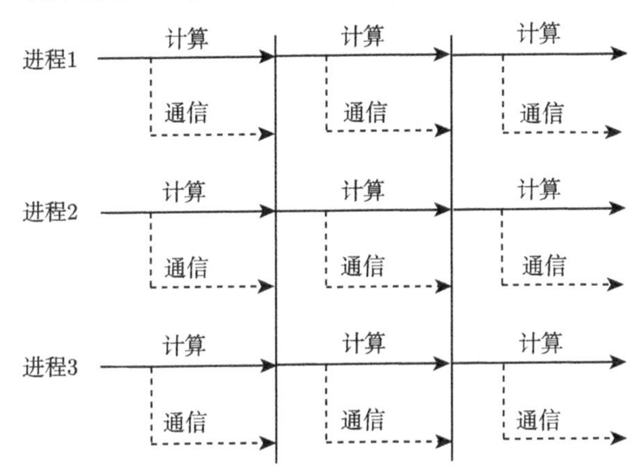

图 8.14 通信与计算异步并行算法执行过程

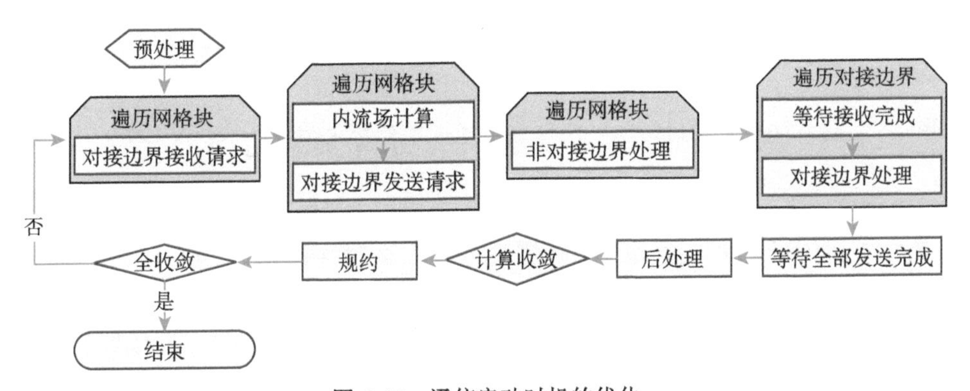

图 8.15 通信启动时机的优化

其中，等待全部发送操作完成的主要目的是释放发送请求占用的系统资源为下一次发送请求的启动做准备，所耗时间可忽略不计。假如每个网格块 (包括边界条件) 完全相同，则优化后进程内第一块网格的对接边界数据通信与其后网格块内场计算及非对接边界处理重叠，最后一块网格的对接边界数据通信与非对接边界处理重叠。

3. 通信等待时机

一般而言，并行计算中每个进程都有多个网格块、每个网格块有多个需要 MPI 通信的对接边界。图 8.15 所示算法按对接边界顺序等待所需数据的到达，但很可能出现某些边界的数据已经到达但其遍历顺序靠后而得不到处理从而导致不必要的 CPU 闲置。因此，更合理的算法是检测到任意接收请求完成立即处理接收请求对应的对接边界，则有望在处理对接边界时有新的数据到达，从而进一步隐藏通信等待时间，如图 8.16 所示。

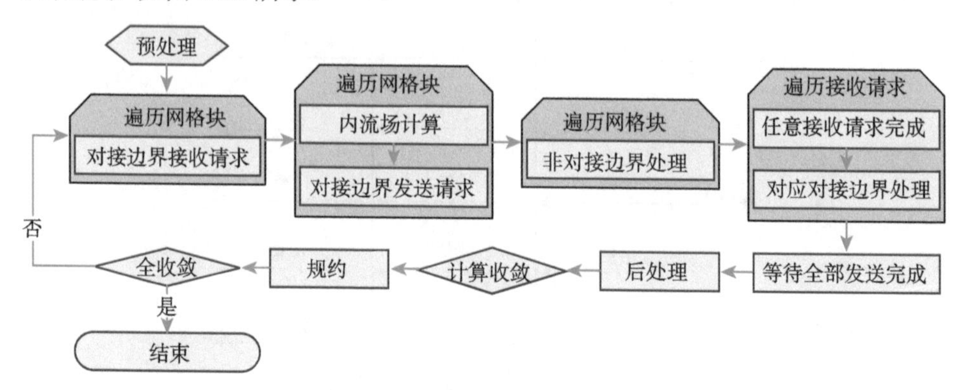

图 8.16　通信等待时机的优化

为了实现如图 8.16 所示等待“任意接收请求完成”后立即处理对应对接边界，需设置由通信请求查询对应对接边界的数据表，以便根据通信请求号调用对应的边界处理模块。

8.4　结构网格 N-S 方程并行计算负载均衡 [19,20]

理想情况下，并行算法只是将原本由 1 个进程完成的计算平均分配给 q 个进程完成，因而每个进程耗时均为串行算法的 $1/q$，此时并行效率达到 100%(或者说具有线性可扩展性)。但实际上，和串行算法相比，并行算法带来额外的耗时不可避免：① 并行计算必然有数据通信，通信耗时是并行算法附加的；② 进程之间计算量分配不均时，先执行完的进程需等待其他进程，故并行计算的耗时实际为全体进程中的最大耗时；③ 当数值算法本身具有数据依赖性时，为保持原算法而不得不在算法中保留部分串行算法，这部分计算的耗时不会因进程数的增加而减少 (一般还会略有增加)。

8.3 节针对隐藏通信耗时需求建立了通信与计算异步算法，本节着手解决进程之间任务分配的公平性问题。

8.4.1　并行计算负载估算

并行计算负载主要包括计算和通信。两种负载的估算和所采用的计算机硬件性能有关，以千兆甚至百兆网为计算网络的计算机集群，通信负载在并行计算中往往被视为大规模并行计算的瓶颈，因而传统并行计算的负载均衡策略均将“减少通信”作为重要指标。随着 CPU 计算性能的提高及高带宽网络 (如 InfiniBand 网) 的出现，这两种负载所占的比重已经有了很大改变，并行计算负载均衡算法必须适应这种硬件环境的变化。

采用 MPI 重复非阻塞通信方式时，通信耗时主要由网络传输速度决定，可简单由数据量和网络带宽估算：

$$T_t = L\frac{n}{W}p \tag{8.6}$$

式中，L 为单个数据位宽，单位为 bit；n 为数据个数；W 为网络带宽，单位为 bit/s，p 为共享网络带宽的进程数，即计算结点 CPU 核心数。

流场计算耗时则由计算量、软件计算速度决定：

$$T_c = \frac{N}{S} \tag{8.7}$$

式中，N 为流场网格单元数；S 为流场计算速度，单位为 cell/s。

以二阶迎风格式 (虚拟网格层数为 2) 求解完全气体 N-S 方程组 (共 5 个方程) 为例考虑极端情况：结构网格块的 6 面均为需要数据通信的对接边界，且在其中两个方向网格单元数为 2(否则成为一维网格)，另一方向网格数为 m，则 CFD 单步迭代需传输数据个数及网格单元数分别为

$$n = 80\,(m+1) \tag{8.8a}$$

$$N = 4m \tag{8.8b}$$

故通信负载与计算负载的比例为

$$R \equiv \frac{T_t}{T_c} = 20L\frac{S}{W}p\left(1+\frac{1}{m}\right) \approx 20L\frac{S}{W}p \tag{8.9}$$

由于并行计算机系统性能、CFD 算法均有较大差异且一直处于高速发展之中，精确评估通信负载与计算负载比例既不可能也没实际意义。这里以当前主流超级计算机系统进行估算：L 取 32bit(4 字节单精度数)；单结点 CPU 核心数 p 取 16；W 以 InfiniBand 网络带宽取 5.6×10^{10}bit/s；CFD 算法比较复杂，流场计算速度不仅和 CPU、内存、主板等硬件有关，还决定于 CFD 算法设计、程序优化、网格拓扑等多种因素，一般为 $10^4\sim10^6$cell/s。则 R 变化范围为

$$0.2\% < R < 18\% \tag{8.10}$$

可见，在最恶劣的情况下，基于 CPU 平台的 CFD 并行计算通信负载也不足计算负载的 20%(采用 GPU 加速技术时，流场计算速度大幅提升，通信负载占比将远高于此估值)。

8.4.2 LPT[19] 负载分配

根据负载分析，在基于 CPU 平台的 CFD 并行计算中，主要负载是计算量，决定因素是网格单元数。故为了简化算法，通常以网格块作为负载分配基本单位，以网格单元数作为负载计算依据。

CFD 并行计算发展过程中衍生了多种复杂的负载分配算法，其中 LPT(Largest Processing Time) 方法由于简单、易用而被广泛使用。

LPT 方法基于这样一种思想：对于一个需要多步完成的算法，如果每一步都取当前最优解，那么最终结果是最接近最优的解。应用到并行计算负载分配问题，LPT 方法通过将当前最大的网格块分配给计算速度最快的进程逼近负载均衡，而对于物理速度相同的计算机，计算速度最快的进程就是负载量最小的进程。

为此，可分别建立进程和负载两个队列，其中，进程队列以当前负载量标记各进程状态，负载队列记录当前剩余网格块。负载分配的每一步都在负载队列挑出最大的网格块分配给进程队列中负载最小的进程，直到负载队列网格块数为 0，如图 8.17 所示。

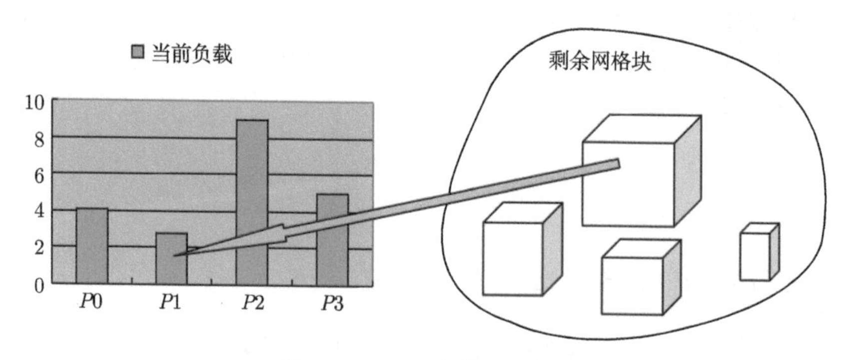

图 8.17　LPT 负载分配算法

8.4.3　区域分解对 CFD 效率的影响

在负载分配时，将网格块看作一个不可分割的整体，因而无论采用什么负载分配算法，都不能确保各进程最终负载均衡，比如，区域总数小于进程数时，必然有进程的负载为 0。此时，需对网格块进行分割，以适应负载均衡要求。为了区别于网格生成过程的网格块分割，下文将为了并行计算负载均衡要求而进行的网格块分割称为二次剖分。

并行计算的最终目的是缩短计算周期，因此，通过分割结构网格块提升并行计算规模需要兼顾的一个基本原则是不能大幅降低流场计算效率。

1. 对流场计算速度的影响

即便不需要通信，对接边界的存在也会导致额外的内存赋值操作 (如图 8.13 所示)；同时，网格块从一个整体分割为多块还会影响缓存命中率等。因此，网格块的二次剖分增加的对接边界必然引起 CPU 处理时间的增加。

图 8.18 列出了网格块二次剖分对流场计算单步迭代速度的影响。所用算例为

圆柱超声速绕流，分别将 65×65×65(网格单元数为 2^{18}) 和 65×65×257(网格单元数为 2^{20}) 的结构网格沿三个方向对半剖分，各形成 1 块、8 块、64 块、512 块、4096 块网格，采用串行计算程序分别测试流场计算速度。测试结果表明，对于总单元数为 2^{18} 的网格，剖分为 64 块 (此时所有网格块均为 17×17×17，单块网格单元数为 4096) 以下，流场计算速度与网格块数之间无明显关系，但继续剖分则会导致流场计算速度明显下降，剖分为 4096 块 (此时单块网格单元数为 64) 时，其计算速度仅为剖分前的一半；对于总单元数为 2^{20} 的网格，对流场计算速度影响不明显的剖分网格块数阈值为 512 块 (此时单块网格单元数为 2048)。

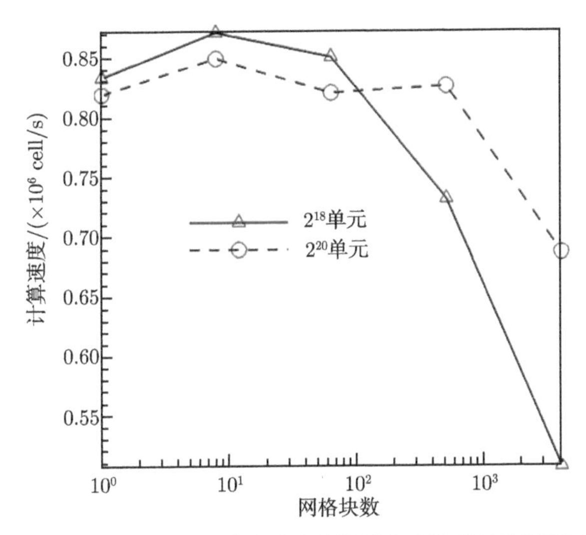

图 8.18 网格块二次剖分对流场计算单步迭代速度的影响

虽然测试工作还比较粗糙，但基本规律是明确的：在确保单块网格单元数的前提下，通过对结构网格块的二次剖分实现并行计算，负载均衡不会明显影响流场计算速度；过度剖分导致单块网格单元数小于某数值 (这里的测试结果是 2000) 时，即使不考虑通信负载的影响也将导致流场计算效率降低。

2. 对流场收敛过程的影响

如第 7 章所述，CFD 广泛使用的 LUSGS 隐式方法时间迭代时需要进行空间扫描 (见图 7.8)。一般而言，虽然区域分解前后空间扫描路径有所不同，但由于 LUSGS 方法稳定性较高，只要区域分解后单块网格不是特别小，LUSGS 方法仍然是适用的，只是收敛效率会受到一定影响。

不少学者提出了流水线技术等多种行之有效的 LUSGS 方法改进措施，以解决并行计算必不可少的网格块二次剖分带来的 LUSGS 方法效率降低问题，其中，最彻底、最高效的是 Wright 博士提出的 DPLUR 方法 (见第 9 章)。但这些方法大多需要大幅修改 CFD 计算程序和数据结构，这里介绍一种对 CFD 程序修改较少的改进措施，以便读者可便捷地将 LUSGS 方法应用于大规模并行计算；对于希望彻底改进隐式时间推进效率的读者，建议参考第 9 章介绍的 DPLUR 方法。

当式 (7.84a, b)LUSGS 方法应用于对接边界内侧网格单元时，涉及邻接网格单元的 δQ^{n+1}、$\delta \bar{Q}^{n+1}$ 一般取 0 以简化算法，改进方法则分别以 δQ^{n}、$\delta \bar{Q}^{n}$ 近似替换，以考虑邻接网格块对隐式时间推进的影响；当邻接网格块不在本进程时，同样以 MPI 重复非阻塞通信交换数据。

图 8.19 为采用这种简单改进措施后，不同的二次剖分粒度 LUSGS 方法收敛过程，所用算例同图 8.17 所用圆柱超声速绕流，总网格单元数为 2^{19}，被分别平均剖分为 8 块、64 块、512 块、4096 块和 8192 块，采用 CFD 串行算法考察其收敛效率。可以看到，由于二次剖分导致 LUSGS 方法空间扫描过程产生了变化，因此不同剖分粒度下流场收敛过程不同；网格块被剖分得越小，收敛效率越低，但即便被剖分为 8192 块，流场计算仍然能达到收敛。根据对流场计算速度影响的测试结果，为了确保流场计算速度不大幅下降，这个算例的二次剖分网格块数不宜大于 64。可见，经过简单改进后，LUSGS 方法不再成为影响大规模并行计算效率的瓶颈。

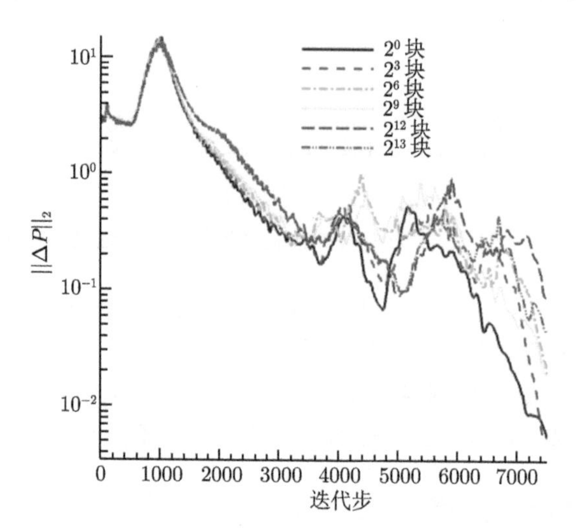

图 8.19　改进 LUSGS 后流场收敛过程

8.4.4　结构网格块二次剖分算法

根据式 (8.10)，即便在最恶劣的条件下，通稿负载在 CFD 并行算法中的占比也不会超过 20%，故简单将 CFD 并行算法的负载认为仅由网格量确定不会过多影响并行效率，故下文以网格量作为 CFD 负载计算的唯一依据。

1. 二次剖分网格块的选取

m 个进程参与的计算，进程平均负载应为

$$P_{\text{ave}} = \frac{1}{m}\sum_{j} B_j \tag{8.11}$$

其中，B 为单块网格数。定义负载失衡指标：

$$L = \frac{\max(P_i) - P_{\text{ave}}}{P_{\text{ave}}} \times 100\% \tag{8.12}$$

对于给定的负载失衡阈值 L_0，下述网格块分配给一个进程而无需剖分，可称为最佳网格块：

$$|B_o - P_{\text{ave}}| \leqslant P_{\text{ave}} L_0 \tag{8.13}$$

所有大于 B_o 的网格块 (下文称为 “超大网格块”) 均需进行剖分；在无超大网格块时，若负载失衡指标大于 L_0，则在小于 B_o 的网格块中选取最大网格块继续剖分。

2. 结构网格块二次剖分方法

对于超大网格块，剖分目标是得到多个 $n_i \times n_j \times n_k$ 的最佳网格块及若干零散块 (图 8.20)。为了避免零散网格块太小降低整体计算效率，设置任意方向最小网格单元数 (建议取为 4 或 5) 加以限制。

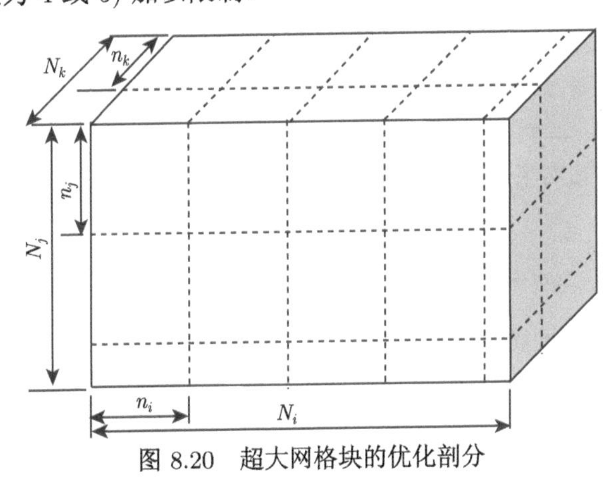

图 8.20 超大网格块的优化剖分

由式 (8.13) 可知限制条件为

$$E_o = |n_i \times n_j \times n_k - P_{\text{ave}}| \leqslant P_{\text{ave}} L_0 \tag{8.14}$$

优化剖分过程增加的对接边界数设为 n_t，对接边界网格单元数设为 n_m，则可定义目标函数：

$$f = w_o E_o + w_t n_t + w_m n_m \tag{8.15}$$

其中，w_o、w_t、w_m 为权重系数。目标函数达到最小时得到最佳网格块大小 n_i、n_j、n_k。

无超大网格块时，若负载失衡指标仍大于给定阈值 L_0，则结合负载分配，对满足式 (8.13) 之外的最大网格块进行嵌套二分直到达到负载均衡要求：沿最大网格块最大方向一分为二。

网格块剖分算法的实现主要是根据剖分情况修改网格块大小、ID、边界数及各边界起始/结束网格单元编号等，全是整数运算 (网格点坐标无变化)，烦琐但并无难度。为了方便剖分操作，可采用下述链表描述结构网格信息，在完成网格块剖分后，再将链表转换为数组，以方便 CFD 计算使用：

```
type boundary
   integer:: bctype                                   !边界类型
   integer:: ijkstart(3),ijkend(3)                    !ijk范围
   integer:: nxtbd                              !在对接块中的边界ID
   type(blk_list),pointer:: nxtbk                   !指向对接块
end type boundary
type blk_list
   integer:: father,ijkstart(3)
                         !原始块ID、起始点在原始块中的位置
   integer:: nps(3),nbc                        !网格点数、边界数
   type(boundary),pointer,dimension(:):: bc
   type(blk_list),pointer:: nxtblk                  !指向下一块
end type blk_list
```

其中，记录原始网格块 ID 及本块起始点在原始块中的位置是为了在需要时可还原网格。

3. 结构网格块二次剖分实例

双椭球模型实验流场计算原始网格 65536000 单元分为 10 块 (图 8.21(a))，分别假定并行计算进程数为 8192 和 65536，则通过二次剖分被平均剖分为 8192 块 (图 8.21(b)) 和 65536 块 (图 8.21(c))。圆柱绕流计算原始网格为单块共 65536000 单元 (图 8.22(a))，假定并行计算进程数为 65536，通过二次剖分被平均剖分为 65536 块 (图 8.22(b))。

以上两算例原始网格的单元数经过特殊设计，正好能在优化剖分阶段被平均剖分，更一般的情形还需通过若干次嵌套二分才能达到负载均衡性要求。如图 8.23(a) 所示为 Apollo 指令舱外形流场计算原始网格，共 3.8 亿单元分为 16 块，分别假定并行计算进程数为 512 和 32768，设置负载失衡指标阈值为 5%，通过二次剖分被剖分为 1340 块 (图 8.23(b)) 和 49948 块 (图 8.23(c))。由于原始网格单元数是根

据流场结构特点而不是专门针对并行计算规模设计的，二次剖分结果不再是平均剖分。

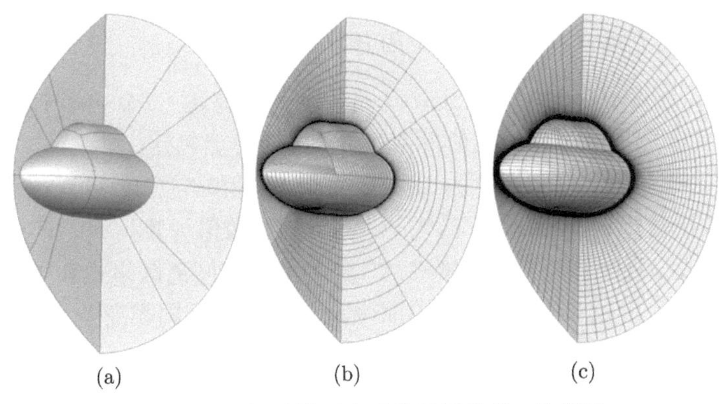

(a)　　(b)　　(c)

图 8.21　双椭球模型实验流场网格的二次剖分

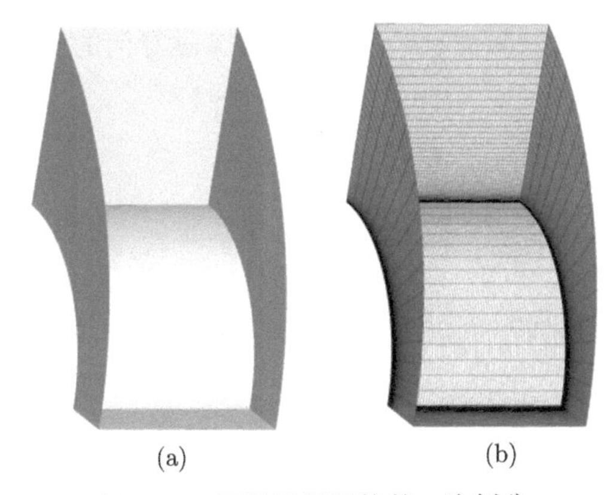

(a)　　(b)

图 8.22　圆柱流场网格的二次剖分

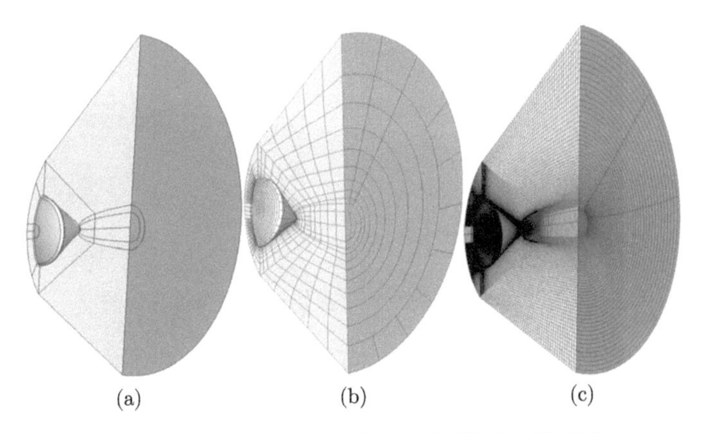

(a)　　(b)　　(c)

图 8.23　Apollo 指令舱外形流场网格的二次剖分

8.5　N-S 方程数值求解大规模高性能并行计算验证

8.5.1　高超声速流场计算软件 HAS 简介

HAS(Hypersonic Airflow Simulator) 是一款基于前述 CFD 并行计算方法设计的三维结构网格高超声速流场数值模拟软件。主要特点包括：

(1) 集成纯空气完全气体模型、等效比热比模型和 5/7/11 组元化学非平衡模型，适用于超声速/高超声速飞行器气动力、气动热数值计算；

(2) 基于格心有限体积方法，集成 NND 等多种空间离散格式和 DPLUR 等多种时间迭代方法，经过长期、多批次代码优化，具有高于同类商业 CFD 软件的仿真效率；

(3) 基于商业 CFD 前后置处理软件，通过二次开发形成网格生成、流场显示等辅助工具，使用较方便；

(4) 通过与高超声速风洞实验、国内外参考文献算例的对比验证和改进，具有较高的可靠性。

8.5.2　双椭球模型风洞实验流场计算

在 FD-07 风洞开展的双椭球模型风洞测压实验 [21] 流场条件为 P_0=8.5MPa，T_0=720K，Ma=8.02，攻角 0°。计算中采用完全气体模型，物面设为等温壁 (壁温 300K)；双椭球外形及流场网格如图 8.24 所示 (网格拓扑结构与图 8.21 所示相同，单元总数为 32768000)。

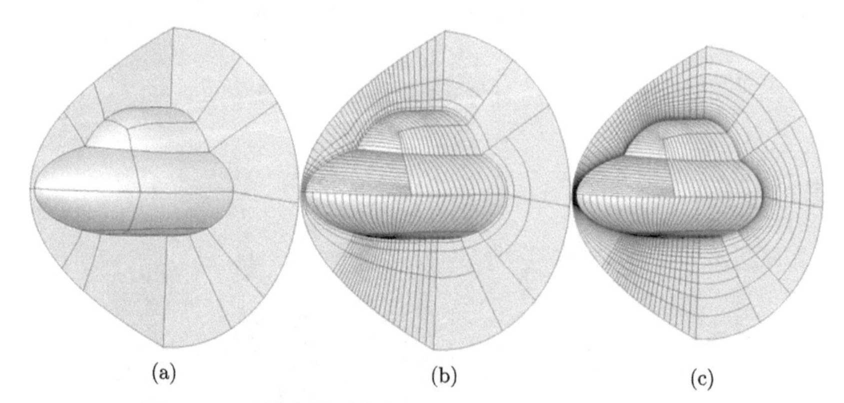

(a)　(b)　(c)

图 8.24　双椭球模型完全气体流场计算用网格分块情况

测试平台：某国产超级计算机系统，可用结点约 1.1 万，每结点 16 个 CPU 核心、8GB 内存，总浮点性能 1PFlops。

测试方法：并行计算规模从 2048 进程开始，折半递减直至内存不足以运行任务为止；并行计算中，软件自动对原始网格块进行二次剖分 (由于网格单元数的特殊性，正好均分，图 8.24(a) 为原始网格共 10 块，(b) 为 128 块，(c) 为 2048 块)；测试数据取 100 步耗时并换算为核时代价 (所用 CPU 核心数与耗时的乘积)。

测试结果：当并行计算规模低于 64 时 (单进程网格量约 50 万)，计算任务不能启动。表 8.3 列出了百步耗时、以最少进程算例为基准的加速比和并行效率。结果显示，2048 进程时并行效率达 94.8%。

表 8.3 双椭球模型完全气体流场并行计算测试结果

进程数	百步耗时/s	理论加速比	实测加速比	并行效率
64	1591.7	1.00	1.00	100.0%
128	812.71	2.00	1.96	97.9%
256	399.51	4.00	3.98	99.6%
512	205.8	8.00	7.73	96.7%
1024	103.84	16.00	15.33	95.8%
2048	52.439	32.00	30.35	94.8%

从如图 8.25 所示并行计算加速比与并行效率可见，前文所述 CPU 并行算法在国产超级计算机系统获得了接近理想值的并行加速比。

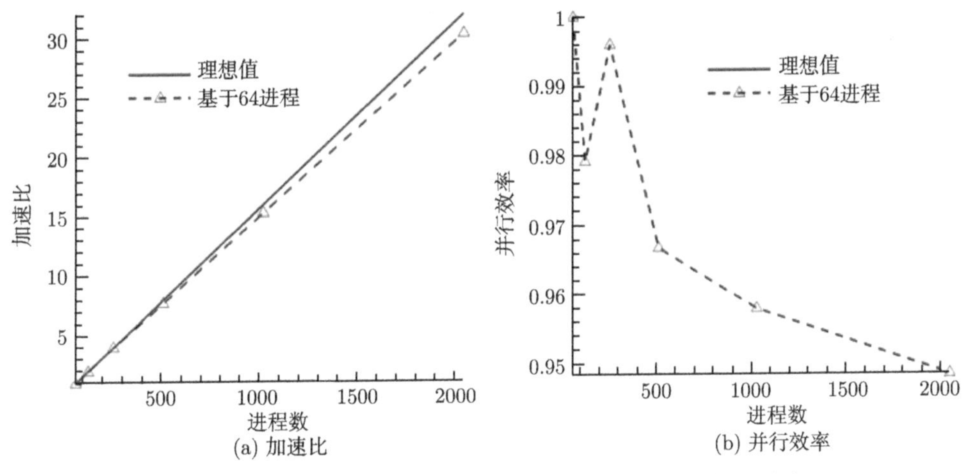

(a) 加速比 (b) 并行效率

图 8.25 双椭球模型完全气体流场并行计算加速比与并行效率

以 2048 进程完成流场计算，图 8.26 列出了计算结果流场压力、密度和温度云图，图中完全看不出网格块对接边界的影响；图 8.27 列出了计算结果双椭球对称面对接点附近速度矢量图，可以观测到由逆压梯度产生的分离现象。

图 8.28 列出了模型上下表面中心线压力分布计算结果 (HAS 为作者开发的流场计算软件) 与实验结果的对比，计算结果与实验结果基本吻合。

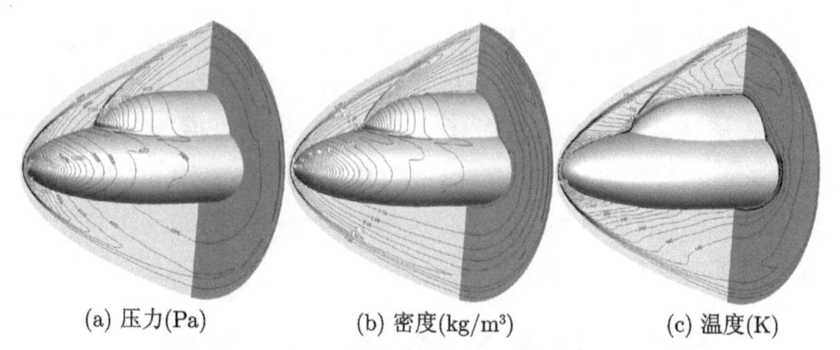

(a) 压力(Pa)　　(b) 密度(kg/m³)　　(c) 温度(K)

图 8.26　双椭球模型流场压力、密度和温度云图

图 8.27　双椭球模型流场对称面对接点附近速度矢量图

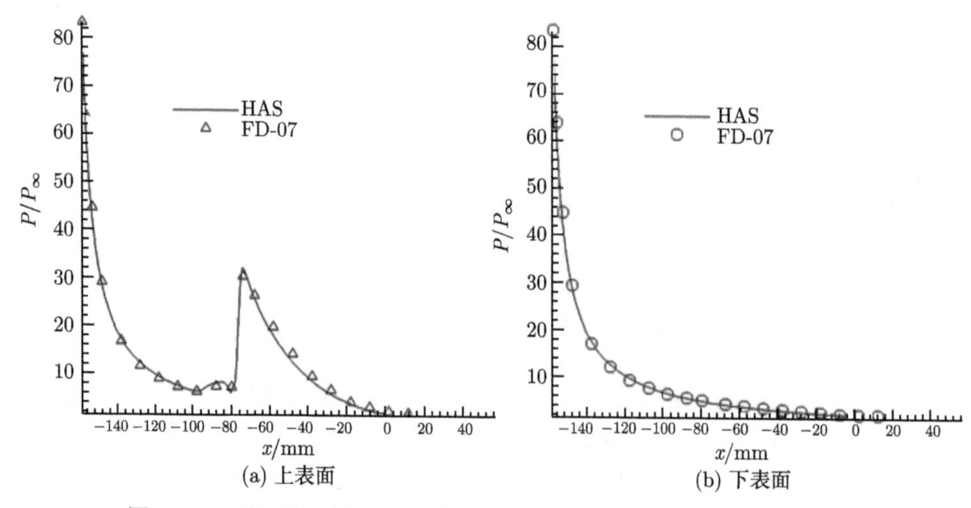

(a) 上表面　　(b) 下表面

图 8.28　双椭球模型上下表面中心线压力分布计算结果与实验结果对比

8.5.3 Apollo 指令舱高超声速绕流计算

Apollo 指令舱绕流 [22] 流场条件为：V_∞=8080m/s，T_∞=219.7K，ρ_∞=8.7532×10^{-5}kg/m^3，攻角 17.5°。计算中采用 5 组元化学非平衡模型，物面设为非催化等温壁 (壁温 1500K)；Apollo 指令舱外形及流场网格如图 8.23 所示，原始网格分为 16 块，网格单元总数 3.8 亿。

测试平台：神威・太湖之光超级计算机系统，共 163840 个主核，每个主核配 64 个从核、8GB 内存，总浮点性能 125PFlops。

测试方法：使用从核需采用神威・太湖之光系统特殊的异构并行技术，故 CPU 并行计算测试中仅使用主核 (每个主核可看作 x86 架构 CPU 的一个核心)；并行计算规模从 32768 进程开始，折半递减直至内存不足以运行任务为止；并行计算中，设置负载失衡指标为 5%，软件自动对原始网格块进行二次剖分 (图 8.23 仅列出了其中 512 进程和 32768 进程时二次剖分结果)；测试数据取 100 步耗时换算核时代价。

测试结果：当并行计算规模低于 128 进程时 (单进程网格量约 300 万)，计算任务不能启动。表 8.4 列出了计算耗时、以最少进程 (128) 算例为基准的加速比和并行效率。结果显示，1024 进程时 (单进程网格量约 27 万) 取得最小核时代价，可能是因为更小的并行计算规模下单进程网格量太大内存不足导致计算效率降低，因此以 128 进程核时代价为基准时出现了超线性加速的假象，故负载失衡指标 5%的前提下 32768 进程并行效率达 98.9%，高于预期结果。改以最小核时代价为基准换算加速比和并行效率，结果如图 8.29 所示，32768 进程时并行效率仍高达 92.2%。

表 8.4 Apollo 指令舱化学非平衡流场并行计算效率测试结果

进程数	耗时/s	理论加速比	实测加速比	并行效率
2^8	2232.58	1.00	1.00	100%
2^9	1065.45	2.00	2.10	104.8%
2^{10}	528.64	4.00	4.22	105.6%
2^{11}	260.2	8.00	8.58	107.2%
2^{12}	130.15	16.00	17.15	107.2%
2^{13}	65.41	32.00	34.13	106.7%
2^{14}	33.19	64.00	67.27	105.1%
2^{15}	17.79	128.00	125.50	98.0%
2^{16}	8.82	256.00	253.13	98.9%

以 512 进程完成计算，图 8.30 列出了流场压力、温度，以及 O_2、N_2 质量分数等参数等值线分布，头部弓形激波后温度超过 12000K，O_2 几乎全部离解，N_2 也大部分离解。表 8.5 给出 Apollo 指令舱的气动力系数计算结果和飞行实验结果对比情况，由表可见，HAS 计算得到的升力、阻力系数和升阻比与文献的计算结果吻

合较好；与飞行实验相比，HAS 计算与文献计算结果均出现了较大偏差，可能的原因在于：一方面，飞行实验外形由于烧蚀而改变，而计算采用的是非烧蚀外形；另一方面，选取的状态空气密度较低，而计算未考虑稀薄气体效应。

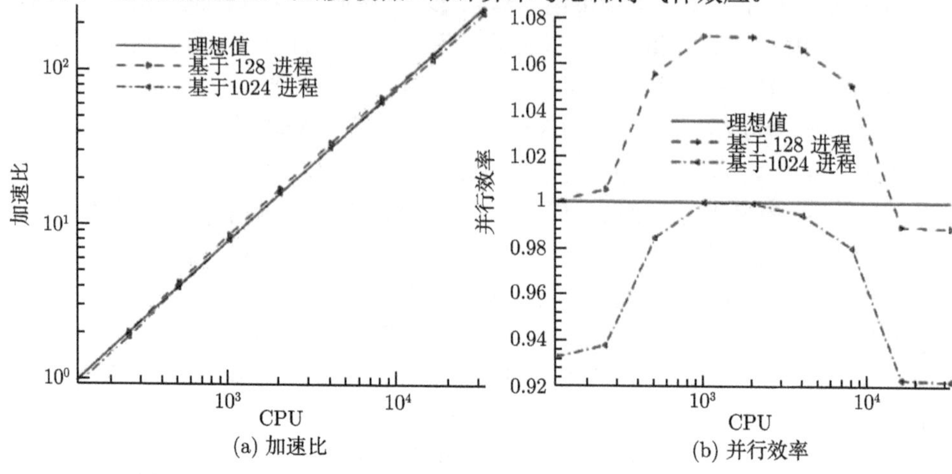

(a) 加速比 (b) 并行效率

图 8.29 Apollo 指令舱化学非平衡流场并行计算加速比与并行效率

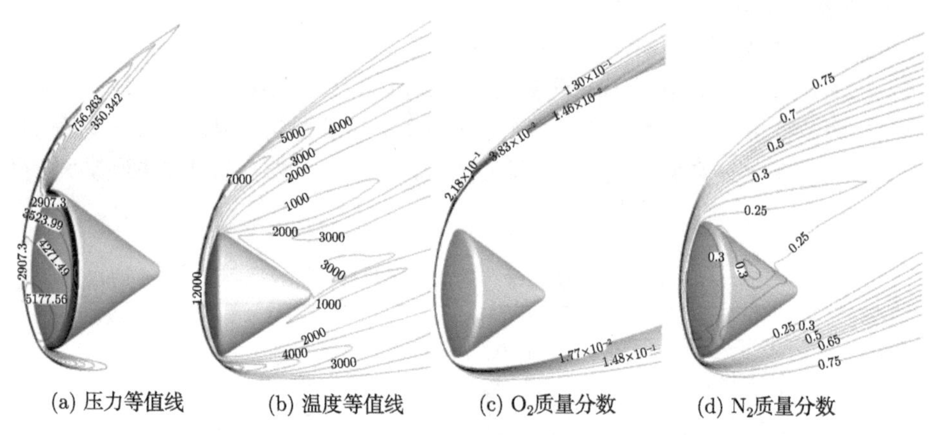

(a) 压力等值线 (b) 温度等值线 (c) O_2质量分数 (d) N_2质量分数

图 8.30 Apollo 指令舱流场参数分布等值线

表 8.5 Apollo 指令舱气动力系数计算结果及偏差

参数	HAS 计算结果			文献计算结果		飞行实验结果
	数值	与实验偏差	与文献计算偏差	数值	与实验偏差	
C_L	−0.362	9.7%	1.4%	−0.357	8.2%	−0.33
C_D	1.386	10.0%	3.1%	1.430	13.5%	1.26
L/D	−0.261	1.5%	4.8%	−0.249	6.0%	−0.265
C_{Mcg}	−0.0042	—	60.0%	−0.01051	—	0.0

8.5.4 高超声速圆柱绕流大规模并行计算

流场条件: V_∞=4678m/s，T_∞=241K，P_∞=640.97Pa；求解 5 组元化学非平衡 N-S 方程，物面为非催化等温壁 (壁温 811K)；圆柱外形及流场网格如图 8.22 所示，原始网格单块，网格单元总数 65536000。

测试平台同 8.5.2 节。

测试方法: 并行计算规模从 65536 进程开始，折半递减直至内存不足以运行任务为止；并行计算中，软件自动对原始网格块进行二次剖分；测试数据取 100 步耗时换算核时代价。

测试结果: 当并行计算规模低于 64 进程时 (单进程网格量约 100 万)，计算任务不能启动。表 8.6 列出了百步耗时、以最少进程 (64) 算例为基准的加速比和并行效率。结果显示，512 进程时 (单进程网格量约 12.8 万) 取得最小核时代价，以 64 进程核时代价为基准出现了超线性加速的假象；同时，高于 32768 进程 (单进程网格量 2000) 后并行加速比迅速衰减，根据前文测试结果，可能是有网格块二次剖分后单块网格太小导致流场计算速度下降的因素，即便如此，65536 进程 (单进程网格量 1000) 时并行效率仍达 89.9%。

表 8.6 圆柱化学非平衡流场并行计算效率测试结果

进程数	百步耗时/s	理想加速比	实测加速比	并行效率
64	4756.85	1.00	1.00	100.0%
128	2366.70	2.00	2.01	100.5%
256	1178.73	4.00	4.04	100.8%
512	588.46	8.00	8.08	101.0%
1024	300.94	16.00	15.81	98.8%
2048	151.31	32.00	31.44	98.2%
4096	77.16	64.00	61.65	96.3%
8192	37.40	128.00	127.20	99.4%
16384	18.91	256.00	251.54	98.2%
32768	9.80	512.00	485.31	94.8%
65536	5.16	1024.00	920.91	89.9%

改以最小核时代价为基准换算加速比和并行效率，结果如图 8.31 所示，65536 进程时并行效率 89.0%。

由于圆柱绕流实际上是二维问题，这里仅因该问题具有极好的可扩展性 (展向可以随意设置宽度和网格数) 将其选为 CFD 大规模并行计算基础数据及并行效率测试算例，问题本身的求解比较简单，不再列出计算结果。

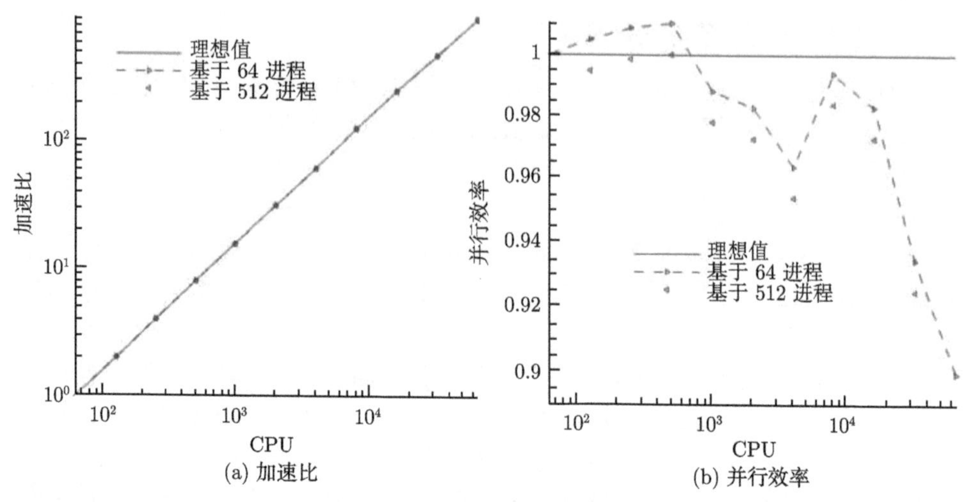

(a) 加速比 (b) 并行效率

图 8.31 圆柱化学非平衡流场并行计算加速比与并行效率

参考文献

[1] Dongarra J, Foster I. Sourcebook of Parallel Computing. Beijing: Electronic Industry Press, 2005.

[2] Oden J T, Belytschko T, Fish J, et al. Simulation-based Engineering Science: Revolutioninizing Engineering Science through Simulation. Arlington: National Science Foundation, 2006.

[3] Bader D A. Petascale Computing: Algorithms and Applicaitions. New York: Chapman & Hall/CRC, Computational Science Series, 2007.

[4] Hallion R P. NASA's Contributions to Aeronautics Vol. 1, National Aeronautics and Space Administration. NASA/SP-2010-570-Vol. 1, 2010: 427-458.

[5] Slotnick J, Khodadoust A. CFD vison 2030 study: a path to revolutionary computational aerosciences. NASA/CR-2014-218178. 2014.

[6] 丁国昊, 李桦, 潘沙, 等. 基于结构网格的高超声速流动大规模并行数值模拟研究. 计算机工程与科学，2012, 34(8): 154-159.

[7] 王运涛, 王光学, 徐庆新, 等. 基于结构网格的大规模并行计算研究. 计算机工程与科学, 2012, 34(8): 67-72.

[8] 王勇献, 张理论, 刘巍, 等. CFD 并行计算中的多区结构网格二次剖分方法与实现. 计算机研究与发展，2013，50(8): 192-198.

[9] 杨学军. 并行计算六十年. 计算机工程与科学，2012, 34(8): 1-10.

[10] 帕万 • 巴拉吉. 并行计算的编程模型. 张云泉, 李士刚, 逄仁波, 等, 译. 北京: 机械工业出版社, 2017.

[11] 陈国良, 孙广中, 徐云, 等. 并行算法研究方法学. 计算机学报，2008, 31(9): 1493-1502.

[12] 陈国良, 苗乾坤, 孙广中, 等. 分层并行计算模型. 中国科学技术大学学报, 2008, 38(7): 1-7.
[13] 李志辉，张涵信. 求解 Boltzmann 模型方程的气体运动论大规模并行算法. 计算物理, 2008, 25(1): 65-74.
[14] 李志辉, 吴俊林, 蒋新宇, 等. 跨流域高超声速绕流 Boltzmann 模型方程并行算法. 航空学报, 2015, 36(1): 201-212.
[15] 王龙, 迟学斌. 千万亿次计算: 趋势与需求. 科研信息化技术与应用, 2008, 1(3): 20-31.
[16] 卢宇彤. 极大规模并行计算系统趋势分析. 计算机工程与科学, 2012, 34(8): 17-23.
[17] 李志辉，蒋新宇，吴俊林，徐金秀，白智勇. 求解 Boltzmann 模型方程高性能并行算法在航天跨流域空气动力学应用研究. 计算机学报，2016, 39(9): 1801-1811.
[18] 都志辉. 高性能计算并行编程技术——MPI 并行程序设计. 北京: 清华大学出版社，2001.
[19] 白智勇, 党雷宁, 等. 复杂流场仿真并行优化技术. 第十七届全国计算流体力学会议, 2017.
[20] 白智勇, 党雷宁, 等. 大规模并行高超声速流场数值算法研究. 第十八届全国高超声速学术交流会, 2016.
[21] 李素循. 典型外形高超声速流动特性. 北京: 国防工业出版社. 2007.
[22] Hassan B. Thermo-chemical nonequilibrium effects on the aerothermodynamics of hypersonic vehicles. Raleigh: North Carolina State University, 1993.

第 9 章　N-S 方程求解的 GPU 异构并行算法

在第 8 章介绍的针对 CPU 的流场区域分解并行算法设计中，子区域内部采用串行算法，将子区域看作整体，重点考虑子区域之间的并发特性 (同一 CPU 进程的多个子区域顺序执行，不同 CPU 进程的子区域并行执行)。GPU 异构并行 CFD 算法以此为基础，重点考虑子区域内网格单元间的并发特性。

虽然多 GPU 设备的使用有多种可选方案，但借鉴文献 [1-14] 在发展基于 GPU 的 CFD 异构并行算法方面取得的成功经验和失败教训，这里重点推荐单计算结点用一个 CPU 进程管理全部 GPU 设备的方案：一是可以利用 CUDA 的 Peer-to-Peer 通信提升 GPU 卡间通信效率；二是只占用计算结点的一个 CPU 核心，其余 CPU 资源可供其他 CPU 计算任务使用。

9.1　数据依赖关系

相信读者通过第 3 章的 CUDA 线程模型学习已经对 GPU 的硬件及基于 CUDA 的 GPU 算法特点有了充分的认识：与 CPU 核 (Core) 相比，GPU 的计算单元 (SP) 功能单一而数量众多，因而 GPU 算法采用单指令多线程模型 (SIMT)，将计算任务分解为细粒度的子任务发布到 SP 以 CUDA 线程的方式并发执行，而执行过程无特定顺序。因此，只有无数据依赖的算法才能充分发挥 GPU 特点。

就 CFD 算法而言，将整个网格块发布到 GPU 的一个 SP 上执行虽然也是可实现的，但即便只使用单块 GPU 卡就要求将流场网格分解为成千上万块显然是不现实的 (网格块不能太小，否则影响整体计算速度；网格单元数又不能太多，否则单块 GPU 卡显存不足)。因此，将 GPU 加速技术应用于 CFD 算法一般需要将任务分解到网格单元，为每个网格单元的每个功能模块生成 CUDA 线程发布到 GPU 的 SP 执行，这就要求 CFD 算法的各模块算法都无数据依赖。

9.1.1　数据依赖性分析

如图 8.8 所示 CFD 模块中，流场梯度计算、黏性项离散、无黏项离散和隐式项系数计算模块在每个网格单元均需如下两步操作：

第一步，通量构造：

$$F_m = \mathrm{Flux}(Q_{m\pm\frac{1}{2}}, Q_{m\pm\frac{3}{2}}, \cdots) \tag{9.1a}$$

第二步，通量差计算：

$$\Delta F_{m+\frac{1}{2}} = F_{m+1} - F_m \tag{9.1b}$$

两式中的 m 均代表结构网格的方向 i、j 或 k。

可以看到，两步的计算中都要用到相邻网格单元的变量，但既没有用到相邻网格单元的计算结果，也没有改变相邻网格单元的输入，因此，每个模块 (模块之间可能有顺序要求的各网格单元计算都可以认为是独立的) 具有数据并行性。

图 8.8 中的源项计算、时间步长计算、合并残差和更新内流场计算模块由于仅用到本网格单元的变量，与其他网格单元无关，同样具有数据并行性。

图 8.8 中的边界处理模块一般算法为

$$Q_{m+\frac{d}{2}} = f(Q_{m-\frac{d}{2}}, Q_{m-\frac{3d}{2}}, \cdots) \tag{9.2}$$

式中，d 表示边界面方向，根据边界面位于网格块的右侧还是左侧分别取 1 或 -1。由式 (9.2) 可知，边界面处理虽然输入和输出变量名相同，但分别位于边界面两侧，因此也是无数据依赖的。

而图 8.8 中隐式迭代模块的一般表达式为

$$\delta Q^{n+1} = f\left(Q^n, \Delta t, \frac{\partial Q^n}{\partial t}, \delta Q^{n+1}_{m-\frac{1}{2}}, \delta Q^{n+1}_{m+\frac{3}{2}}\right) \tag{9.3}$$

出于简洁考虑，式中没有给出的下标为 $m+1/2$。与其他模块不同，大多数隐式算法在任意网格单元的计算均用到相邻网格单元的计算结果，算法本身有数据依赖性，不适合 GPU 并行算法。

9.1.2 无数据依赖隐式算法

在 CFD 数十年的发展过程中，大型代数方程求解技术一直是研究方向之一，虽然大多数隐式算法如式 (9.3) 所示具有数据依赖性，但也衍生了少量无数据依赖隐式算法，只是要么因为算法本身效率不高，要么因为算法太复杂而不受重视。

1. 点隐格式

对于式 (7.1) 所示含源项 N-S 方程，其模型方程为

$$\frac{\partial q}{\partial t} + a\frac{\partial q}{\partial x} = w \tag{9.4}$$

其中，w 为源项。在化学非平衡流动问题中，刚性问题等因素可能会导致显式方法失效，为此，可在空间离散项采用显式离散而将源项采用隐式方法：

$$\delta q^{n+1} \equiv q^{n+1} - q^n = \left(w^{n+1} - a\frac{\partial q^n}{\partial x}\right)\Delta t \tag{9.5}$$

再对源项进行线性化处理：

$$\begin{cases} w^{n+1} = w^n + b\delta q^{n+1} \\ b \equiv \dfrac{\partial w^n}{\partial q} \end{cases} \tag{9.6}$$

则最终求解算法为

$$\left(\frac{1}{\Delta t} - b\right)\delta q^{n+1} = w^n - a\frac{\partial q^n}{\partial x} \tag{9.7}$$

式 (9.7) 右端项由于保留了空间离散的显格式特点，求解过程中网格单元各自独立，因而具有数据并行性。

点隐格式只是解决了显格式求解 N-S 方程时源项与空间离散项的特征时间不一致问题，收敛较慢。

2. 流水线技术 [15]

以二维 LUSGS 方法为例，将式 (7.84) 展开为

L 算子

$$\left[\frac{1}{\Delta t} + \frac{\alpha}{\Omega}(\rho_A + \rho_B)\right]\delta\bar{Q}^{n+1} = -\mathrm{RHS}^n + \frac{\alpha}{\Omega}\left(A^+_{I-1}\delta Q^{n+1}_{I-1} + B^+_{J-1}\delta Q^{n+1}_{J-1}\right) \tag{9.8a}$$

U 算子

$$\left[\frac{1}{\Delta t} + \frac{\alpha}{\Omega}(\rho_A + \rho_B)\right]\delta Q^{n+1} = \delta\bar{Q}^{n+1} - \frac{\alpha}{\Omega}\left(A^-_{I+1}\delta\bar{Q}^{n+1}_{I+1} + B^-_{J+1}\delta\bar{Q}^{n+1}_{J+1}\right) \tag{9.8b}$$

式中，未注明的下标为半点 ($I = i + 1/2$ 或 $J = j + 1/2$)。

可以发现，在 L 算子的空间扫描过程中，$\delta\bar{Q}_{I,J}$ 的计算依赖于 $\delta\bar{Q}_{I-1,J}$ 和 $\delta\bar{Q}_{I,J-1}$，而 $\delta\bar{Q}_{I-1,J+1}$ 及 $\delta\bar{Q}_{I+1,J-1}$ 等图 9.1(a) 虚线上的点的计算相互无关，是可以并行执行的；同理，U 算子扫描时，图 9.1(b) 虚线上的点的计算相互无关，也是可以并行执行的。这种并行算法类似于多个工人在产品生成流水线上的工作：1 号工人在完成第 1 件产品的第 1 道工序前，其他工人等待；1 号工人对第 1 件产品的第 2 道工序操作可以和 2 号工人对第 2 件产品的第 1 道工序操作并行执行，依此类推。

流水线技术可以保证 LUSGS 方法的并行计算结果与串行计算结果的一致性，但计算过程中必然有多个计算单元处于闲置状态，效率不高。

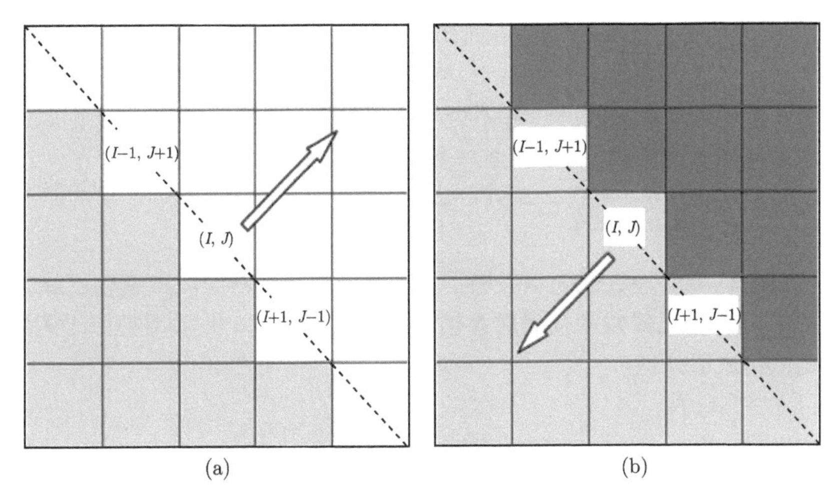

图 9.1 LUSGS 方法的流水线并行计算

3. DPLUR 方法 [16]

针对式 (7.84) 所示 LUSGS 方法存在数据依赖问题，文献 [2] 提出一种通过内部松弛迭代消除数据依赖的方法：

$$\begin{cases} Y = \left[\dfrac{1}{\Delta t} + \dfrac{\alpha}{\Omega}\sum\limits_{m=i,j,k}\rho\left(K_{m+\frac{1}{2}}\right)\right]I \\ \delta Q^{(0)} = -Y^{-1}\mathrm{RHS}^n \\ \delta Q^{(k+1)} = Y^{-1}\left[-\mathrm{RHS}^n - \dfrac{\alpha}{\Omega}\sum\limits_{m=i,j,k}\left(K^-_{m+\frac{3}{2}}\delta Q^{(k)}_{m+\frac{3}{2}} - K^+_{m-\frac{1}{2}}\delta Q^{(k)}_{m-\frac{1}{2}}\right)\right] \\ \delta Q^{n+1} = \delta Q^{(k_{\max})} \end{cases} \tag{9.9}$$

式中，未注明的下标为半点，$\rho(K_{m+1/2})$ 为 m 方向雅可比系数矩阵 K 的最大特征值，三维问题中三个方向无黏项通量雅可比系数矩阵计算公式见附录 B。

式 (9.9) 迭代过程虽仍然需要用到邻接网格单元的数据 (对接边界处需用到邻接块的数据)，但迭代过程的输入在伪时间层 (k) 而输出在伪时间层 $(k+1)$，因而完全消除了数据依赖，这种方法称为 DPLUR(Data-Parallel Lower-Upper Relaxation) 方法。

显然，由于内迭代的存在，单步时间推进的计算量有所增加，但得到的好处是隐式迭代过程没有数据依赖，各网格单元的计算可以并行执行，不仅适用于 GPU 并行计算，而且应用于区域分解 CPU 并行算法时可完全消除网格块二次剖分对流场计算收敛过程的影响，使得 CPU 并行算法具有接近线性的规模可扩展性

(考虑到对接边界数对流场计算速度的影响，实际并行规模扩展性不可能完全达到线性)。

基于 “隐式项只影响收敛过程不影响计算精度” 考虑，CFD 一般在隐式计算部分忽略黏性项和源项的影响。比如一维 LUSGS 方法：

$$\mathrm{RHS}^{n+1}=\frac{\partial E^{n+1}}{\partial x}-\frac{\partial E_v^{n+1}}{\partial x}-S^{n+1}\approx\frac{\partial E^{n+1}}{\partial x} \tag{9.10}$$

文献 [16] 认为这种近似处理丢失了太多流场信息而导致收敛速度下降。为此，在 DPLUR 算法中隐式残差也考虑黏性项和源项的影响，并采用类似于无黏隐式通量的线性化近似处理：

$$E_v^{n+1}\approx E_v^n+\frac{\partial E_v^n}{\partial Q}\delta Q^{n+1}=E_v^n+L\delta Q^{n+1} \tag{9.11}$$

$$S^{n+1}\approx S^n+\frac{\partial S^n}{\partial Q}\delta Q^{n+1}=S^n+W\delta Q^{n+1} \tag{9.12}$$

黏性通量雅可比矩阵 L 及化学源项雅可比矩阵 W 详细表达式见附录 C。为避免矩阵求逆，同样对黏性隐式通量做最大特征值分裂：

$$L^{\pm}=\frac{L\pm\rho(L)I}{2} \tag{9.13}$$

同时将源项雅可比矩阵近似为对角阵：

$$W\approx\rho(W)I \tag{9.14}$$

则式 (9.9) 可改写为

$$\begin{cases} Y=\left[\dfrac{1}{\Delta t}+\dfrac{\alpha}{\Omega}\displaystyle\sum_{m=i,j,k}\left(\rho\left(K_{m+\frac{1}{2}}\right)+\rho\left(L_{m+\frac{1}{2}}\right)+\rho\left(W_{m+\frac{1}{2}}\right)\right)\right]I \\ J^{\pm}=K^{\pm}+L^{\pm}+W^{\pm} \\ \delta Q^{(0)}=-Y^{-1}\mathrm{RHS}^n \\ \delta Q^{(k+1)}=Y^{-1}\left[-\mathrm{RHS}^n-\dfrac{\alpha}{\Omega}\displaystyle\sum_{m=i,j,k}\left(J^-_{m+\frac{3}{2}}\delta Q^{(k)}_{m+\frac{3}{2}}-J^+_{m-\frac{1}{2}}\delta Q^{(k)}_{m-\frac{1}{2}}\right)\right] \\ \delta Q^{n+1}=\delta Q^{(k_{\max})} \end{cases} \tag{9.15}$$

式 (9.15) 仍然采用对角化方法避免矩阵求逆，称为 Diag-DPLUR 方法。该方法进一步增加了计算量，但实测表明 (图 9.2)，求解某再入飞行器高超声速流场问题，LUSGS 方法达到收敛需接近 5 万步，迭代耗时约 5000s，Diag-DPLUR 算法大约需 1.4 万步，耗时约 3000s，Diag-DPLUR 算法所需迭代步数下降 72%，计算耗时下降 40%。

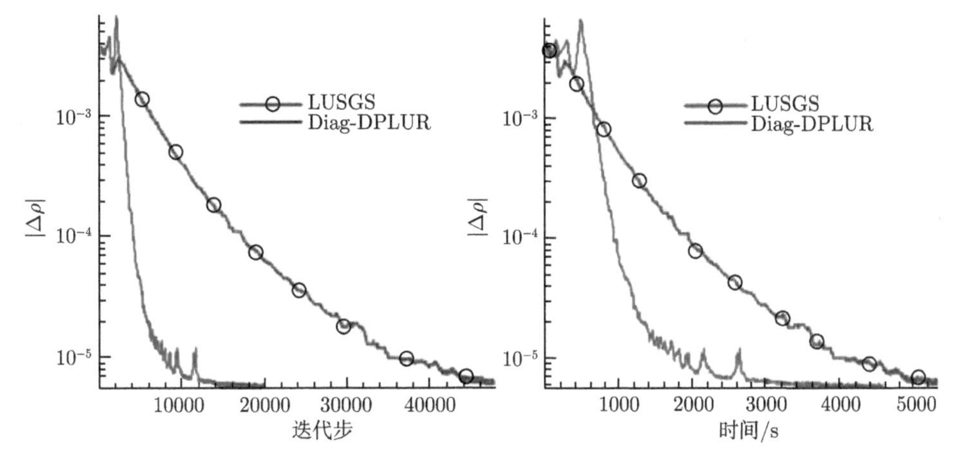

图 9.2 Diag-DPLUR 方法与 LUSGS 方法收敛过程对比

式 (9.15) 虽然解决了隐式算法数据依赖问题，但如果网格长细比较大 (比如黏性流场模拟中，附面层网格法向间距极小而切向间距较大)，收敛速度仍不理想。文献 [16] 认为这是为了避免矩阵求逆在隐式项离散中采用最大特征值分裂实现隐式系数对角化导致的。为此，隐式无黏项雅可比矩阵采用 Steger-Warming 分裂，而隐式黏性项雅可比系数矩阵采用附录 C 的分裂方法，并根据

$$
\begin{cases}
K^+_{m+\frac{1}{2}} - K^-_{m+\frac{1}{2}} = K_{m+\frac{1}{2}} \\
L^+_{m+\frac{1}{2}} - L^-_{m+\frac{1}{2}} = -2L_{m+\frac{1}{2}}
\end{cases}
\tag{9.16}
$$

将式 (9.15) 改写为

$$
\begin{cases}
Y = \left[\dfrac{1}{\Delta t} + \dfrac{\alpha}{\Omega}\displaystyle\sum_{m=i,j,k}(K_m - 2L_m + W_m)\right] \\
J^{\pm} = K^{\pm} + L^{\pm} + W^{\pm} \\
\delta Q^{(0)} = -Y^{-1}\mathrm{RHS}^n \\
\delta Q^{(k+1)} = Y^{-1}\left[-\mathrm{RHS}^n - \dfrac{\alpha}{\Omega}\displaystyle\sum_{m=i,j,k}\left(J^-_{m+\frac{3}{2}}\delta Q^{(k)}_{m+\frac{3}{2}} - J^+_{m-\frac{1}{2}}\delta Q^{(k)}_{m-\frac{1}{2}}\right)\right] \\
\delta Q^{n+1} = \delta Q^{(k_{\max})}
\end{cases}
\tag{9.17}
$$

式 (9.17) 内迭代左端系数项是雅可比全矩阵，因而称为 Full-DPLUR 方法。Full-DPLUR 方法同样没有数据依赖，适合并行算法，而内迭代过程中出现矩阵求逆、矩阵求和 (内迭代之前完成矩阵求逆和矩阵求和，内迭代过程中只有矩阵与通量的乘法)，计算量有较大幅度增加，但因舍弃的信息较少，整个时间推进过程所需迭代步大幅度降低，因而整体计算效率高于 LUSGS 方法。文献 [16] 中列出了不

同条件下多种方法计算效率比较结果，图 9.3 则为在某高超声速飞行器绕流问题 (5 组元化学非平衡流) 研究中得到的结果：同样的计算条件 (36 核 CPU 并行计算)，LUSGS 方法达到收敛约需 5.2 万步，耗时约 22000s，而 Full-DPLUR 算法约需 4400 步，耗时只需约 2200s，Full-DPLUR 算法所需迭代步数下降约 91.5%，计算耗时下降 90%。

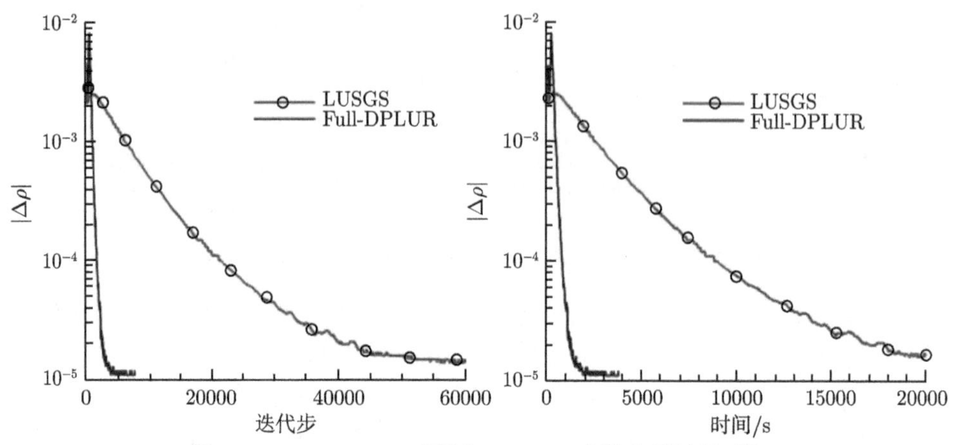

图 9.3　Full-DPLUR 方法与 LUSGS 方法收敛过程对比

不过，Full-DPLUR 方法虽然具有极高的计算效率，但涉及大量的矩阵运算，内存需求极大。以三维流场计算为例，Full-DPLUR 方法在每个网格单元增加 10 个雅可比矩阵 (可以通过程序技巧用时间换取空间，将雅可比矩阵数量降为 1，但代码易读性极差且计算效率大幅下降)，完全气体 N-S 方程每个矩阵大小为 5×5，5 组元化学非平衡流 N-S 方程每个矩阵大小为 9×9，11 组元化学非平衡流 N-S 方程每个矩阵大小达到 15×15，如果 CFD 计算涉及湍流、烧蚀等问题，雅可比矩阵更庞大。

鉴于目前的 GPU 设备内存仍然属于紧缺资源，在针对 GPU 加速的并行算法中仍然推荐采用 Diag-DPLUR 方法，故后文在介绍 GPU 异构 CFD 并行算法时重点针对 Diag-DPLUR 方法。

文献 [16] 中提出的比 Full-DPLUR 更高效的隐式算法 DPLR 方法 (著名高超声速流场软件 DPLR 的核心算法) 由于在固定方向具有数据依赖，不适合 GPU 异构算法，不再介绍，感兴趣的读者可参阅文献 [16]。

9.2　CFD 功能模块 kernel 设计

在第 8 章针对 CPU 平台的 CFD 并行算法介绍中，功能模块采用串行算法，其程序实现比较简单而未予过多着墨。但 GPU 异构算法的重点是如何采用细粒度并行算法将功能模块的网格单元串行遍历算法移植为网格单元并行算法，故本节着眼于功能模块的单个网格单元 CUDA 线程设计。

9.2.1 无黏项空间离散

三维流场任意结构网格单元无黏项空间离散为

$$R_{\mathrm{inv}}=\frac{1}{\Omega}\left[(F_{i+1}-F_i)+(F_{j+1}-F_j)+(F_{k+1}-F_k)\right] \tag{9.18}$$

式中，未列出的下标为控制体中心 ($i+1/2$、$j+1/2$ 或 $k+1/2$)。

由式 (9.18) 可见，无黏项空间离散实际分解为三个方向的差分之和，故后文只讨论 i 方向的一维差分实现，其他两个方向算法类似处理。无黏项空间离散需对通量 F 做分裂：

$$F_i=F_i^+\left(Q_i^+\right)+F_i^-\left(Q_i^-\right) \tag{9.19}$$

分裂算法有多种 (Steger-Warming 分裂、Van Leer 分裂等)，可分别编制为子程序供无黏项空间离散模块调用：

```
!CPU版
subroutine flux_inv(q,s,f,lr)
   integer,value::lr
   real,    intent(in ),dimension(3)::s
   real,    intent(in ),dimension(nm)::q
   integer,intent(out),dimension(nm)::f
!GPU版
attributes(device) subroutine flux_inv(q,s,f,lr)
   integer,value::lr
   real,    intent(in ),dimension(3)::s
   real,    intent(in ),dimension(nm)::q
   integer,intent(out),dimension(nm)::f
```

其中，lr 用于选择计算正或负通量；s 为控制面面积矢量；nm 为 N-S 方程组的方程数，可定义为全局常量供各 CFD 模块使用。

这里同时给出 CPU 版和 CUDA 版通量分裂子程序接口，只是为了表明，类似这种供其他代码调用的子程序，CUDA 版和 CPU 版代码写法是完全一样的 (虽然使用的变量存储位置分别位于 GPU 和 CPU 内存，但子程序中可以省略不写)，GPU 版子程序说明前加 attributes(device) 是它们唯一的不同之处 —— 当然，无论是 CPU 版还是 CUDA 版子程序，均应以 module 进行封装。下文将不再列出这类 CPU 版子程序接口说明。

通量分裂算法中的控制变量 Q 位于界面处，应由控制体中心插值得到：

$$Q_i^{\pm} = f^{\pm}\left(Q_{i\pm\frac{1}{2}}, Q_{i\pm\frac{3}{2}}, \cdots\right) \tag{9.20}$$

比如 NND 格式的插值算法为

$$Q_i^{+} = Q_{i-\frac{1}{2}} + \frac{1}{2}\,\mathrm{minmod}\left(Q_{i+\frac{1}{2}} - Q_{i-\frac{1}{2}}, Q_{i-\frac{1}{2}} - Q_{i-\frac{3}{2}}\right) \tag{9.21a}$$

$$Q_i^{-} = Q_{i+\frac{1}{2}} - \frac{1}{2}\,\mathrm{minmod}\left(Q_{i+\frac{3}{2}} - Q_{i+\frac{1}{2}}, Q_{i+\frac{1}{2}} - Q_{i-\frac{1}{2}}\right) \tag{9.21b}$$

其中，minmod 为限制器，由于还有多种其他限制器 (Van Albada 限制器、微分限制器等) 可用，应编写为子程序供插值算法调用：

```
attributes(device) real function limiter(x1,x2)
   real,value::x1,x2
```

插值算法同样有多种 (NND 格式、MUSCL 格式等)，可编写为子程序供无黏项空间离散算法调用，但一般直接由插值公式写成程序语句，比如式 (9.4) 翻译成程序语句为

```
ql(:,i) = qc(:,i-0.5)+0.5*minmod(qc(:,i+0.5)-qc(:,i-0.5)                &
                                  ,qc(:,i-0.5)-qc(:,i-1.5))
qr(:,i) = qc(:,i+0.5)-0.5*minmod(qc(:,i+1.5)-qc(:,i+0.5)                &
                                  ,qc(:,i+0.5)-qc(:,i-0.5))
```

式中，ql(:,i)、qr(:,i) 分别为控制通量在界面处正、负方向插值结果，也可认为是控制通量在界面两侧插值结果，一般只需临时使用，可用临时数组 ql(:)、qr(:) 替换。需要注意的是，虽然 Fortran 支持实数作为数组下标，但习惯上数组下标用整数，上述程序语句的 qc 数组下标将通过取整转换为整数下标，此时这种程序写法有隐藏 BUG：0.5 和 −0.5 取整后都是 0。为此，应在写程序时手动转换成如下形式：

```
ql(:,:) = qc(:,i-1)+0.5*minmod(qc(:,i  )-qc(:,i-1),qc(:,i-1)
        -qc(:,i-2))
qr(:,:) = qc(:,i  )- 0.5*minmod(qc(:,i+1)-qc(:,i  ),qc(:,i  )
        -qc(:,i-1))
```

通过调用上述函数，可以先求出式 (9.19) 中通量 F，然后计算式 (9.18) 中的两界面通量之差，完成无黏项空间离散。其 CPU 串行代码为

```
do i=1,ni
  q(:)=qc(:,i-1)+0.5*minmod(qc(:,i  )-qc(:,i-1),qc(:,i-1)
       -qc(:,i-2))
  call flux_inv(q(:),si(:,i),fl(:),1)
  q(:)=qc(:,i  )- 0.5*minmod(qc(:,i+1)-qc(:,i  ),qc(:,i  )
```

```
         -qc(:,i-1))
    call flux_inv(q(:),si(:,i),fr(:),-1)
    f(:,i)=fl(:)+fr(:)
  endo
  do i=1,ni-1
    df(:,i)=f(:,i+1)-f(:,i)
  enddo
```

其中，si 为控制面面积矢量，fl、fr 分别为分裂后的正、负通量。

可以看到，任意一个界面通量的计算不依赖于其他界面的通量计算，因而具有并发性；任意控制体中心通量差的计算不依赖于其他控制体中心通量差的计算，同样具有并发性；但通量差计算依赖于通量计算结果，需顺序执行。故网格单元的 CUDA 线程算法代码可写为

```
  i=(blockIdx%x-1)*(blockDim%x-1)+threadIdx%x
  if(i<=ni)then
    q(:)=qc(:,i-1)+0.5*minmod(qc(:,i  )-qc(:,i-1),qc(:,i-1)
         -qc(:,i-2))
    call flux_inv(q(:),si(:,i),fl(:),1)
    q(:)=qc(:,i  )- 0.5*minmod(qc(:,i+1)-qc(:,i  ),qc(:,i  )
         -qc(:,i-1))
    call flux_inv(q(:),si(:,i),fr(:),-1)
    f(:,tx)=fl(:)+fr(:)
  endif
  call syncthreads ()
  if(i<ni.and.tx<blockdim%x) df(:,i)=f(:,tx+1)-f(:,tx)
```

其中，第二行及最后一行的 if 语句是为了防止数组越界；由于通量差计算时需要用到别的线程计算得到的 $f(:,\mathrm{tx}+1)$，故 f 需要在线程块内共享，一般应申请为 shared 内存，并在通量差计算前在线程块内同步以确保通量差计算时 $f(:,\mathrm{tx}+1)$ 已由其他线程完成计算；blockDim%x 个线程各完成一个网格面的通量 f 计算，则最终只完成 blockDim%x-1 个网格单元离散。

代码的优化主要来自两方面：local 变量和 shared 变量的使用。flux_inv 子程序中会多次用到网格面积矢量，可以先将 si$(:,i)$ 赋给 local 数组 $s(3)$，调用 flux_inv 时作为实参替换 si$(:,i)$；数组 qc 使用频繁，可申请为 shared 数组 qs，先将全局内存中本线程块将用到的 qc 片段赋值给 qs，然后在程序代码中用 qs 替换 qc；q 使用频繁，可以申请为 shared 内存，但分析代码后发现 q 与 shared 数组 f 大小一致而使用上并无交叉，因而可以共用一个变量 (取名为 fq，表示供 f 与 q 共用)。

需要注意的是，为方便算法描述和理解，前述算法采用的是“伪代码”写法，虽然按式 (9.18) 三维流场空间离散可以分解为三个方向的一维离散，但每一维的离散所用数据是三维的。比如，优化后的 NND 格式 kernel 可写为

算例 9.1

```
!Sample 9.1
attributes(global) subroutine nnd_scheme(ni,nj,nk,si,sj,sk,qc,dq)
    implicit none
    integer,value::ni,nj,nk
    real,intent(in ),dimension(1:3,  1:ni  , 1:nj-1, 1:nk-1)::si
    real,intent(in ),dimension(1:3,  1:ni-1, 1:nj  , 1:nk-1)::sj
    real,intent(in ),dimension(1:3,  1:ni-1, 1:nj-1, 1:nk  )::sk
    real,intent(in ),dimension(1:nm,-1:ni+1,-1:nj+1,-1:nk+1)::qc
    real,intent(out),dimension(1:nm, 1:ni-1, 1:nj-1, 1:nk-1)::dq
    integer :: tx,ty,tz,i,j,k,m
    real::s(3),fl(1:nm),fr(1:nm)
    real,shared,dimension(1:nm,-1:B+1, 1:B-1, 1:B-1)::qs
    real,shared,dimension(1:nm, 1:B,   1:B-1, 1:B-1)::fq
    real,shared,dimension(1:nm, 1:B-1,  1:B-1, 1:B-1)::df
    tx=threadidx%x
    ty=threadidx%y
    tz=threadidx%z
    i = (blockidx%x-1) * (blockdim%x-1) + tx
    j = (blockidx%y-1) * (blockdim%y-1) + ty
    k = (blockidx%z-1) * (blockdim%z-1) + tz
    !i-drct
    if(ty<blockdim%y.and.tz<blockdim%z.and.j<nj.and.k<nk)then
       if(i<=ni)qs(:,tx+1,ty,tz)=qc(1:nm,i+1,j,k)
       if(tx<=3)qs(:,tx-2,ty,tz)=qc(1:nm,i-2,j,k)
    endif
    call syncthreads()
    if(i<=ni.and.j<nj.and.k<nk.and.ty<blockdim%y              &
                         .and.tz<blockdim%z)then
       s=si(:,i,j,k)
       do m=1,nm
          fq(m,tx,ty,tz) = qs(m,tx-1,ty,tz)                     &
```

```
          +0.5_dp*minmod(qs(m,tx-1,ty,tz)-qs(m,tx-2,ty,tz) &
                        ,qs(m,tx,ty,tz)-qs(m,tx-1,ty,tz))
      enddo
      call flux(fq(:,tx,ty,tz),s,fl(:), 1)
      do m=1,nm
         fq(m,tx,ty,tz) = qs(m,tx,ty,tz)                   &
            -0.5_dp*minmod(qs(m,tx,ty,tz)-qs(m,tx-1,ty,tz)  &
                        ,qs(m,tx+1,ty,tz)-qs(m,tx,ty,tz))
      enddo
      call flux(fq(:,tx,ty,tz),s,fr(:),-1)
      fq(:,tx,ty,tz)=fl(:)+fr(:)
   endif
   call syncthreads()
   if(tx<blockdim%x.and.ty<blockdim%y.and.tz<blockdim%z     &
    .and.i<ni.and.j<nj.and.k<nk)then
      df(:,tx,ty,tz) =fq(:,tx+1,ty,tz) - fq(:,tx,ty,tz)
   endif
   !j-drct
   if(i<ni.and.k<nk.and.tx<blockdim%x.and.tz<blockdim%z)then
      if(j<=nj)qs(:,ty+1,tx,tz)=qc(1:nm,i,j+1,k)
      if(ty<=3)qs(:,ty-2,tx,tz)=qc(1:nm,i,j-2,k)
   endif
   call syncthreads()
   if(i<ni.and.j<=nj.and.k<nk.and.tx<blockdim%x             &
                       .and.tz<blockdim%z)then
      s=sj(:,i,j,k)
      do m=1,nm
         fq(m,ty,tx,tz) = qs(m,ty-1,tx,tz)                 &
           +0.5_dp*minmod(qs(m,ty-1,tx,tz)-qs(m,ty-2,tx,tz) &
                       ,qs(m,ty,tx,tz)-qs(m,ty-1,tx,tz))
      enddo
      call flux(fq(:,ty,tx,tz),s,fl(:), 1)
      do m=1,nm
         fq(m,ty,tx,tz) = qs(m,ty,tx,tz)                   &
           -0.5_dp*minmod(qs(m,ty,tx,tz)-qs(m,ty-1,tx,tz)   &
```

```
                          ,qs(m,ty+1,tx,tz)-qs(m,ty,tx,tz))
      enddo
      call flux(fq(:,ty,tx,tz),s,fr(:),-1)
      fq(:,ty,tx,tz)=fl(:)+fr(:)
   endif
   call syncthreads()
   if(tx<blockdim%x.and.ty<blockdim%y.and.tz<blockdim%z        &
     .and.i<ni.and.j<nj.and.k<nk)then
      df(:,tx,ty,tz) =df(:,tx,ty,tz)+fq(:,ty+1,tx,tz)
                        - fq(:,ty,tx,tz)
   endif
   !k-drct
   if(i<ni.and.j<nj.and.tx<blockdim%x.and.ty<blockdim%y)then
      if(k<=nk)qs(:,tz+1,tx,ty)=qc(1:nm,i,j,k+1)
      if(tz<=3 )qs(:,tz-2,tx,ty)=qc(1:nm,i,j,k-2)
   endif
   call syncthreads()
   if(i<ni.and.j<nj.and.k<=nk.and.tx<blockdim%x                &
                       .and.ty<blockdim%y)then
      s=sk(:,i,j,k)
      do m=1,nm
         fq(m,tz,tx,ty) = qs(m,tz-1,tx,ty)                     &
           +0.5_dp*minmod(qs(m,tz-1,tx,ty)-qs(m,tz-2,tx,ty)    &
                         ,qs(m,tz,tx,ty)-qs(m,tz-1,tx,ty))
      enddo
      call flux(fq(:,tz,tx,ty),s,fl(:), 1)
      do m=1,nm
         fq(m,tz,tx,ty) = qs(m,tz,tx,ty)                       &
            -0.5_dp*minmod(qs(m,tz,tx,ty)-qs(m,tz-1,tx,ty)     &
                          ,qs(m,tz+1,tx,ty)-qs(m,tz,tx,ty))
      enddo
      call flux(fq(:,tz,tx,ty),s,fr(:),-1)
      fq(:,tz,tx,ty)=fl(:)+fr(:)
   endif
   call syncthreads()
```

```
    if(tx<blockdim%x.and.ty<blockdim%y.and.tz<blockdim%z       &
      .and.i<ni.and.j<nj.and.k<nk)then
       dq(:,i,j,k)=df(:,tx,ty,tz)+fq(:,tz+1,tx,ty)
                   - fq(:,tz,tx,ty)
    endif
  end subroutine nnd_scheme
```

算例 9.1 使用了较多程序优化技巧，导致程序易读性受到较大影响，解释如下：

(1) 为了节约 shared 内存，通量 f 与 q 共用 share 数组 fq。

(2) 任意方向离散计算中，B 个线程完成 B 个网格面通量计算，最终完成 $B-1$ 个网格单元离散 (如图 9.4 所示)，故最终边长为 B 的三维方阵线程块完成边长为 $B-1$ 的三维网格的 R_{inv} 计算。

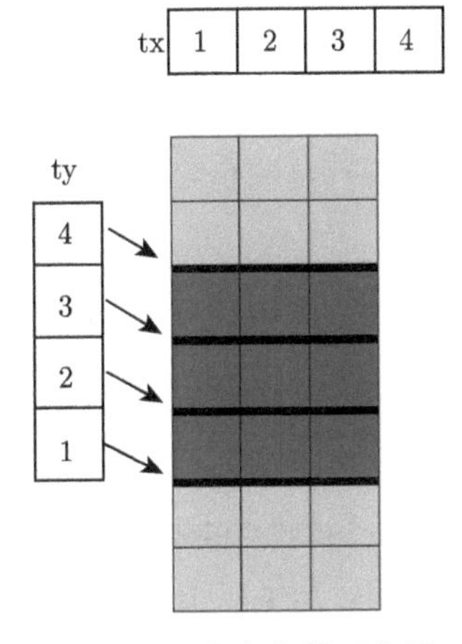

图 9.4 j 方向离散示意图

(3) 为了节省 shared 内存，申请 fq、qs 数组时，后两维大小设为 1:($B-1$)，同时将离散方向数据设定在这两个数组的第二维 (j 方向离散时相当于对如图 9.4 所示数组顺时针旋转 90°，k 方向类似)，导致程序中 j、k 方向离散易读性较差，但这种做法节省的 shared 数组元素个数是相当可观的：

$$\text{Num} = \left(10B^2 + 31B + 24\right) \text{nm} \tag{9.22}$$

(4) 将 qc 赋值给 qs 时，如图 9.5(a) 所示方法最容易理解：各线程完成与线程 ID 一致的数组 qs 赋值，线程块边界的线程为各自边界外的 qs 赋值，此时 1 号线程需做 3 次全局显存读取操作 (shared 内存赋值操作耗时可忽略)；算例中采用如图 9.5(b) 所示错位赋值方法，各线程最多进行 2 次全局显存读取操作。

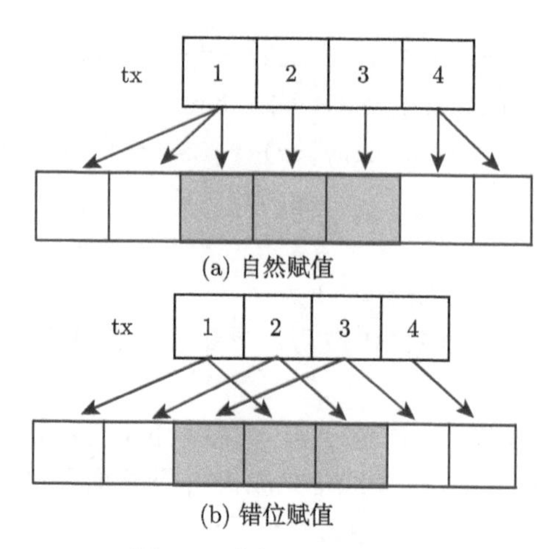

图 9.5　数组 qs 赋值操作

9.2.2　流场参数空间梯度计算

由高斯定理计算流场梯度在三维结构网格下写成离散形式为

$$\begin{cases} \nabla q = \dfrac{1}{\Delta V}\left[\left(q_{i+1}^s - q_i^s\right) + \left(q_{j+1}^s - q_j^s\right) + \left(q_{k+1}^s - q_k^s\right)\right] \\ \boldsymbol{q}^s = \boldsymbol{qs} \end{cases} \tag{9.23}$$

式中，下标约定同式 (9.18)。

黏性项通量计算需用到流场平动温度的空间梯度，可由流场控制方程求出温度：

$$T = \text{State\_equation}\,(q) \tag{9.24}$$

与式 (9.18) 比较可知，梯度计算与无黏项空间离散算法是类似的，同样可分解为 i、j、k 三个方向的通量差之和，不同之处在于，无黏项离散时需采用迎风型格式构造控制面处的通量 F，而梯度计算中一般采用界面两侧物理量的平均值 (相当于中心差分格式)：

$$\boldsymbol{f}_i^s = \left(f_{i+\frac{1}{2}} + f_{i-\frac{1}{2}}\right)\frac{\boldsymbol{s}_i}{2} \tag{9.25}$$

流场参数梯度计算算法比较简单，直接给出算例如下：

算例 9.2

```
!Sample 9.2 grad
attributes(global) subroutine grad_3d(ni,nj,nk,suri,surj,surk,vol&
                                      ,qp,gradq)
    implicit none
    integer,value:: ni,nj,nk
```

```
real,intent(in),dimension( 1:nm, -1:ni+1,-1:nj+1,-1:nk+1):: qc
real,intent(in),dimension(1:3,   1:ni   , 1:nj-1, 1:nk-1):: si
real,intent(in),dimension(1:3,   1:ni-1, 1:nj   , 1:nk-1):: sj
real,intent(in),dimension(1:3,   1:ni-1, 1:nj-1, 1:nk   ):: sk
real,intent(in),dimension(       1:ni-1, 1:nj-1, 1:nk-1):: vol
real,intent(inout),dimension(1:3,1:ns+4,0:ni,0:nj,0:nk )::   &
                                                         gradq
integer::i,j,k,tx,ty,tz,m
real:: s1(3),s2(3),grad(1:3,1:ns+4)
real,shared,dimension(1:ns+4,0:blockdim%x+1             &
                      ,0:blockdim%y+1,0:blockdim%z+1)::f
tx=threadidx%x
ty=threadidx%y
tz=threadidx%z
i = (blockidx%x-1) * blockdim%x + tx
j = (blockidx%y-1) * blockdim%y + ty
k = (blockidx%z-1) * blockdim%z + tz
if(i<=ni.and.j<=nj.and.k<=nk)then
   f(:,    tx+1,ty,tz)=qc(1:ns+4,i+1, j,k)
   f(ns+1,tx+1,ty,tz)=state_equation(f(:,tx+1,ty,tz))
   if(tx<=2)then
      f(:,    tx-1,ty,tz)=qc(1:ns+4,i-1,j,k)
      f(ns+1,tx-1,ty,tz)=state_equation(f(:,tx-1,ty,tz))
   endif
   if(ty==1)then
      f(:,    tx,ty-1,tz)=qc(1:ns+4,i,j-1,k)
      f(ns+1,tx,ty-1,tz)=state_equation(f(:,tx,ty-1,tz))
   endif
   if(ty==blockdim%y)then
      f(:,    tx,ty+1,tz)=qc(1:ns+4,i,j+1,k)
      f(ns+1,tx,ty+1,tz)=state_equation(f(:,tx,ty+1,tz))
   endif
   if(tz==1)then
      f(:,    tx,ty,tz-1)=qc(1:ns+4,i,j,k-1)
      f(ns+1,tx,ty,tz-1)=state_equation(f(:,tx,ty,tz-1))
```

```
      endif
      if(tz==blockdim%z)then
        f(:,   tx,ty,tz+1)=qc(1:ns+4,i,j,k+1)
        f(ns+1,tx,ty,tz+1)=state_equation(f(:,tx,ty,tz+1))
      endif
    endif
    call syncthreads()
    if(i<=ni.and.j<=nj.and.k<=nk)then
      ! i-drct------------------------------
      s1=si(1:3,i  ,j,k)
      s2=si(1:3,i+1,j,k)
      do m=1,ns+4
        grad(:,m)= ((f(m,tx+1,ty,tz)+f(m,tx,ty,tz))*s2      &
                  -(f(m,tx-1, ty,tz)+f(m,tx,ty,tz))*s1)*0.5_dp
      enddo
      ! j-drct------------------------------
      s1=sj(:,i,j  ,k)
      s2=sj(:,i,j+1,k)
      do m=1,ns+4
       grad(:,m)=grad(:,m)+((f(m,tx,ty+1,tz)+f(m,tx,ty,tz))*s2 &
                 -(f(m,tx,ty-1,tz)+f(m,tx,ty,tz))*s1)*0.5_dp
      enddo
      ! k-drct------------------------------
      s1=sk(:,i,j,k  )
      s2=sk(:,i,j,k+1)
      do m=1,ns+4
       grad(:,m)=grad(:,m)+((f(m,tx,ty,tz+1)+f(m,tx,ty,tz))*s2&
                 -(f(m,tx,ty,tz-1)+f(m,tx,ty,tz))*s1)*0.5_dp
      enddo
      gradq(1:3,1:ns+4,i,j,k)=grad(1:3,1:ns+4)/vol(i,j,k)
    endif
  end subroutine grad_3d
```

算例中，ns 为混合气体组分总数，对于完全气体 N-S 方程，ns 为 0；假定数组 qc 第一维的第 1~ns 元素代表混合气体组分质量分数、ns+2~ns+4 元素代表流场速度、ns+1 元素代表流场压力，由于结构网格 CFD 算法无需压力梯度，故数组 f

的第一维第 ns+1 元素代表温度 (由状态方程 state_equation 求出); 算例代码求出网格单元格心处流场梯度, 黏性通量计算时所需流场梯度实际为网格面流场梯度, 可由相邻网格单元格心流场梯度平均而得; 实际应用中, 边界面流场梯度应由边界条件加以修正。

与算例 9.1 的设计思路不同, 由于流场梯度计算中网格面处通量 flux 计算量小而所需存储空间较大, 算例 9.2 采用各线程分别计算组成网格体的全部 6 个面的通量 (因而 flux 计算量加倍但无需耗费额外的存储空间)。

9.2.3 黏性项空间离散

三维流场任意结构网格单元黏性项空间离散为

$$R_{\text{vis}} = \frac{1}{\Delta V}\left[\left(F_{i+1}^{v} - F_{i}^{v}\right) + \left(F_{j+1}^{v} - F_{j}^{v}\right) + \left(F_{k+1}^{v} - F_{k}^{v}\right)\right] \tag{9.26}$$

式中, 下标约定同式 (9.18)。

与式 (9.18) 比较可知, 黏性项空间离散与无黏项空间离散算法类似, 可分解为 i、j、k 三个方向的通量差之和; 控制面黏性通量计算中需用到的流场参数采用中心格式插值获得 (即界面两侧控制体流场参数平均值)。相应的 kernel 算法设计与算例 9.1 类似, 这里给出其一维写法 (实际应用时也需如算例 9.1 改成三个一维之和):

```
i=(blockIdx%x-1)*(blockDim%x-1)+threadIdx%x
if(i<=ni)then
    s(3)=sur(:,i)
    fq(:,tx) = (qc(:,i-1)+ qc(:,i))*0.5
    gradqm(:,:,tx)=(gradq(:,:,i-1)+ gradq(:,:,i))*0.5
    call flux_vis(fq(:,tx),s(:),gradqm(:,:,tx),fv(:))
    fq(:,tx)=fv(:)
endif
call syncthreads ()
if(i<ni.and. threadIdx%x < blockDim%x) df(:,i)=fq(:,tx+1)-fq(:,tx)
```

其中, fq 为 shared 内存, 界面处通量 q 与 fv 共用; flux_vis 子程序计算界面处黏性通量。

9.2.4 DPLUR 隐式计算模块

DPLUR 方法的优势在 GPU 算法中得以最大程度体现 (虽然文献 [16] 在构造 DPLUR 方法时通用 GPU 计算技术尚未诞生): LUSGS 算法要改写成线程级并行算法需使用大量程序设计技巧并导致线程浪费, 而 DPLUR 方法中, 每个网格单元的计算都是独立的, 具有并发性, 可直接通过 CUDA 线程实现网格单元的并行计算。

式 (9.15)、式 (9.17) 中右端隐式项系数矩阵 Y^{-1} 在 CFD 功能模块图 8.8 中对应 *Jacb*(对于 Diag-DPLUR 方法，*Jacb* 为对角阵，对于 Full-DPLUR 方法，*Jacb* 为 $mn \times mn$ 的矩阵)；*Jacb* 在内迭代过程中始终保持不变，而且获得 *Jacb* 的计算量较大，可在内迭代之前计算；J^-、J^+(Diag-DPLUR 方法中退化为 K^-、K^+) 虽然也在内迭代过程中保持不变，可在内迭代之前计算，但对于三维流场数值计算，至少需 6 个 mn×mn 的矩阵存储 (i、j、k 每个方向正负各 1 个)，而节省的计算量不多，可将雅可比矩阵的分裂及其与伪时间步 k 的残差相乘的算法合并为一个子程序 adq 供内迭代时调用：

```
attributes(device) subroutine adq(qc,dqk,s,f,lr)
   integer,value::lr
   real,intent(in),dimension(3)::s
   real,intent(in),dimension(nm)::qc,dqk
   real,intent(out),dimension(nm)::f
```

其中，lr 用于选择雅可比矩阵正负，q 为控制体中心流场参数，dqk 为第 k 伪时间步残差，s 为控制面面积矢量。

则 DPLUR 算法内迭代 kernel 核心算法为

```
tx=threadidx%x
ty=threadidx%y
tz=threadidx%z
i = (blockidx%x-1) * blockdim%x + tx
j = (blockidx%y-1) * blockdim%y + ty
k = (blockidx%z-1) * blockdim%z + tz
if(i<ni.and.j<nj.and.k<nk)then
   !lr=1
   qs(:,tx,ty,tz)=qc(:,i-1,j,k)
   s(:)=suri(:,i,j,k)
   call adq(qs(:,tx,ty,tz),dqk(:,i-1,j,k),s(:),f(:,tx,ty,tz),1)
   qs(:,tx,ty,tz)=qc(:,i,j-1,k)
   s(:)=surj(:,i,j,k)
   call adq(qs(:,tx,ty,tz),dqk(:,i,j-1,k),s,ftmp(:),1)
   f(:,tx,ty,tz)=f(:,tx,ty,tz)+ ftmp(:)
   qs(:,tx,ty,tz)=qc(:,i,j,k-1)
   s(:)=surk(:,i,j,k)
   call adq(qs(:,tx,ty,tz),dqk(:,i,j,k-1),s,ftmp(:),1)
   f(:,tx,ty,tz)=f(:,tx,ty,tz)+ ftmp(:)
```

```
      !lr=-1
      qs(:,tx,ty,tz)=qc(:,i+1,j,k)
      s(:)=suri(:,i+1,j,k)
      call adq(qs(:,tx,ty,tz),dqk(:,i+1,j,k),s(:),ftmp(:),-1)
      f(:,tx,ty,tz)=f(:,tx,ty,tz)-ftmp(:)
      qs(:,tx,ty,tz)=qc(:,i,j+1,k)
      s(:)=surj(:,i,j+1,k)
      call adq(qs(:,tx,ty,tz),dqk(:,i,j+1,k),s,ftmp(:),-1)
      f(:,tx,ty,tz)=f(:,tx,ty,tz)-ftmp(:)
      qs(:,tx,ty,tz)=qc(:,i,j,k+1)
      s(:)=surk(:,i,j,k+1)
      call adq(qs(:,tx,ty,tz),dqk(:,i,j,k+1),s,ftmp(:),-1)
      f(:,tx,ty,tz)= rhs(:,i,jk)+f(:,tx,ty,tz)-ftmp(:)
      do m=1,nm
         dqk1(m,i,j,k)=dot_product(Jacb(m,:,i,j,k),f(:,tx,ty,tz))
      enddo
   endif
```

作为优化措施，算法中已将控制体中心流场参数 qc 及临时数组 f 放入 shared 内存；算法中 dqk、rhs、dqk1 分别对应式 (9.15) 或式 (9.17) 中 $\delta Q^{(k)}$、RHS^n 和 $\delta Q^{(k+1)}$。其中 dqk 和 dqk1 在每次内迭代结束后需互换元素数值，为此可将 dqk 和 dqk1 设置为 device 属性的指向实型数组的指针，每次内迭代结束互换所指向的数组即可：

```
dqtmp=>dqk
dqk=>dqk1
dqk1=>dqtmp
```

9.2.5 其他模块

其他模块都不涉及空间离散，且只需完成内流场网格单元的计算即可。因此 CUDA 版代码与 CPU 版代码核心算法完全相同，只需将 CPU 算法遍历网格单元的 DO 循环改成 CUDA 线程并行即可。

比如，源项的 CPU 遍历算法：

```
do k=1,nk-1
do j=1,nj-1
do i=1,ni-1
   call source(...)
```

```
    enddo
    enddo
    enddo
```

改写为 CUDA 线程并行算法:

```
    i = (blockidx%x-1) * blockdim%x + threadidx%x
    j = (blockidx%y-1) * blockdim%y + threadidx%y
    k = (blockidx%z-1) * blockdim%z + threadidx%z
    if(i>=ni.or.j>=nj.or.k>=nk)return
    call source(...)
```

算法优化主要是将使用频率较高的变量写入 shared 内存。其中，通用做法是将网格单元 (或控制体) 中心流场控制通量 qc 写入 shared 内存，其余数据能否利用 shared 内存则因算法而异：GPU 流多处理器的片上高速缓存数额有限，当所需线程块内 shared 内存超过一定数额后，会导致片上驻留线程块减少而影响 GPU 计算单元利用率 —— 是否将某数据写入 shared 内存应由程序调试阶段通过测量 kernel 执行时间是否缩短决定 (效果不仅与算法有关，还和 GPU 硬件特性有关)。

9.3　边界条件处理技术

GPU 硬件架构决定了它擅长处理结构一致的大量数据，而对分散且结构不完全一致的数据处理效率较低。CFD 算法中，内流场的计算通常具有 "结构一致且数据量较大" 的特点，而边界处理时涉及的数据则相对比较分散且数据结构不完全一致。因此，应用 GPU 并行算法求解 N-S 方程，边界条件处理往往成为效率提升的瓶颈 [17]，这与基于 CPU 的 CFD 算法情况完全相反：除非网格块太小，基于 CPU 的 CFD 算法中，边界处理耗时通常都远小于内流场计算。

为此，某些针对 GPU 计算的边界处理采用将内流场数据拷贝至 CPU，由 CPU 完成边界处理，再将边界处理结果拷贝至 GPU 的算法设计。这种算法避开了 GPU 不擅长边界处理的问题，但 CPU 与 GPU 间数据移动受 PCIe 接口带宽限制而耗时较多。

如图 9.6 所示，在边界外设置虚拟网格后，边界处理问题转化为虚拟网格单元流场信息获取问题，而虚拟网格单元流场仅与边界面另一侧的内场有关，无数据依赖，因而任意虚拟网格单元可由 CUDA 线程并发处理。

边界处理的 CUDA 线程并行算法设计存在的困难主要有两点：① 边界处理中涉及的网格单元不连续，难以根据线程 ID 分配合适的网格单元；② 对接边界处理时，邻接块的网格 i、j、k 方向可能不一致，难以实现邻接块间的数据交换 [18]。

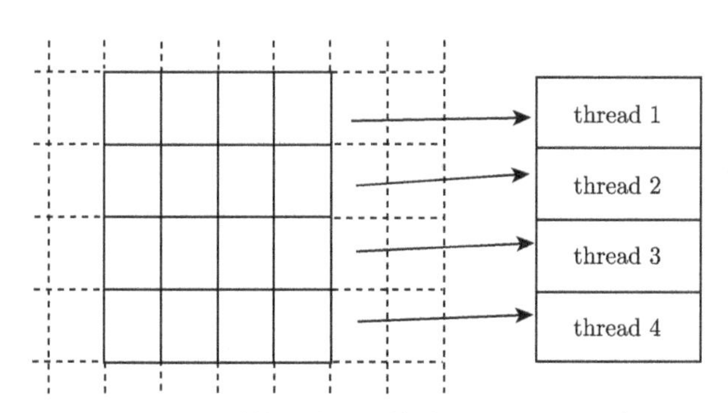

图 9.6 结构化虚拟网格线程级并行处理

9.3.1 适于 CUDA 线程的边界网格单元分配方法

如图 9.7 所示结构网格边界面，一般给定起点 $P1$ 和终点 $P2$ 的 i、j、k 编号即可完全确定其网格单元范围；但对于对接边界，为了与邻接网格块点对点对接，还需规定其两个切向的对应关系。故 Gridgen 软件的 general 格式边界条件描述中将其中一个切向的编号前加上负号，邻接网格块的对接边界描述中，加负号的切向相对应，不加负号的切向相对应，则对接边界可完全确定对接方向 [17,18]。这里，将加负号的方向以 n 表示，另一切向以 t 表示，网格面法向以 d 表示；起点、终点描述法在程序中使用不方便，改为用三个方向的网格单元数及从起点开始的步长增量描述。

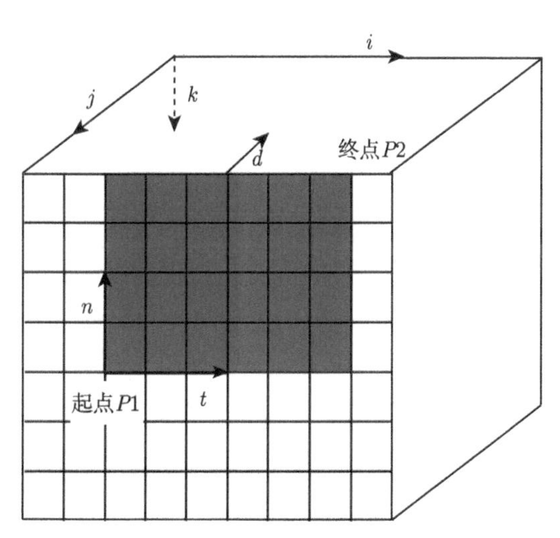

图 9.7 结构网格边界示意图

在这一设定下，可由网格点在边界面的当地编号 (d_{local}、n_{local}、t_{local}) 换算网格点在网格块中的全局编号 (i、j、k)：

$$
\begin{cases}
ijk(d) = \text{start}(d) + (d_{\text{local}} - 1) \cdot \text{step}(d) \\
ijk(n) = \text{start}(n) + (n_{\text{local}} - 1) \cdot \text{step}(n) \\
ijk(t) = \text{start}(t) + (t_{\text{local}} - 1) \cdot \text{step}(t) \\
i = ijk(1) \\
j = ijk(2) \\
k = ijk(3)
\end{cases}
\tag{9.27}
$$

其中，整型变量 d、n、t 取值 1、2、3 分别对应 i、j、k 方向；整型数组 start 记录边界面起点 $P1$ 的 i、j、k 编号，整型数组 step 记录从起点 $P1$ 开始遍历边界面虚拟网格的 i、j、k 方向步长增量 (取值 1 或 -1)。由于网格点在边界面的当地编号是连续的，可与 CUDA 线程 ID 对应。比如，处理边界网格单元 (格心为半点) 的 CUDA 线程数据分配算法：

```
tx=threadidx%x
ty=threadidx%y
tz=threadidx%z
ijk(n)=floor(start(n)+(tx-0.5)*step(n))
ijk(t) =floor(start(t )+(ty-0.5)*step(t))
ijk(d)=floor(start(d)+(tz-0.5)*step(d))
qc(:,ijk(1),ijk(2),ijk(3))=……!边界网格单元数据处理代码
```

9.3.2 对接边界数据交换

对接边界处理中实际没有任何计算，只需点对点地将邻接网格块的数据赋值给虚拟网格即可。但考虑到邻接网格块的 i、j、k 方向可能不一致，为了确保点对点对接，CPU 算法中常用如图 9.8 所示方法，将需要传给邻接块的数据按一定顺序 (比如先 n 方向再 t 方向) 打包，然后在邻接块按相同顺序解包。

这种数据交换方法用于 GPU 算法时存在的问题是数据打包、解包过程需要顺序进行，不适合并行处理。但由图 9.8 可见，如果将数据包按网格面切向网格单元数分段形成与边界虚拟网格同维度的数组，则数据打包、解包过程转换为数组元素的赋值过程，从而可由 CUDA 线程并发执行，如图 9.9 所示。考虑到向邻接块虚拟网格单元传递数据的同时，还需要从邻接块接收数据 (用于本网格块虚拟网格)，故需在对接边界附加两个三维数组 (实际为四维：第一维对应流场信息，这里说的“三维”指的是空间信息)，一个存储虚拟网格单元数据 (来自邻接网格块，称为“传入”数组)，一个存储与邻接网格块虚拟网格单元重叠的内流场数据 (称为“传出”数组)。

如果邻接网格块同属一块 GPU 卡，A 块的“传出”数组用 B 块“传入”数组代替从而无需附加数组的整体拷贝；如果邻接网格块在同一 CPU 进程管理的不同

GPU 卡上，使用 CUDA 的 Peer-to-Peer 数据传输完成附加数组的整体拷贝；如果邻接网格块在不同 CPU 进程，则需先将“传出”附加数组拷贝到 CPU 内存，然后通过 MPI 发送给其邻接网格块所在 CPU 进程，并由该进程将其拷贝到对应的 GPU 卡显存。

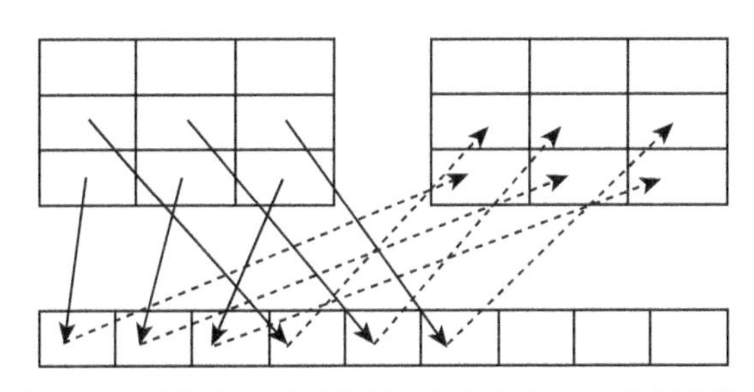

图 9.8 对接边界通过数据打包与解包实现数据交换

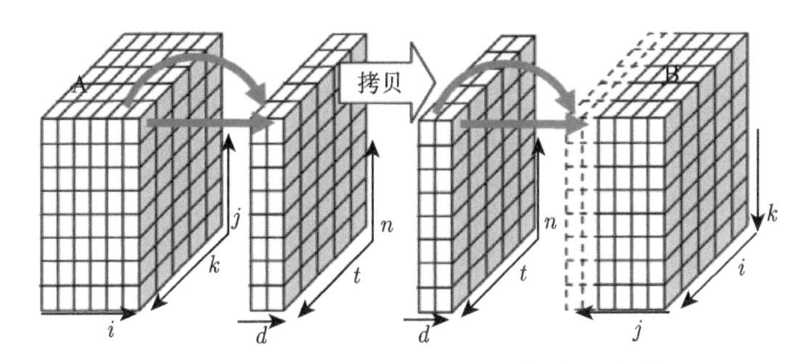

图 9.9 通过临时数组实现对接边界数据交换

9.4 CFD 功能模块 kernel 调用

流场 GPU 并行算法效率主要取决于各功能模块的 kernel 设计，这些 kernel 的调用主要考虑三个问题：一是确保流场所有网格单元的流场计算都能得到 CUDA 线程执行；二是对于使用了 shared 内存的 kernel，提供适当大小的 shared 内存；三是利用 CUDA 流在 CUDA 线程级并行算法的基础上增加任务级并行 [19]，进一步提高流场计算效率。其中，shared 内存大小计算相对简单：根据 kernel 内申明的 shared 数组元素总数即可手动换算。

9.4.1 线程 block 与 grid 设计

在三维流场计算中，三维线程 block 设计最方便，考虑到无黏项和黏性项空间离散中会浪费线程块边界处的线程，故内流场各功能模块 kernel 应采用尽可能大的三维 block 方阵以减少浪费，同时需兼顾线程块内 shared 内存的使用、流多处

理器 SM 驻留线程 block 等问题，最终线程 block 设计为

$$\text{block}_x = \text{block}_y = \text{block}_z = B_i \tag{9.28a}$$

其中，B_i 为线程块边长。

边界处理的 kernel 所需线程 block 与内流场功能模块稍有不同：边界处理中，不存在 shared 内存使用问题，为了减少线程浪费，应采用尽可能小的线程块设计，但线程块应不小于 Warp；虚拟网格层数是固定值而且通常较小，为了统一，将边界线程 block 的第三维设计为该值，即

$$\begin{cases} \text{block}_x = \text{block}_y = B_b \\ \text{block}_z = \text{Nad} \end{cases} \tag{9.28b}$$

其中，B_b 为边界面切向线程块边长，Nad 为虚拟网格层数。

在确定线程 block 后 (可以作为常数定义为全局变量)，grid 设计需确保所有网格单元流场计算均能得到 CUDA 线程的执行，因而应根据功能模块特点设计而不能统一取值。

对于空间离散 (无黏项和黏性项)，单网格块每一维需要计算的网格单元数为 $n-1$，而单线程块每一维能计算出的网格单元数为 B_i-1，故空间离散的线程 grid 应为

$$\begin{cases} \text{grid}_x = \dfrac{n_i + B_i - 3}{B_i - 1} \\ \text{grid}_y = \dfrac{n_j + B_i - 3}{B_i - 1} \\ \text{grid}_z = \dfrac{n_k + B_i - 3}{B_i - 1} \end{cases} \tag{9.29a}$$

其余内流场计算模块，单网格块每一维需要计算的网格单元数为 $n-1$，线程块每一维能计算的网格单元数为 B_i，故线程 grid 应为

$$\begin{cases} \text{grid}_x = \dfrac{n_i + B_i - 2}{B_i} \\ \text{grid}_y = \dfrac{n_j + B_i - 2}{B_i} \\ \text{grid}_z = \dfrac{n_k + B_i - 2}{B_i} \end{cases} \tag{9.29b}$$

对于边界条件处理模块，边界法向只需 1 个线程块，两个切向所需计算的网格单元数分别是 nn 和 nt，线程块每一维能计算出的网格单元数是 B_b，故边界处理模块的线程 grid 应为

$$\begin{cases} \text{grid}_x = \dfrac{\text{nn} + B_b - 1}{B_b} \\ \text{grid}_y = \dfrac{\text{nt} + B_b - 1}{B_b} \end{cases} \tag{9.29c}$$

9.4.2 CUDA 任务级并行

GPU 异构并行算法设计的主要任务是线程级细粒度并行算法，但在此基础上充分挖掘 GPU 任务级并行潜力也是提高 GPU 硬件利用率、GPU 并行加速比的有效手段。基于 CUDA 的任务级并行算法，主要是利用 CUDA 流的异步特性，结合 CUDA 事件，使得不同的 kernel 得以并发执行 [19]。

1. CUDA 流的设置

一种可行的任务级并行算法是利用 CFD 各功能模块间的并发特点。如图 8.8 所示，CFD 某些功能模块间无相互依赖关系 (比如无黏项空间离散和黏性项空间离散模块之间)，可以给每个功能模块设置不同的 CUDA 流，使得它们可以并发执行。但这种思路面临的主要问题如下：一是在同一时间迭代步内可能需要多次 CUDA 流同步，导致 GPU 硬件闲置；二是当同一进程内有多个网格块而每个网格块有多个 CUDA 流时，CUDA 流的数量可能会超过 GPU 物理任务队列数，则不同的流可能同属一个 GPU 物理队列 (如图 9.10 所示)，则对流 A 的同步实际需要等待流 B 的任务执行。因此，一般在同一网格块仅使用一个 CUDA 流，减少流同步操作。

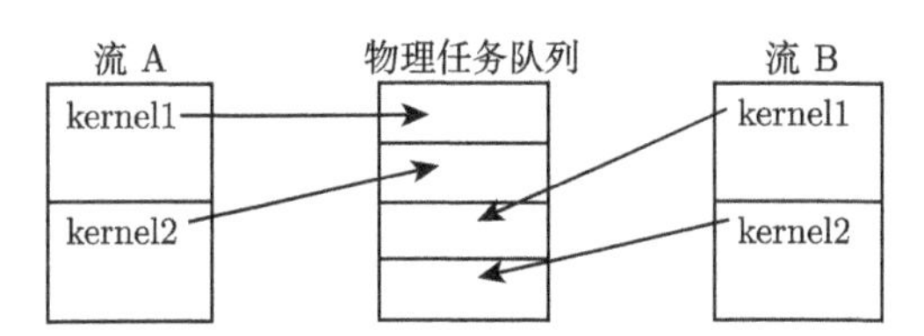

图 9.10　不同 CUDA 流共用 GPU 任务队列

事实上，单状态高超声速黏流计算需要处理的网格单元总量远超过 5 万 (单 GPU 设备计算单元 SP 的十倍)，通常达到百万或千万量级，个别算例甚至可能超过 10^{10}。因此，只要确保网格块之间能并发执行，足以确保 GPU 计算单元利用率接近 100%。此时，CFD 功能模块 kernel 的调用可如下设计：

```
do nb=1,nblocks
   ierr=cudaSetDevice(blk(nb)%gpuid)
   strm=blk(nb)%strm
   SharedMem=...
   Tgrd=dim3((ni+Bi-3)/(Bi-1), (nj+Bi-3)/(Bi-1), (nk+Bi-3)/(Bi-1))
   call nnd_scheme<<<Tgrd,Tblk, SharedMem,strm>>>(...)
    ...
enddo
```

其中，nblocks 为本进程内网格块总数，动态数组 blk 用于存储进程内网格块信息 (其定义见后文)；Tblk 为自定义的 dim3 类型全局常量，用于设定内流场计算的线程 block。

可能有读者会质疑，这里在进程内各网格块的计算采用了循环遍历算法，属于串行算法，是否有必要利用 OpenMP 确保各网格块的计算并发执行？虽然也的确可以利用 OpenMP 显式实现并行，但必要性不大：循环体内的 CPU 计算耗时极少可忽略不计，而 CUDA kernel 的调用是异步的，因而不同网格块的 kernel 几乎同时发射到 GPU，只要 GPU 硬件资源 (包括计算单元 SP、shared 内存等) 足够，各网格块的计算就实际得到并行执行，如图 9.11 所示。

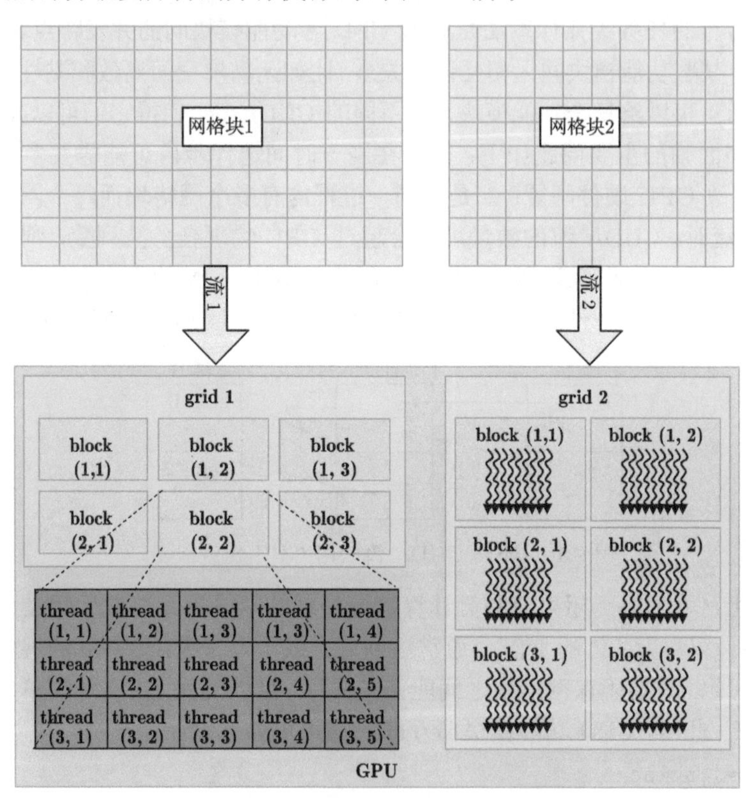

图 9.11　网格块间计算的并行执行

2. 利用 CUDA 事件管理对接边界 kernel 的执行

在共用一个 CUDA 流的前提下，同一网格块各功能模块就是按调用秩序执行的，不会有任何数据一致性问题；但对接边界处理涉及两个不同的网格块，必须确保来自邻接网格块的对接边界输入数据已在另一流中被输出。这一目的虽然可以通过 CUDA 流的同步操作实现，但利用 CUDA 事件进行管理更高效，如图 9.12 所示。

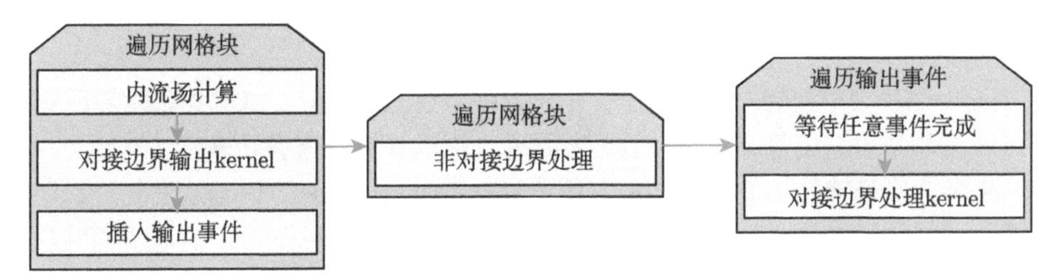

图 9.12　CUDA 事件管理对接边界处理

其中，CUDA 没有提供 “等待任意事件完成” 的 API，可以按算例 5.5 思路自行设计实现该功能的函数。

9.4.3　多 GPU 设备问题

在完成单 GPU 设备 CFD 并行算法设计的基础上，多 GPU 设备的使用就很简单了：当 GPU 设备属于不同的进程时，GPU 设备之间需要 MPI 参与通信，只需将对接边界的输出数据采用 CUDA 异步拷贝函数从 GPU 设备拷贝至 CPU 内存 (图 9.12 中插入输出数据 CUDA 事件的操作应置于异步拷贝函数调用之后)，其余操作同第 8 章的 CPU 并行算法；当 GPU 设备位于同一进程时，只需将对接边界的输出数据采用 CUDA Peer-to-Peer 异步拷贝函数从一块 GPU 设备拷贝至另一 GPU 设备即可 (同样，如图 9.12 中插入输出数据 CUDA 事件的操作应置于拷贝函数调用之后)。与 GPU 内部多块网格间 CFD 并行算法 (图 9.11) 相比，如图 9.13 所示，多 GPU 设备 CFD 并行算法仅增加设备间的数据拷贝。

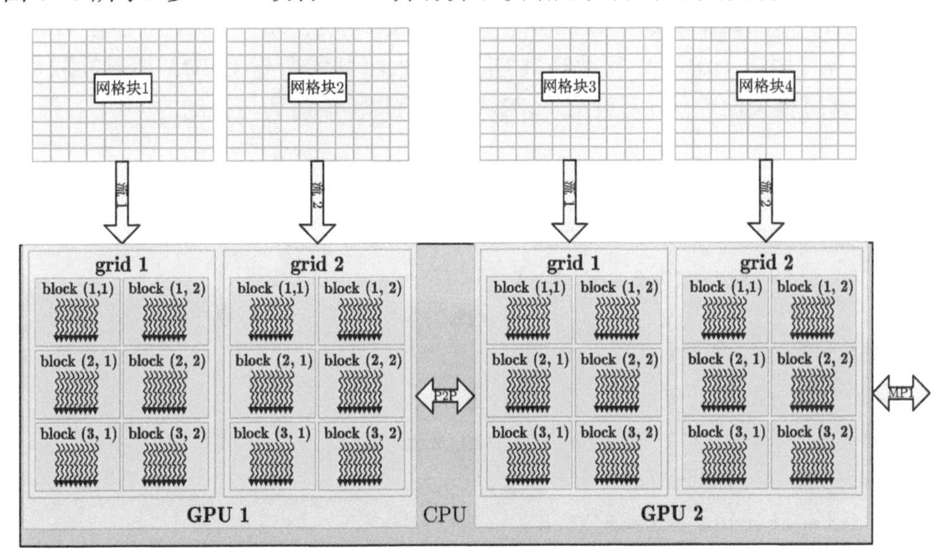

图 9.13　多 GPU 设备 N-S 方程数值求解的并行算法原理

9.4.4 提升 GPU 并行计算效率的辅助措施

虽然 GPU 并行算法可极大提升 N-S 方程求解效率，但 CFD 软件本身不仅包括 N-S 方程求解，还包括流场计算过程展示、流场计算结果参数输出、气动力/热计算结果统计等辅助功能。在 N-S 方程求解效率较低的 CPU 并行算法中，实现这些辅助功能的耗时所占比例不高，一般不需过多关注，但在 GPU 异构并行 CFD 软件中，实现这些辅助功能的耗时不可忽略。

1. *流场计算过程残差统计*

流场残差变化情况是流场仿真是否收敛的判断准则之一，但无论是统计全流场残差的最大值还是全场平均值、平方和 (即 2 范数)，都需要用到规约，而规约是 GPU 设备不擅长的操作之一。

对 GPU 算法研究感兴趣的读者可以自定义 kernel 函数完成相关统计，但更省事的办法是调用 CUDA 提供的 cuBLAS 库函数。cuBLAS 是矩阵、向量线性运算库 BLAS 的 CUDA 版，在 PGI Fortran 编译器中免费提供，其详细使用方法见 http://www.pgroup.com/网站免费提供的使用手册 (该手册过于简略，建议与 BLAS 库使用手册对照学习)，这里仅介绍流场计算过程残差统计所需基本功能。

调用 cuBLAS 库函数需通过如下语句将 cuBLAS 库包含进程序代码：

```
use cublas
```

同时，在编译程序时提供 cuBLAS 库文件：

```
pgf95 ...  ...  -Mcudalib=cublas
```

cuBLAS 库的每个功能都提供多个版本的函数，在使用 CUDA 流管理 kernel 函数时推荐使用含 cuBLAS 句柄参数的版本以便将其调用与 CUDA 流建立联系。为此，在调用相关函数前，需建立 cuBLAS 句柄并将该句柄与特定的 CUDA 流建立联系。

创建 cuBLAS 句柄：

```
integer function cublasCreate(cu_h)
   type(cublasHandle) :: cu_h
```

其中，cublasHandle 是 cuBLAS 预定义数据类型。成功调用创建句柄 cu_h 并返回 0；否则返回错误信息 ID。

将 cuBLAS 句柄与 CUDA 流建立联系：

```
integer function cublasSetStream(cu_h, strm)
   type(cublasHandle)          :: cu_h
   integer(cuda_Stream_Kind) :: strm
```

成功调用后将 cu_h 与 strm 建立联系 (所有使用 cu_h 的 cuBLAS 调用将被放入流 strm 中)，同时返回 0；否则返回错误信息 ID。

不再使用 cu_h 可销毁句柄以回收资源:

```
integer function cublasDestroy(cu_h)
   type(cublasHandle) :: cu_h
```

成功调用销毁句柄 cu_h 并返回 0; 否则返回错误信息 ID。

统计矢量中绝对值最大的数位置:

```
integer function cublasI?amax_v2(cu_h, n, x, incx, res)
   type(cublasHandle) :: cu_h
   integer :: n,incx
   real, device, dimension(*) :: x
   integer :: res
```

其中, 函数名中的? 应以 s 或 d 替换, 分别为单精度和双精度版本; 一维数组 x 精度必须与函数名对应, 由于 Fortran 中所有数组都是连续存储的, 故实参可以是任何维度的数组; n 为数组 x 中元素总个数, incx 为统计时 x 中元素个数步长, 取 1 表示所有元素; res 为统计结果, 即 x 中绝对值最大的元素位置, 既可以是 CPU 内存变量也可以是 GPU 内存变量。

统计矢量元素绝对值之和:

```
integer function cublas?asum_v2(cu_h, n, x, incx, res)
   type(cublasHandle) :: cu_h
   integer :: n, incx
   real, device, dimension(*) :: x
   real :: res
```

同样, 函数名中的? 应以 s 或 d 替换; res 为统计结果 (矩阵元素绝对值之和); 其余参数含义同上。

统计矢量的模 (即元素平方和开方):

```
integer(4) function cublas?nrm2_v2(cu_h, n, x, incx, res)
   type(cublasHandle) :: cu_h
   integer :: n, incx
   real, device, dimension(*) :: x
   real :: res
```

同样, 函数名中的? 应以 s 或 d 替换; res 为统计结果 (矩阵元素绝对值之和); 其余参数含义同上。

注意, CUDA Fortran 程序第一次调用 cuBLAS 库函数耗时较长, 此后恢复正常。

2. 文件并行 IO 简介

文件 IO 其实是 CPU 相关的技术，但面向 CPU 平台的 CFD 计算中，文件 IO 耗时通常占比较低而不受重视，但 GPU 加速技术将 CFD 仿真周期缩短到数十分钟以内，文件 IO 可能比 N-S 方程求解耗时还长，成为 CFD 仿真效率的瓶颈。

MPI 标准定义的并行 IO 调用十分丰富：根据文件读写定位方法分为多视口读写、指定偏移量和共享文件指针方法；根据同步机制分为阻塞式和非阻塞式，其中非阻塞式又分单步法和两步法；根据进程间关系分为独立读写和组读写 [19,20]。

多视口文件并行读写方法将文件看作由多个基本数据类型组成的数据，每个进程需要读写的数据只是其中连续或不连续的一部分，因而可以定义一种被称为文件类型的数据结构，从进程的视角看文件，得到的是自动跳过了不属于本进程数据区的一段连续数据 (视口)，如图 9.14 所示。这种方式并行读写文件时非常方便，但定义视口比较复杂，适合数据存放规律性较好的文件的并行读写。

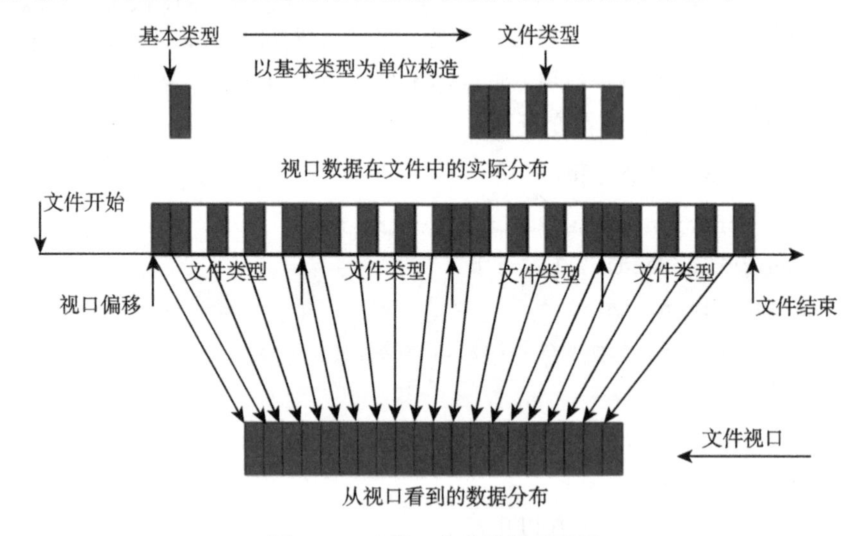

图 9.14　多视口文件读写示意图

指定偏移量的并行读写则比较直观，每次读写指定读写位置相对于文件头的偏移量，如图 9.15 所示，具有灵活、普适性强等优点 [19,21]。

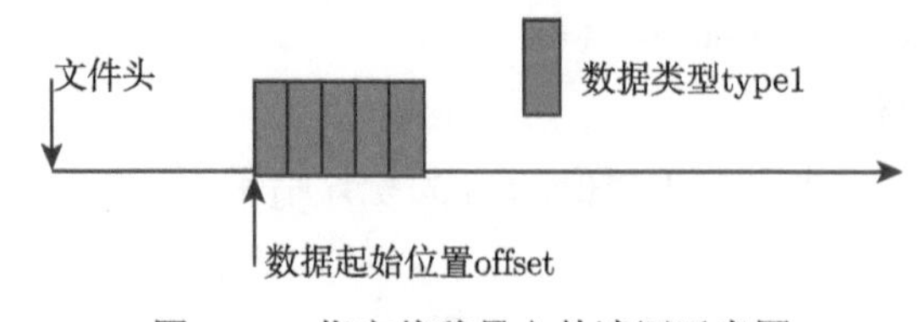

图 9.15　指定偏移量文件读写示意图

共享文件指针方式的并行读写，各进程共用一个文件指针，更符合串行算法的思维，但存在效率不高的缺点。

多种文件并行 IO 方式各有优缺点，但并无不可替代之处，因此建议读者熟练掌握其中一种方法即可。这里以指定偏移量并行 IO 方式介绍最基本的相关 MPI 调用。

打开文件供并行读写：

```
call MPI_FILE_OPEN(comm, filename, amode, info, fh,ierr)
```

其中，comm 为通信域 (见第 8 章)；filename 为文件名，字符串型；amode 为打开文件的方式，整型，取值见表 9.1；info 为运行时信息，不需传递运行时信息时可使用 MPI 预定义常量 MPI_INFO_NULL；fh 为文件句柄，整型；ierr 为错误信息 ID，0 表示成功。成功调用后代表文件 filename 的句柄 fh 可作为其他 MPI 文件 IO 的参数。

表 9.1 MPI 并行 IO 文件打开方式

amode 值	含义
MPI_MODE_RDONLY	只读
MPI_MODE_RDWR	读写
MPI_MODE_WRONLY	只写
MPI_MODE_CREATE	若文件不存在则创建
MPI_MODE_EXCL	创建不存在的新文件，若存在则错
MPI_MODE_DELETE_ON_CLOSE	关闭时删除
MPI_MODE_UNIQUE_OPEN	不能并发打开
MPI_MODE_SEQUENTIAL	文件只能顺序存取
MPI_MODE_APPEND	追加方式打开，初始文件指针指向文件尾

有些文件系统的 MPI 并行 IO 文件打开方式需要表 9.1 中多个取值的组合 [20-22]，比如，以“若文件不存在则创建”的方式打开一个“只写”文件，则需用一个整型变量 i 作为 amode 的实参，i 的取值为

```
i=ior(MPI_MODE_WRONLY,MPI_MODE_CREATE)
```

关闭文件：

```
call MPI_FILE_CLOSE(fh,ierr)
```

调用后关闭句柄 fh 代表的文件。

读 fh 代表的文件中的数据：

```
call MPI_FILE_READ_AT(fh, offset,buf,count,datatype,status,ierr)
call MPI_FILE_IREAD_AT(fh, offset,buf,count,datatype        &
                        ,request,ierr)
```

分别为阻塞式和非阻塞式文件读取。其中，offset 为读写位置 (相对于文件头的偏移量)，8 字节整型；buf 为存放读出数据的变量 (单变量或数组)；count 为读出数

据个数；datatype 为 MPI 预定义数据类型 (见第 8 章)，整型；status 为 MPI 预定义状态数组 (见第 8 章)；request 为 MPI 请求句柄，整型。

向 fh 代表的文件中写数据：

```
call MPI_FILE_WRITE_AT(fh, offset,buf,count,datatype,status,ierr)
call MPI_FILE_IWRITE_AT(fh, offset,buf,count,datatype      &
                        ,request,ierr)
```

分别为阻塞式和非阻塞式文件写入。

非阻塞式读、写句柄 request 的用途与 MPI 非阻塞式通信中完全相同：可用于测试、查询、等待对应的非阻塞操作的完成，详见第 8 章。

9.5 数据结构

9.5.1 GPU 设备数据存储策略

受限于芯片集成技术及硬件成本，早期 GPU 设备内存通常很小，不可能将大量的数据长期存储在 GPU 设备。为此，一般将主要计算数据存储于 CPU 内存，仅为 kernel 调用所必需的数据在 GPU 申请内存空间，并在 kernel 调用前将输入数据拷贝至 GPU 设备，kernel 执行完毕后将计算结果拷贝回 CPU 主存。

随着硬件技术的飞速发展，GPU 设备内存已达数十 GB(当前已达 48GB)，对于耗费内存相对不大的 CFD 算法，完全有可能将全部计算所需数据存储在 GPU 设备：如果设计合理，对于完全气体 N-S 方程求解，24GB 内存足够开展上亿结构网格单元的流场计算 (指 Diag-DPLUR 方法，下同)；对于 5 组元化学非平衡 N-S 方程求解，24GB 内存也足以开展千万量级结构网格单元的流场计算。

将计算所需数据 (包括输入、输出数据) 全部存储于 GPU 设备，不仅意味着降低了 PCIe 接口数据带宽带来的效率限制，更重要的是，程序员无需专注于 CPU 主存与 GPU 显存间数据一致性的维护，极大提高了 GPU 异构并行算法结果可靠性。

当然，由于 MPI 通信缓冲区必须是 CPU 内存，因而需跨 CPU 进程通信的数据必须在 CPU 内存保留副本。

9.5.2 常量数据定义

CFD 算法中需要用到不少常量，比如化学反应方程式系数、气体组元属性参数等。这些数据可以存储在 GPU 全局显存中，但使用 CUDA 特有的 constant 属性变量 (包括数组) 存储它们有助于提升程序性能。

考虑到 constant 属性数组必须是静态数组，为了适应不同组元数量的需求，CUDA 版 CFD 程序需要通过编译指导语句区分不同情况下的 constant 属性数组

定义 (因而需要编译成不同需求的可执行程序)。比如作者开发的 CUDA 版高超声速流场数值模拟软件 HAS 的部分常量数据定义为

```
module global_const
   use cudafor
   !内场及边界条件kernel的线程block边长
   integer,parameter:: BS3D=6,BS2D=4
   type(dim3),parameter:: blk3d=dim3(BS3D,BS3D,BS3D)      &
                          ,blk2d=dim3(BS2D,BS2D,1)
   integer:: num_gpu                      !进程使用的GPU设备数量
   real,constant:: ma,attack,sideslip,reynolds
   integer,parameter :: dp=sizeof(ma)         !实型数据字节数
   integer,parameter :: nad=2                   !虚拟网格层数
#ifdef PG                                       !完全气体模型
  !方程总数、组元总数、化学反应总数
   integer,parameter :: nm=5, ns=1, nf=0
#endif
#ifdef S5                             !5组元化学非平衡模型
   integer,parameter :: nm=9, ns=5, nf=7
#endif
#ifdef S7                             !7组元化学非平衡模型
   integer,parameter :: nm=11, ns=7, nf=8
#endif
#ifdef S11                           !11组元化学非平衡模型
   integer,parameter :: nm=15, ns=11, nf=17
#endif
#ifdef TW20000             !组元热力学属性模型1 (T<20000K)
   !与温度有关的组元拟合系数表个数
   integer,parameter :: ntfit=3,  n_r=8
#endif
#ifdef TW30000            !组元热力学属性模型2 (T<30000K)
   integer,parameter :: ntfit=5,  n_r=6
#endif
   integer,constant,dimension(ns)::atom               !组元原子数
   real,constant,dimension(ns) :: ms                  !组元分子量
   real,constant,dimension(ns) :: cn          !来流组元质量百分数
```

```
#ifndef PG
   !正、逆化学反应速率系数
   real,constant,dimension(nf) :: afr,bfr,cfr,abr,bbr,cbr
#endif
   !组元热力学属性多项式拟合系数
   real,constant,dimension(ntfit,n_r,ns) :: tfit
   ......
end module global_const
```

9.5.3 边界条件数据结构

在结构网格中，每网格块含多少边界不确定 (至少 6 个)，需要在 CFD 预处理读入网格边界条件时才能确定。因此，为了方便，应将描述边界的数据定义为衍生数据类型，并作为隶属于网格块的动态数组之一在 CFD 预处理时分配存储空间和赋值 [22,23]。比如，HAS 软件描述边界条件的主要数据结构定义为

```
module type_of_data
   use cudafor, only : cuda_Stream_Kind,cudaEvent
   type boundary
      integer :: bctype                                          !边界类型
      integer :: start(3), nump(3)          !起始点i、j、k及边界面元数
      integer :: d,t,n,lr                  !边界方向及边界法向步长增量lr
      real,device,allocatable,dimension(:)::sn  !对称面方向单位矢量
      real,device, allocatable,dimension(:,:,:)::xyzc !面元中心坐标
      !格心到边界面中心距离
      real,device, allocatable,dimension(:,:)  :: dl
      !格心指向边界面中心的单位矢量
      real,device, allocatable,dimension(:,:,:) :: osn
      !物面压力、热流等 (GPU端)
      real,device, allocatable,dimension(:,:,:) :: qft
      !物面压力、热流等 (CPU端)
      real,pinned,allocatable,dimension(:,:,:) :: qft_c
      !interface边界
      integer                          ::ireq           !MPI通信请求ID
      integer,pointer,dimension(:)         :: step          !切向步长增量
      !对接边界进程、网格块、边界等ID
      integer,pointer,dimension(:)        ::nxt
```

```
      !邻接边界传出数组事件
      type(cudaEvent)                    :: evt_recv
      !传入/传出数组 (CPU端)
      real,pinned,allocatable,dimension(:,:,:,:) :: dati_c,dato_c
      !传入/传出数组 (GPU端)
      real,device,allocatable,dimension(:,:,:,:) :: dati,dato
      !邻接块同一进程时指向邻接边界
      type(boundary),pointer                 ::bd
      ......
    end type boundary
  end module type_of_data
```

其中，仅有物面压力、热流等信息的数组 qft 及传入/传出数组 dati、dato 在 CPU 端和 GPU 端分别存储副本，其余数据要么只在 CPU 端存储，要么只在 GPU 端存储，原因在于：qft 是 CFD 后处理的重要数据，需要在 CPU 端进行 IO；当邻接块不在同一 CPU 进程时，dati 和 dato 需参与 MPI 通信；其余数据仅根据 kernel 调用需要存储。

9.5.4 网格块数据结构

同一 CPU 进程可能含多个网格块，每个网格块的大小需要在 CFD 预处理读入网格数据后才能确定。因此，为了方便，也应将描述网格块的数据定义为衍生数据类型，并作为动态数组在 CFD 预处理时分配存储空间。比如，HAS 软件描述网格块的主要数据结构定义为

```
  module type_of_data
    use cudafor, only : cuda_Stream_Kind,cudaEvent
    type block_type
      integer:: ni,nj,nk,nbc,gpuid !网格数、边界数、GPU设备ID
      !需MPI通信、Peer-to-Peer通信的边界数
      integer:: num_mpibc,num_gpubc
      !网格块功能模块kernel调用所需CUDA流ID
      integer(cuda_Stream_Kind):: strm
      real(8),allocatable,dimension(:,:,:,: ) :: xyz
      !网格格点坐标
      !网格单元体积 (CPU端)
      real,allocatable,dimension( :,:,: )    :: vol_c
      !网格单元体积 (GPU端)
```

```
        real,device,allocatable,dimension( :,:,: )  :: vol
        !网格面积矢量 (CPU端)
        real,allocatable,dimension( :,:,:,:)   :: suri_c,surj_c, &
                                                  surk_c
        !网格面积矢量 (GPU端)
        real,device,allocatable,dimension( :,:,:,:) :: suri,surj,&
                                                       surk
        !格心流场物理量 (CPU端)
        real,pinned,allocatable,dimension( :,:,:,: )   :: qc_c
        !格心流场物理量 (GPU端)
        real,device,allocatable,dimension( :,:,:,: )   :: qc
        !格心流场物理量梯度
        real,device,allocatable,dimension( :,:,:,:,:)  :: grad
        !隐式项系数
        real,device,allocatable,dimension( :,:,:,)    :: jacb
        !格心到物面最小距离
        real,device,allocatable,dimension( :,:,: )   :: dlw
        !离格心最近物面面元ID
        integer,device,allocatable,dimension(:,:,:,:) :: wsurf
        !湍流黏性系数vist
        real,device,allocatable,dimension(:,:,:,: )  :: vist
        !格心守恒变量
        real,device,allocatable,dimension( :,:,:,: )   :: q
        !残差(DPLUR方法需3个)
        real,device,allocatable,dimension( :,:,:,: ) :: dq,dqk,rhs
        !描述边界面元类型
        integer,device,pointer,dimension(:,:,:)  :: iw,jw,kw
        type(boundary),allocatable,dimension(:):: bc
    end type block_type
  end module type_of_data
```

其中，网格点坐标 xyz 只保留 CPU 版本，而网格体积 vol、面积 suri/surj/surk 在 CPU 端和 GPU 端各自保留副本，这是考虑到 CFD 计算中实际只需要网格体积、面积，而且这些量在迭代过程中保持不变，可以在 CFD 预处理中由 CPU 计算然后拷贝至 GPU；格心流场物理量 qc 在 CPU 端和 GPU 端各自保留副本，其 CPU 副本主要用于 CFD 后处理的 IO 操作。

9.6 CUDA 算法的可靠性

虽然随着计算机技术的发展，异构并行计算极大可能会在将来成为主流，但目前而言，人们仍然对 CPU 计算结果可靠性持怀疑态度，正如 CPU 并行算法发展之初人们默认串行算法才是可靠的一样。因此，针对 GPU 架构的 CFD 并行算法必须保持与 CPU 版算法的一致性，以确保算法可靠 —— 不能保证可靠性的算法，效率再高也毫无意义。

9.6.1 确保 GPU 异构并行 CFD 算法可靠性的基本方法

经过数十年的发展，基于 CPU 的 CFD 算法已经相当成熟，为了确保所研发的 GPU 异构并行 CFD 算法的可靠性，最好的做法是基于成熟的 CPU 版 CFD 算法，针对 GPU 流多处理器架构进行算法移植，并在算法移植过程中维护算法原意、验证算法结果。

移植过程中，为了保持算法原意，第一步仅将 CPU 版程序中通过循环遍历网格单元的串行算法修改为 CUDA 线程遍历网格单元的细粒度并行算法：将 CPU 版程序的循环体作为 kernel 核心代码，仅增加由 CUDA 线程 ID 换算网格单元 ID 的语句、核函数及设备端子程序属性声明、设备端变量属性声明等的少量 CUDA 特有代码。比如 CPU 版程序：

```
do i=1,ni
   call sub1(par1,...)
   x=func2(par2,...)
enddo
```

移植为 CUDA 版程序时，第一步仅在 CPU 版 sub1、func2 子程序前加上 attributes(device)，声明它们将在 GPU 端被调用 —— 当然，应该用 module 对它们进行封装，以免子程序名称与 CPU 版冲突；同时，将该循环移植为 kernel 函数：

```
attributes(global) subroutine kernel1(par1,par2,...)
   ... !参数声明
   integer:: i,tx
   tx=threadIdx%x
   i=(blockIdx%x-1)*blockdim%x+tx
   if(i>Ni)return
   call sub1(par1,...)
   x=func2(par2,...)
end subroutine kernel1
```

在完成第一步的代码移植并验证计算结果一致性后，再考虑具有 CUDA 特色的 shared 内存使用等优化措施。

验证 GPU 版程序与 CPU 版程序计算结果的一致性，最可靠的方法是逐网格单元比较计算结果而不仅仅是比较程序最终计算得到诸如流场结构、飞行器气动力/力矩、气动热等宏观量。为此，在代码调试阶段可采用 GPU 和 CPU 分别计算，然后将 GPU 计算结果拷贝回 CPU 内存并比较二者的差异 —— 支持 ECC 校验的专业 GPU 计算卡，计算结果精度应在浮点数理论精度量级 (Geforce 系列图形卡不支持 ECC 校验，因而无法实现这种逐点比较的可靠性验证方法)：单精度计算，计算结果的前 6 位有效数字必须完全一致；双精度计算，计算结果的前 13 位有效数字必须完全一致。

9.6.2 算例验证

虽然逐点比较 CUDA 线程计算结果的算法可靠性验证方法最可信，但这种方法效率极低，大量的算例验证工作还是需要通过比较 GPU 程序计算得到流场宏观量。

1. 双椭球表面压力分布风洞实验流场计算

实验在 FD-07 下吹式高超声速风洞完成 [24]，模型如图 9.16(a) 所示。这里选择的实验状态为 P_0=8.5MPa，T_0=720K，Ma=8.02，攻角 0° ~25°；求解完全气体 N-S 方程，物面为等温壁 (壁温 300K)。

在模型表面布置 5.12 万个网格面元 (分为 10 个区，如图 9.16(b) 所示)，空间网格采用前述法向量外推方法生成代数网格 (图 9.16(c)，网格单元总量为 409.6 万)。计算所用 CPU 为 Intel Xeon Gold 6126 两颗共 24 核，GPU 硬件 Tesla P100 共 4 块。

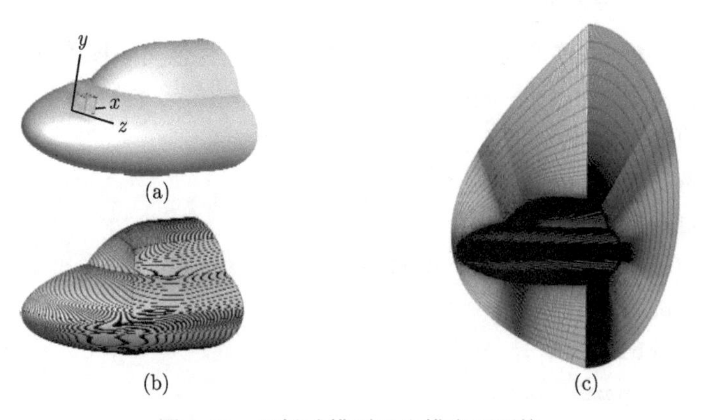

图 9.16 双椭球模型及半模表面网格

图 9.17 为 0° 攻角流场计算过程轴向力系数 C_A 及密度残差 $||\Delta\rho||_2$ 随迭代步变化情况。1500 步时，$||\Delta\rho||_2$ 下降 5 个量级，而 C_A=0.00351(参考长度 1m、参考面积 1m^2)，此后残差与气动系数均变化缓慢，到 4000 步时，$||\Delta\rho||_2$ 下降 7 个量级，C_A=0.00347 并不再变化。故 4000 步时可以认为计算已完全收敛，此时 24 核 CPU 计算耗时为 775.81s，4 块 GPU 卡计算耗时 66.085s，2 块 GPU 计算耗时 110.97s，单 GPU 卡计算耗时 182.95s。将 24 核 CPU 计算耗时换算成单 CPU 核流场计算速度，约为 0.88Mcell/s；而 4 块、2 块、1 块 GPU 卡的流场计算速度换算后分别为 247.9Mcell/s、147.6Mcell/s 和 89.6Mcell/s，与 CPU 单核相比，加速比分别为 281.75、167.79、101.77。由于跨 GPU 设备的计算需要数据通信，虽然采用了 Peer-to-Peer 优化，但数据仍然需要通过 PCIe 接口，因而 GPU 卡数量增加后加速比未能线性增长，但 4 块 GPU 卡的整体计算能力相当于 11.7 个 24 核 CPU 计算结点总和，GPU 并行算法应用于 CFD 仿真获得的收益相当显著。

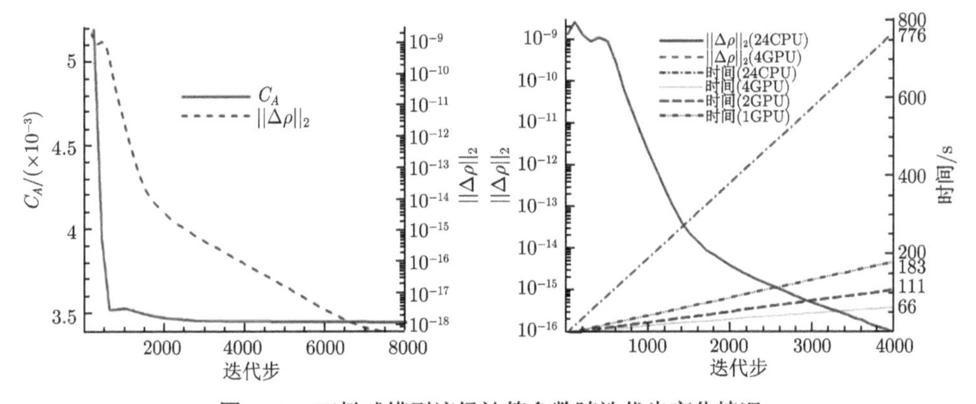

图 9.17 双椭球模型流场计算参数随迭代步变化情况

图 9.18 列出了流场压力和温度云图，除了模型头部的弓形激波，在模型上表面两椭球相贯处，存在较弱的镶嵌激波；在镶嵌激波根部，存在由激波–边界层干扰引起的分离流动及微弱的分离激波。

图 9.19 仅列出了模型上下表面中心线压力分布计算结果与实验结果比较情况，图中，HAS 为 CPU 版 CFD 并行计算软件，HAS(CUDA) 为其 GPU 版。结果表明，GPU 与 CPU 计算结果几乎重合，肉眼难以分辨，均与实验结果吻合，即便在选择的实验状态下，镶嵌激波根部的分离区较小，仍然清晰地分辨了分离区的压力波动。

其他攻角状态下的计算由 GPU 版 HAS 软件完成，上表面中心线压力分布与实验结果的对比见图 9.20。

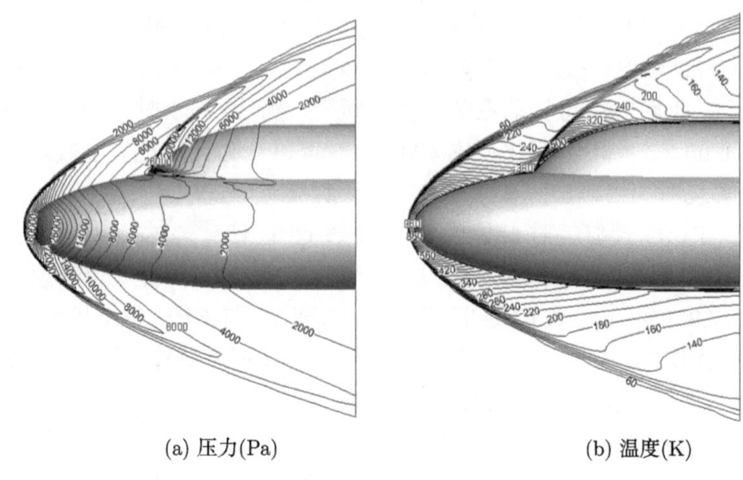

(a) 压力(Pa)　　　　(b) 温度(K)

图 9.18　流场压力和温度云图

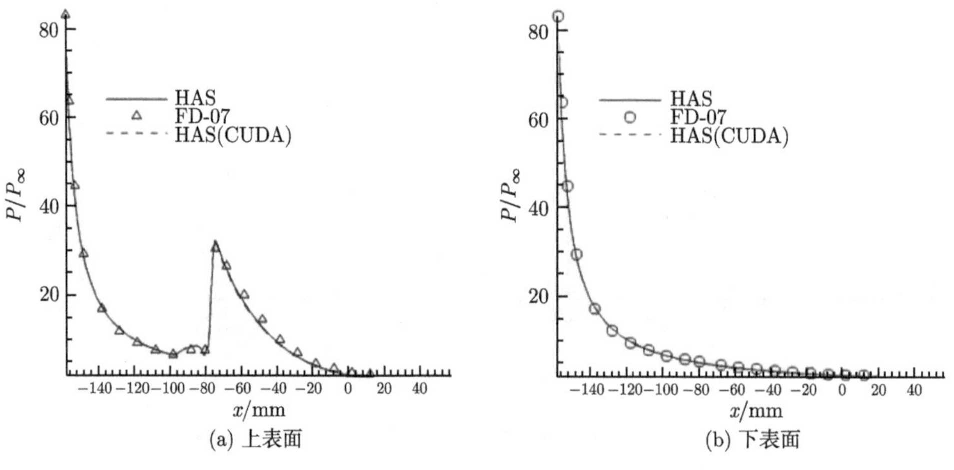

(a) 上表面　　　　(b) 下表面

图 9.19　双椭球模型上下表面中心线压力分布

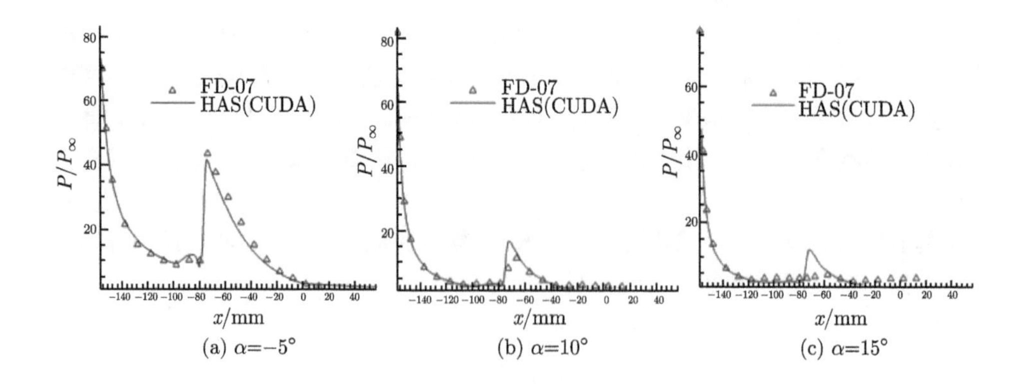

(a) α=−5°　　(b) α=10°　　(c) α=15°

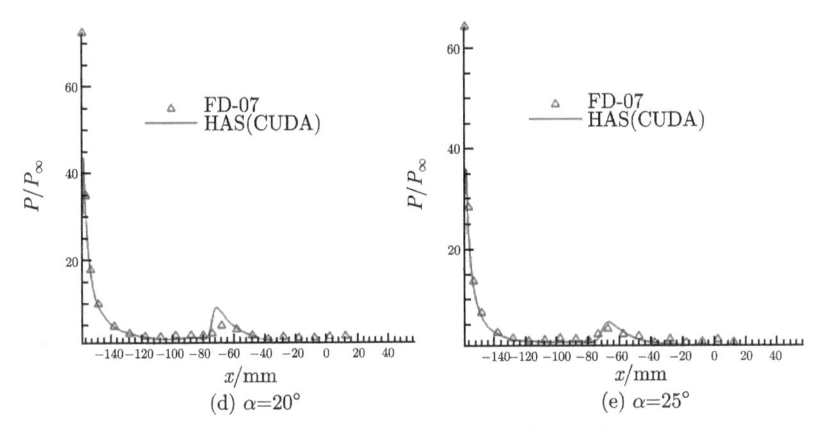

图 9.20 双椭球模型上表面中心线压力分布

2. HB2 标模气动系数风洞实验流场计算

实验在 ϕ1m 高超声速风洞完成 [25]，这里选择的实验状态为马赫数 5.993，总温 563K，总压 2.0MPa，HB2 标模 (图 9.21(a)) 攻角为 $-4°\sim12°$。这里通过比较不同攻角计算与实验结果模型轴向力系数、法向力系数和力矩系数，验证算法可靠性。

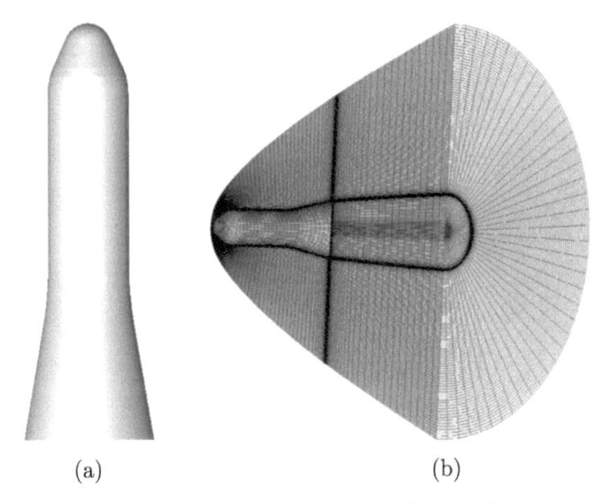

图 9.21 HB2 标模 (a) 及其流场网格 (b)

由于模型及流场具有对称性，只计算半模流场，网格如图 9.21(b) 所示 (共 38.2 万单元)。计算仍采用完全气体模型，壁温取 300K；GPU 卡为 NVIDIA Tesla P100 两块。

图 9.22 展示了 12° 攻角时流场计算过程随时间变化情况。气动力系数在大约 1000 步后不再变化，此时密度残差 $||\Delta\rho||_2$ 下降 2.5 个量级，耗时 4.2s；力矩系数收敛略慢，需约 1500 步达到收敛，此时残差下降约 3 个量级，耗时约 6.3s。

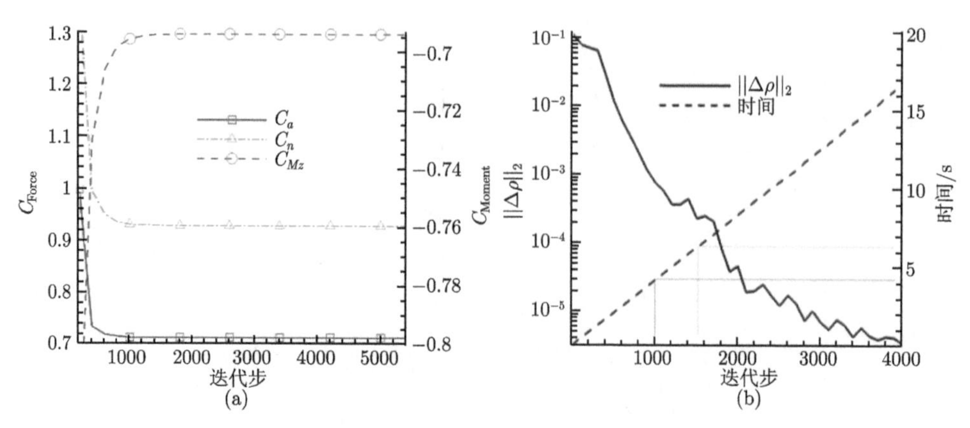

图 9.22　HB2 标模流场计算过程随时间变化情况

图 9.23 列出了 HB2 标模 $-4°\sim12°$ 攻角轴向力系数 C_a、法向力系数 C_n 及俯仰力矩系数 C_{Mz} 实验结果与计算结果随攻角变化情况。计算结果与实验结果无论是趋势还是数值都大致吻合。表 9.2 详细列出了轴向力系数 C_a、法向力系数 C_n 及俯仰力矩系数 C_{Mz} 计算结果与实验结果对比情况。其中，轴向力系数吻合最好，最大偏差 1.74%；法向力系数在小攻角时由于数值较小而相对偏差较大，在数值超过 0.2 后最大偏差 2.7%；力矩系数吻合情况最差，6° 攻角时达到最大偏差 16.88%。

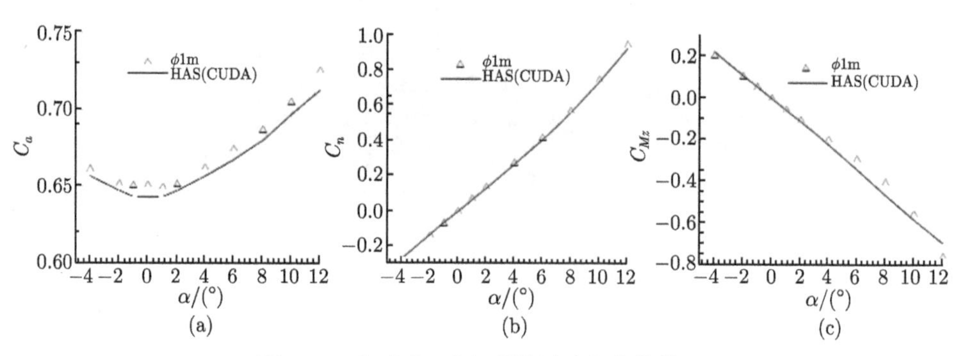

图 9.23　气动力、力矩系数随攻角变化情况

3. Apollo 指令舱外形流场计算

Apollo 指令舱外形 [26] 如图 9.24(a) 所示，来流条件：速度 8080m/s，温度 219.7K，密度 8.7532×10^{-5} kg/m^3，攻角 17.5°，壁温 1500K，完全催化。

因流场具有对称性，只计算半流场；来流速度与温度较高，考虑 5 组元 (O_2、N_2、NO、O、N) 化学非平衡效应；所用网格总单元数 1244800 分为 16 个块 (图 9.24(b))；GPU 计算硬件为四块 Tesla P100 专业 GPU 卡和一块 Geforce Titan X 游戏显卡；作为对比的 CPU 为 Intel E5-2697(v4)。

表 9.2 气动力、力矩系数计算结果与实验结果的比较

α	实验结果			计算结果			相对偏差		
	C_a	C_n	C_{Mz}	C_a	C_n	C_{Mz}	C_a	C_n	C_{Mz}
−4	6.610×10^{-1}	-2.774×10^{-1}	2.046×10^{-1}	6.567×10^{-1}	-2.663×10^{-1}	2.228×10^{-1}	−0.65%	−4.00%	8.90%
−2	6.517×10^{-1}	-1.378×10^{-1}	1.051×10^{-1}	6.473×10^{-1}	-1.312×10^{-1}	1.098×10^{-1}	−0.68%	−4.79%	4.47%
−1	6.507×10^{-1}	-6.980×10^{-2}	5.420×10^{-2}	6.436×10^{-1}	-6.247×10^{-2}	5.578×10^{-2}	−1.09%	−10.50%	2.92%
0	6.508×10^{-1}	0.000	0.000	6.433×10^{-1}	-7.143×10^{-5}	-8.346×10^{-5}	−1.15%	—	—
1	6.495×10^{-1}	6.940×10^{-2}	-5.390×10^{-2}	6.436×10^{-1}	6.560×10^{-2}	-5.578×10^{-2}	−0.91%	−5.48%	3.49%
2	6.513×10^{-1}	1.370×10^{-1}	-1.040×10^{-1}	6.473×10^{-1}	1.312×10^{-1}	-1.098×10^{-1}	−0.61%	−4.23%	5.58%
4	6.621×10^{-1}	2.737×10^{-1}	-1.989×10^{-1}	6.567×10^{-1}	2.663×10^{-1}	-2.228×10^{-1}	−0.82%	−2.70%	12.02%
6	6.743×10^{-1}	4.168×10^{-1}	-2.915×10^{-1}	6.675×10^{-1}	4.092×10^{-1}	-3.407×10^{-1}	−1.01%	−1.82%	16.88%
8	6.868×10^{-1}	5.716×10^{-1}	-4.030×10^{-1}	6.802×10^{-1}	5.646×10^{-1}	-4.621×10^{-1}	−0.96%	−1.22%	14.67%
10	7.049×10^{-1}	7.480×10^{-1}	-5.553×10^{-1}	6.971×10^{-1}	7.373×10^{-1}	-5.814×10^{-1}	−1.11%	−1.43%	4.70%
12	7.253×10^{-1}	9.483×10^{-1}	-7.575×10^{-1}	7.127×10^{-1}	9.292×10^{-1}	-6.932×10^{-1}	−1.74%	−2.01%	−8.49%

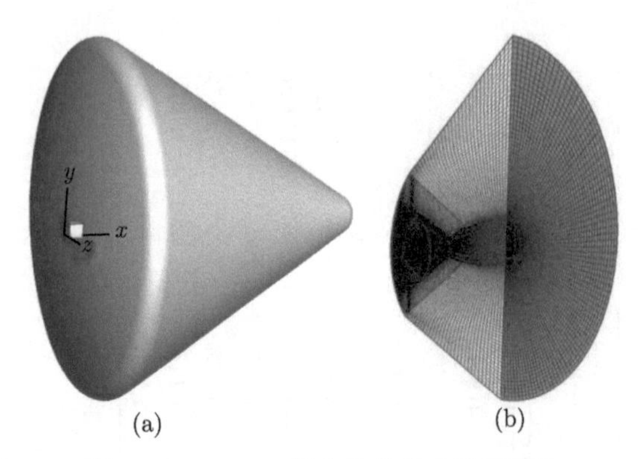

图 9.24　Apollo 指令舱外形及流场网格

图 9.25(a) 为计算过程密度残差变化情况，多 GPU 设备及 CPU 计算残差曲线几乎重合。其中，Geforce Titan 作为一块面向游戏的台式机显卡，由于不带内存 ECC 校验功能，厂家一般不建议用于科学计算，但本次测试中表现尚可，计算过程、计算结果均与专业卡一致。图 9.27(b) 展示了计算过程耗时情况，15000 步迭代步 (计算收敛) 时单核 CPU、单块 Titan 游戏卡，以及单、双、四块 P100 GPU 卡分别耗时 100990s、1430s、749s、439s 和 255s(其中 Titan 依托的台式计算机散热条件不够，故该设备处于降频工作模式)，换算后加速比依次为 70.6、134.8、230 和 396。

图 9.26 列出了 GPU 计算结果流场马赫数、压力和温度分布云图，作为高超声速流场显著特征，弓形激波在钝头体飞行器头部脱体距离很小，而在飞行器肩部之后几乎呈直线。图 9.27 列出了流场五组元质量百分数分布云图，纯空气流场在经过弓形激波后，O_2 几乎全部离解，N_2 也大部离解，NO 仅在激波后很小范围的高温区域内且含量较低；波后大量区域的组分主要是 O、N 原子和 N_2 分子。

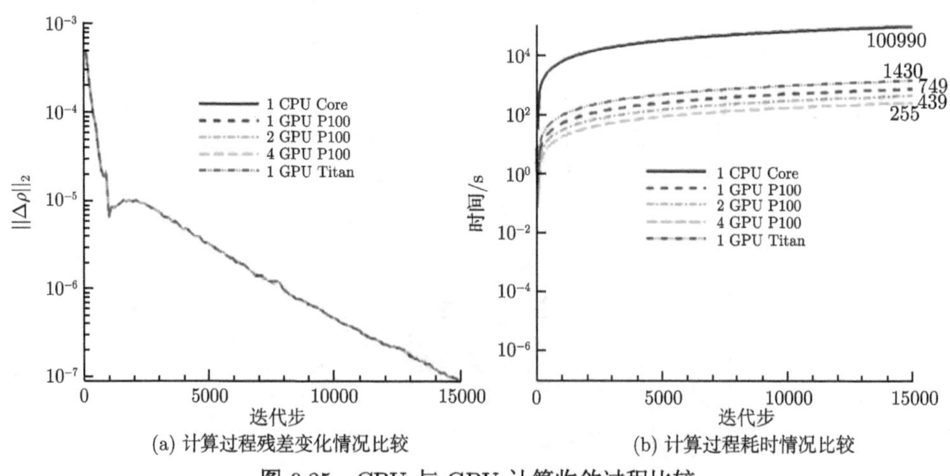

图 9.25　CPU 与 GPU 计算收敛过程比较

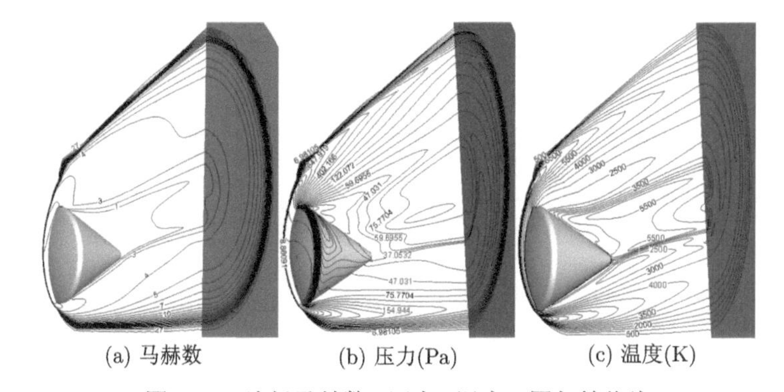

(a) 马赫数 (b) 压力(Pa) (c) 温度(K)

图 9.26 流场马赫数、压力、温度云图与等值线

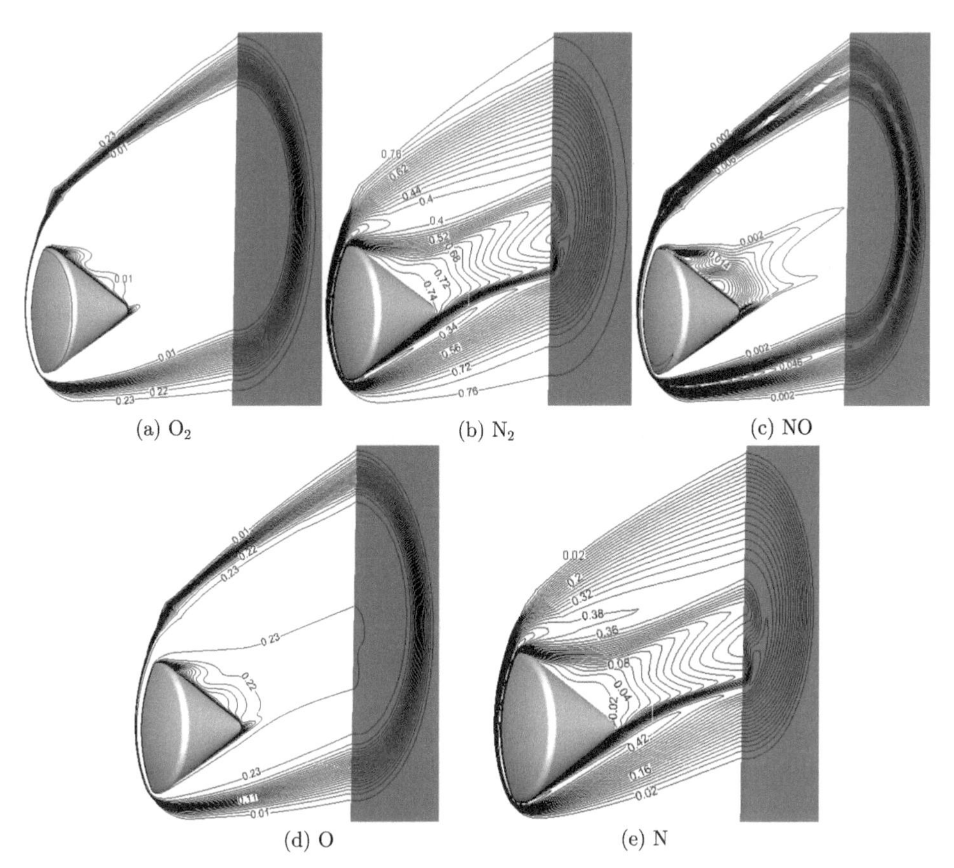

(a) O_2 (b) N_2 (c) NO

(d) O (e) N

图 9.27 组分质量分数云图

表 9.3 列出了 Apollo 指令舱外形气动系数的 GPU 计算结果与文献计算结果及飞行实验结果比较情况。结果表明，升力系数、阻力系数和升阻比的 GPU 计算结果与文献计算结果分别相差 1.4%、2.9%和 4.5%(力矩系数数值太小，无参考

价值)。

表 9.3 Apollo 指令舱外形气动系数结果对比

系数	GPU 计算结果			文献计算结果		飞行实验结果
	数值	与实验偏差	与文献计算偏差	数值	与实验偏差	
C_L	−0.362	9.7%	1.4%	−0.357	8.2%	−0.33
C_D	1.388	10.2%	2.9%	1.430	13.5%	1.26
L/D	−0.261	1.5%	4.8%	−0.249	6.0%	−0.265
C_{Mcg}	−0.0041	—	61%	−0.01051	—	0.0

参考文献

[1] Krüger J, Westermann R. Linear algebra operators for GPU implementation of numerical algorithms. ACM Transactions on Graphics (TOG), 2003, 22(3): 908-916.

[2] Harris M J, Baxter W V, Scheuermann T, et al. Simulation of cloud dynamics on graphics hardware//Proceedings of the ACM SIGGRAPH/EUROGRAPHICS Conference on Graphics Hardware. Eurographics Association, 2003: 92-101.

[3] Hagen T R, Lie K A, Natvig J R. Solving the Euler equations on graphics processing units//International Conference on Computational Science. Berlin Heidelberg: Springer, 2006: 220-227.

[4] Brandvik T, Pullan G. Acceleration of a 3D euler solver using commodity graphics hardware. 46th AIAA Aerospace Sciences Meeting and Exhibit, 2008.

[5] Asouti V G, Trompoukis X S, Kampolis I C, et al. Unsteady CFD computations using vertex-centered finite volumes for unstructured grids on graphics processing units. International Journal for Numerical Methods in Fluids, 2011, 67(2): 232-246.

[6] Jacobsen D A, Senocak I. Multi-level parallelism for incompressible flow computations on GPU clusters. Parallel Computing, 2013, 39(1): 1-20.

[7] 鞠鹏飞，宁方飞. GPU 平台上的叶轮机械 CFD 加速计算. 航空动力学报，2014,29(5)：1154-1162.

[8] Wei C, 曹维，徐传福，等. 高精度气动模拟在天河 1A-HN 超级计算机系统上的 CPU/GPU 异构并行实现. 全国高性能计算学术年会，2012.

[9] 董廷星，李新亮，李森，等. GPU 上计算流体力学的加速. 计算机系统应用，2011，20(1)：104-109.

[10] 中国科学院理论物理研究所计算模拟与数值实验平台用户手册. 2013.

[11] 曹维. 大规模 CFD 高效 CPU/GPU 异构并行计算关键技术研究. 北京：国防科学技术大学，2014.

[12] 张兵，韩景龙. 基于 GPU 和隐式格式的 CFD 并行计算方法. 航空学报，2010，31(2)：39-46.

[13] 刘宏斌，苏欣荣，袁新. 基于 GPU 的内流高精度湍流模拟. 工程热物理学报，2017，38(11): 67-73.

[14] 彭怡康. CPU-GPU 异构数据流优化及其在气动力数值算法中的应用. 北京: 北京邮电大学，2017.

[15] 刘鑫. 面向化学非平衡流的 CFD 并行计算技术和大规模并行计算平台研究. 郑州: 信息工程大学，2006.

[16] Wright M J. A family of data-parallel relaxation methods for the Navier-Stokes equations. University of Minnesota, 1997.

[17] Li Z H, Peng A P, Zhang H X, Yang J Y. Rarefied gas flow simulations using high-order gas-kinetic unified algorithms for Boltzmann model equations. Progress in Aerospace Sciences, 2015, 74: 81-113.

[18] Peng A P, Li Z H, Wu J L, Jiang X Y. Implicit gas-kinetic unified algorithm based on multi-block docking grid for multi-body reentry flows covering all flow regimes. Journal of Computational Physics, 2016, 327: 919-942.

[19] 李志辉，蒋新宇，吴俊林，徐金秀，白智勇. 求解 Boltzmann 模型方程高性能并行算法在航天跨流域空气动力学应用研究. 计算机学报, 2016, 39(9): 1801-1811.

[20] Ho M T, Zhu L H, Wu L, Wang P, Guo Z L, Li Z H, Zhang Y H. A multi-level parallel solver for rarefied gas flows in porous media. Computer Physics Communications, 2019, 234: 14-25.

[21] Li Z H, Peng A P, Ma Q, Dang L N, Tang X W, Sun X Z. Gas-Kinetic unified algorithm for computable modeling of Boltzmann equation and application to aerothermodynamics for falling disintegration of uncontrolled Tiangong—No.1 spacecraft. Advances in Aerodynamics, 2019, 1(4): 1-21.

[22] 徐金秀，李志辉，尹万旺. MPI 并行调试与优化策略在三维绕流气体运动论数值模拟中的应用. 计算机科学, 2012, 39(5): 300-303, 313.

[23] 陆林生，董超群，李志辉. 多相空间数值模拟并行化研究. 计算机科学, 2003, 30(3): 129-137.

[24] 李素循. 典型外形高超声速流动特性. 北京: 国防工业出版社，2007.

[25] 谢飞, 等. 1 米高超声速风洞 M=4~8 支路 HB-2 标模测力试验报告. 中国空气动力研究与发展中心超高速所技术报告, 2013.

[26] Gnoffo P A. A code calibration program in support of the aeroassist flight experiment. AIAA-89-1673. 1989.

附录 A　纯空气化学非平衡模型相关常数

表 A.1　纯空气 11 组元热力学参数三段拟合函数系数

组分	温度 /($\times10^3$K)	a_1	a_2	a_3	a_4	a_5	a_6	a_7	b_1	b_2
O	0.2~1.0	-7.953611×10^{3}	1.607178×10^{2}	1.966226	1.013670×10^{-3}	-1.110415×10^{-6}	6.517508×10^{-10}	-1.584779×10^{-13}	2.840362×10^{4}	8.404242
	1.0~6.0	2.619020×10^{5}	-7.298722×10^{2}	3.317177	-4.281334×10^{-4}	1.036105×10^{-7}	-9.438304×10^{-12}	2.725038×10^{-16}	3.392428×10^{4}	-6.679585×10^{-1}
	6.0~20.0	1.779004×10^{8}	-1.082328×10^{5}	2.810778×10^{1}	-2.975232×10^{-3}	1.854998×10^{-7}	-5.796232×10^{-12}	7.191720×10^{-17}	8.890943×10^{5}	-2.181728×10^{2}
O_2	0.2~1.0	-3.425563×10^{4}	4.847001×10^{2}	1.119011	4.293889×10^{-3}	-6.836301×10^{-7}	-2.023373×10^{-9}	1.039040×10^{-12}	-3.391455×10^{3}	1.849699×10^{1}
	1.0~6.0	-1.037939×10^{6}	2.344830×10^{3}	1.819732	1.267848×10^{-3}	-2.188068×10^{-7}	2.053720×10^{-11}	-8.193467×10^{-16}	-1.689011×10^{4}	1.738717×10^{1}
	6.0~20.0	4.975294×10^{8}	-2.866107×10^{5}	6.690352×10^{1}	-6.169959×10^{-3}	3.016396×10^{-7}	-7.421417×10^{-12}	7.278176×10^{-17}	2.293554×10^{6}	-5.530622×10^{2}
NO	0.2~1.0	-1.143917×10^{4}	1.536468×10^{2}	3.431469	-2.668592×10^{-3}	8.481399×10^{-6}	-7.685111×10^{-9}	2.386798×10^{-12}	9.098214×10^{3}	6.728725
	1.0~6.0	2.239019×10^{5}	-1.289652×10^{3}	5.433936	-3.656035×10^{-4}	9.880966×10^{-8}	-1.416077×10^{-11}	9.380185×10^{-16}	1.750318×10^{4}	-8.501669
	6.0~20.0	-9.575304×10^{8}	5.912434×10^{5}	-1.384567×10^{2}	1.694339×10^{-2}	-1.007351×10^{-6}	2.912584×10^{-11}	-3.295109×10^{-16}	-4.677501×10^{6}	1.242081×10^{3}
N	0.2~1.0	0.000000	0.000000	2.500000	0.000000	0.000000	0.000000	0.000000	5.610464×10^{4}	4.193905
	1.0~6.0	8.876501×10^{4}	-1.071232×10^{2}	2.362188	2.916720×10^{-4}	-1.729515×10^{-7}	4.012658×10^{-11}	-2.677228×10^{-15}	5.697351×10^{4}	4.865232
	6.0~20.0	5.475181×10^{8}	-3.107575×10^{5}	6.916783×10^{1}	-6.847988×10^{-3}	3.827572×10^{-7}	-1.098368×10^{-11}	1.277986×10^{-16}	2.550586×10^{6}	-5.848770×10^{2}
NO^+	0.2~1.0	1.398107×10^{3}	-1.590447×10^{2}	5.122895	-6.394389×10^{-3}	1.123918×10^{-5}	-7.988581×10^{-9}	2.107384×10^{-12}	1.187495×10^{5}	-4.398434
	1.0~6.0	6.069877×10^{5}	-2.278395×10^{3}	6.080325	-6.066848×10^{-4}	1.432003×10^{-7}	-1.747991×10^{-11}	8.935014×10^{-16}	1.322710×10^{5}	-1.519880×10^{1}
	6.0~20.0	2.676400×10^{9}	-1.832949×10^{6}	5.099249×10^{2}	-7.113819×10^{-2}	5.317660×10^{-6}	-1.963208×10^{-10}	2.805268×10^{-15}	1.443309×10^{7}	-4.324044×10^{3}
O^+	0.2~1.0	0.000000	0.000000	2.500000	0.000000	0.000000	0.000000	0.000000	1.879353×10^{5}	4.393377
	1.0~6.0	-2.166513×10^{5}	6.665456×10^{2}	1.702064	4.714993×10^{-4}	-1.427132×10^{-7}	2.016596×10^{-11}	-9.107158×10^{-16}	1.837192×10^{5}	1.005690×10^{1}
	6.0~20.0	-2.143835×10^{8}	1.469519×10^{5}	-3.680865×10^{1}	5.036165×10^{-3}	-3.087874×10^{-7}	9.186835×10^{-12}	-1.074163×10^{-16}	-9.614209×10^{5}	3.426193×10^{2}
N^+	0.2~1.0	5.237079×10^{3}	2.299958	2.487489	2.737491×10^{-5}	-3.134448×10^{-8}	1.850111×10^{-11}	-4.447351×10^{-15}	2.256285×10^{5}	5.076831
	1.0~6.0	2.904970×10^{5}	-8.557909×10^{2}	3.477389	-5.288267×10^{-4}	1.352350×10^{-7}	-1.389834×10^{-11}	5.046166×10^{-16}	2.310810×10^{5}	-1.994147
	6.0~20.0	1.646092×10^{7}	-1.113165×10^{4}	4.976987	-2.005394×10^{-4}	1.022481×10^{-8}	-2.691431×10^{-13}	3.539932×10^{-18}	3.136285×10^{5}	-1.706646×10^{1}
O_2^+	0.2~1.0	-8.607205×10^{4}	1.051876×10^{3}	-5.432380×10^{-1}	6.571167×10^{-3}	-3.274264×10^{-6}	5.940645×10^{-11}	3.238785×10^{-13}	1.345545×10^{5}	2.902710×10^{1}
	1.0~6.0	7.384655×10^{4}	-8.459560×10^{2}	4.985164	-1.611011×10^{-4}	6.427084×10^{-8}	-1.504940×10^{-11}	1.578465×10^{-15}	1.446321×10^{5}	-5.811231
	6.0~20.0	-1.562126×10^{9}	1.161407×10^{6}	-3.302505×10^{2}	4.710938×10^{-2}	-3.354461×10^{-6}	1.167969×10^{-10}	-1.589755×10^{-15}	-8.857866×10^{6}	2.852036×10^{3}
N_2^+	0.2~1.0	-3.474047×10^{4}	2.696223×10^{2}	3.164916	-2.132240×10^{-3}	6.730476×10^{-6}	-5.637305×10^{-9}	1.621756×10^{-12}	1.790004×10^{5}	6.832974
	1.0~6.0	-2.845599×10^{6}	7.058893×10^{3}	-2.884886	3.068677×10^{-3}	-4.361652×10^{-7}	2.102515×10^{-11}	5.411996×10^{-16}	1.340388×10^{5}	5.090897×10^{1}
	6.0~20.0	-3.712830×10^{8}	3.139287×10^{5}	-9.603518×10^{1}	1.571193×10^{-2}	-1.175066×10^{-6}	4.144441×10^{-11}	-5.621893×10^{-16}	-2.217362×10^{6}	8.436271×10^{2}
e^-	0.2~1.0	0.000000	0.000000	2.500000	0.000000	0.000000	0.000000	0.000000	-7.453750×10^{2}	-1.172081×10^{1}
	1.0~6.0	0.000000	0.000000	2.500000	0.000000	0.000000	0.000000	0.000000	-7.453750×10^{2}	-1.172081×10^{1}
	6.0~20.0	0.000000	0.000000	2.500000	0.000000	0.000000	0.000000	0.000000	-7.453750×10^{2}	-1.172081×10^{1}
N_2	0.2~1.0	2.210371×10^{4}	-3.818462×10^{2}	6.082738	-8.530914×10^{-3}	1.384646×10^{-5}	-9.625794×10^{-9}	2.519706×10^{-12}	7.108461×10^{2}	-1.076004×10^{1}
	1.0~6.0	5.877124×10^{5}	-2.239249×10^{3}	6.066949	-6.139686×10^{-4}	1.491807×10^{-7}	-1.923105×10^{-11}	1.061954×10^{-15}	1.283210×10^{4}	-1.586640×10^{1}
	6.0~20.0	8.310139×10^{8}	-6.420734×10^{5}	2.020265×10^{2}	-3.065092×10^{-2}	2.486903×10^{-6}	-9.705954×10^{-11}	1.437539×10^{-15}	4.938707×10^{6}	-1.672100×10^{3}

表 A.2　纯空气 11 组元热力学参数五段拟合函数系数

组分	温度/($\times10^3$K)	a_1	a_2	a_3	a_4	a_5	b_1	b_2
O	0.3~1.0	2.8236	-8.9478×10^{-4}	8.3060×10^{-7}	-1.6837×10^{-10}	-7.3205×10^{-14}	2.9150×10^{4}	3.5027
	1.0~6.0	2.5421	-2.7551×10^{-5}	-3.1028×10^{-9}	4.5511×10^{-12}	-4.3681×10^{-16}	2.9150×10^{4}	4.9203
	6.0~15	2.5460	-5.9520×10^{-5}	2.7010×10^{-8}	-2.7980×10^{-12}	9.3800×10^{-17}	2.9150×10^{4}	5.0490
	15~25	-9.7871×10^{-3}	1.2450×10^{-3}	-1.6154×10^{-7}	8.0380×10^{-12}	-1.2624×10^{-16}	2.9150×10^{4}	2.1711×10^{1}
	25~30	1.6428×10^{1}	-3.9313×10^{-3}	2.9840×10^{-7}	-8.1613×10^{-12}	7.5004×10^{-17}	2.9150×10^{4}	-9.4358×10^{1}
O_2	0.3~1.0	3.6146	-1.8598×10^{-3}	7.0814×10^{-6}	-6.8070×10^{-9}	2.1628×10^{-12}	-1.0440×10^{3}	4.3628
	1.0~6.0	3.5949	7.5213×10^{-4}	-1.8732×10^{-7}	2.7913×10^{-11}	-1.5774×10^{-15}	-1.0440×10^{3}	3.8353
	6.0~15	3.8599	3.2510×10^{-4}	-9.2131×10^{-9}	-7.8684×10^{-13}	2.9426×10^{-17}	-1.0440×10^{3}	2.3789
	15~25	3.4867	5.2384×10^{-4}	-3.9123×10^{-8}	1.0094×10^{-12}	-8.8718×10^{-18}	-1.0440×10^{3}	4.8179
	25~30	3.9620	3.9446×10^{-4}	-2.9506×10^{-8}	7.3975×10^{-13}	-6.4209×10^{-18}	-1.0440×10^{3}	1.3985
NO	0.3~1.0	3.5887	-1.2479×10^{-3}	3.9786×10^{-6}	-2.8651×10^{-9}	6.3015×10^{-13}	9.7640×10^{3}	5.1497
	1.0~6.0	3.2047	1.2705×10^{-3}	-4.6603×10^{-7}	7.5007×10^{-11}	-4.2314×10^{-15}	9.7640×10^{3}	6.6867
	6.0~15	3.8543	2.3409×10^{-4}	-2.1354×10^{-8}	1.6689×10^{-12}	-4.9070×10^{-17}	9.7640×10^{3}	3.1541
	15~25	4.3309	-5.8086×10^{-5}	2.8059×10^{-8}	-1.5694×10^{-12}	2.4104×10^{-17}	9.7640×10^{3}	1.0735×10^{-1}
	25~30	2.3507	5.8643×10^{-4}	-3.1316×10^{-8}	6.0495×10^{-13}	-4.0557×10^{-18}	9.7640×10^{3}	1.4026×10^{1}
N	0.3~1.0	2.5031	-2.1800×10^{-5}	5.4205×10^{-8}	-5.6476×10^{-11}	2.0999×10^{-14}	5.6130×10^{4}	4.1676
	1.0~6.0	2.4820	6.9258×10^{-5}	-6.3065×10^{-8}	1.8387×10^{-11}	-1.1747×10^{-15}	5.6130×10^{4}	4.2618
	6.0~15	2.7480	-3.9090×10^{-4}	1.3380×10^{-7}	-1.1910×10^{-11}	3.3690×10^{-16}	5.6130×10^{4}	2.8720
	15~25	-1.2280	1.9268×10^{-3}	-2.4370×10^{-7}	1.2193×10^{-11}	-1.9918×10^{-16}	5.6130×10^{4}	2.8469×10^{1}
	25~30	1.5520×10^{1}	-3.8858×10^{-3}	3.2288×10^{-7}	-9.6053×10^{-12}	9.5472×10^{-17}	5.6130×10^{4}	-8.8120×10^{1}

续表

组分	温度/($\times 10^3$K)	a_1	a_2	a_3	a_4	a_5	b_1	b_2
NO^+	0.3~1.0	3.5294	-3.0342×10^{-4}	3.8544×10^{-7}	1.0519×10^{-9}	-7.2777×10^{-13}	1.1840×10^{5}	3.7852
	1.0~6.0	3.2152	9.9742×10^{-4}	-2.9030×10^{-7}	3.6925×10^{-11}	-1.5994×10^{-15}	1.1840×10^{5}	5.1508
	6.0~15	2.6896	1.3796×10^{-3}	-3.3985×10^{-7}	3.3776×10^{-11}	-1.0427×10^{-15}	1.1840×10^{5}	8.3904
	15~25	5.9346	-1.3178×10^{-3}	2.3297×10^{-7}	-1.1733×10^{-11}	1.8402×10^{-16}	1.1840×10^{5}	-1.1079×10^{1}
	25~30	−5.1595	2.6290×10^{-3}	-1.6254×10^{-7}	3.9381×10^{-12}	-3.4311×10^{-17}	1.1840×10^{5}	6.5896×10^{1}
O^+	0.3~1.0	2.4985	1.1411×10^{-5}	-2.9761×10^{-8}	3.2247×10^{-11}	-1.2376×10^{-14}	1.8790×10^{5}	4.3864
	1.0~6.0	2.5060	-1.4464×10^{-5}	1.2446×10^{-8}	-4.6858×10^{-12}	6.5549×10^{-16}	1.8790×10^{5}	4.3480
	6.0~15	2.9440	-4.1080×10^{-4}	9.1560×10^{-8}	-5.8480×10^{-12}	1.1900×10^{-16}	1.8790×10^{5}	1.7500
	15~25	1.2784	4.0866×10^{-4}	-2.1731×10^{-8}	3.3252×10^{-13}	6.3160×10^{-19}	1.8790×10^{5}	1.2761×10^{1}
	25~30	1.2889	4.3343×10^{-4}	-2.6758×10^{-8}	6.2159×10^{-13}	-4.5131×10^{-18}	1.8790×10^{5}	1.2604×10^{1}
N^+	0.3~1.0	2.7270	-2.8200×10^{-4}	1.1050×10^{-7}	-1.5510×10^{-11}	7.8470×10^{-16}	2.2540×10^{5}	3.6450
	1.0~6.0	2.7270	-2.8200×10^{-4}	1.1050×10^{-7}	-1.5510×10^{-11}	7.8470×10^{-16}	2.2540×10^{5}	3.6450
	6.0~15	2.4990	-3.7250×10^{-6}	1.1470×10^{-8}	-1.1020×10^{-12}	3.0780×10^{-17}	2.2540×10^{5}	4.9500
	15~25	2.3856	8.3495×10^{-5}	-5.8815×10^{-9}	1.8850×10^{-13}	-1.6120×10^{-18}	2.2540×10^{5}	5.6462
	25~30	2.2286	1.2458×10^{-4}	-8.7636×10^{-9}	2.6204×10^{-13}	-2.1674×10^{-18}	2.2540×10^{5}	6.7811
O_2^+	0.3~1.0	3.2430	1.1740×10^{-3}	-3.9000×10^{-7}	5.4370×10^{-11}	-2.3920×10^{-15}	1.4000×10^{5}	5.9250
	1.0~6.0	3.2430	1.1740×10^{-3}	-3.9000×10^{-7}	5.4370×10^{-11}	-2.3920×10^{-15}	1.4000×10^{5}	5.9250
	6.0~15	5.1690	-8.6200×10^{-4}	2.0410×10^{-7}	-1.3000×10^{-11}	2.4940×10^{-16}	1.4000×10^{5}	−5.2960
	15~25	-2.8017×10^{-1}	1.6674×10^{-3}	-1.2107×10^{-7}	3.2113×10^{-12}	-2.8349×10^{-17}	1.4000×10^{5}	3.1013×10^{1}
	25~30	2.0445	1.0313×10^{-3}	-7.4046×10^{-8}	1.9257×10^{-12}	-1.7461×10^{-17}	1.4000×10^{5}	1.4310×10^{1}

续表

组分	温度/(×10^{3}K)	a_1	a_2	a_3	a_4	a_5	b_1	b_2
N_2^+	0.3~1.0	3.5498	-6.0810×10^{-4}	1.4690×10^{-6}	-6.5091×10^{-11}	-3.5649×10^{-13}	1.8260×10^{5}	3.6535
	1.0~6.0	3.3970	4.5250×10^{-4}	1.2720×10^{-7}	-3.8790×10^{-11}	2.4590×10^{-15}	1.8260×10^{5}	4.2050
	6.0~15	3.3780	8.6290×10^{-4}	-1.2760×10^{-7}	8.0870×10^{-12}	-1.8800×10^{-16}	1.8260×10^{5}	4.0730
	15~25	4.3942	1.8868×10^{-4}	-7.1272×10^{-9}	-1.7511×10^{-13}	6.7176×10^{-18}	1.8260×10^{5}	−2.3693
	25~30	3.9493	3.6795×10^{-4}	-2.6910×10^{-8}	6.7110×10^{-13}	-5.8244×10^{-18}	1.8260×10^{5}	6.5472×10^{-1}
e^-	0.3~30	2.5000	0.0000	0.0000	0.0000	0.0000	-7.4542×10^{2}	-1.1734×10^{1}
N_2	0.3~1.0	3.6748	-1.2081×10^{-3}	2.3240×10^{-6}	-6.3218×10^{-10}	-2.2577×10^{-13}	-1.0430×10^{3}	2.3580
	1.0~6.0	3.2125	1.0137×10^{-3}	-3.0467×10^{-7}	4.1091×10^{-11}	-2.0170×10^{-15}	-1.0430×10^{3}	4.3661
	6.0~15	3.1811	8.9745×10^{-4}	-2.0216×10^{-7}	1.8266×10^{-11}	-5.0334×10^{-16}	-1.0430×10^{3}	4.6264
	15~25	9.6377	-2.5728×10^{-3}	3.3020×10^{-7}	-1.4315×10^{-11}	2.0333×10^{-16}	-1.0430×10^{3}	-3.7587×10^{1}
	25~30	−5.1681	2.3337×10^{-3}	-1.2953×10^{-7}	2.7872×10^{-12}	-2.1360×10^{-17}	-1.0430×10^{3}	6.6217×10^{1}

表 A.3　纯空气 11 组元黏性系数与热传导系数 Sutherland 公式常数

组分	μ_{ref}	T_μ	k_{ref}	T_k
O	2.218×10^{-5}	42.6952	0.04556	20.707
O_2	1.919×10^{-5}	145.4033	0.02449	310.978
NO	1.774×10^{-5}	128.577	0.02353	296.606
N	1.847×10^{-5}	111.3468	0.04113	108.0545
NO^+	1.535×10^{-8}	128.59	1.394×10^{-5}	223.175
O^+	1.316×10^{-8}	42.8076	2.720×10^{-5}	20.8068
N^+	1.077×10^{-8}	111.1246	2.418×10^{-5}	108.496
O_2^+	1.541×10^{-8}	145.659	2.328×10^{-5}	310.956
N_2^+	1.576×10^{-8}	91.3302	2.600×10^{-5}	218.54
e^-	9.015×10^{-11}	2.5527×10^{-4}	5.152×10^{-3}	2.3059×10^{-2}
N_2	1.656×10^{-5}	91.2013	0.02407	211.7116
空气	1.458×10^{-5}	110.4	—	—

表 A.4 纯空气 11 组元黏性系数与热传导系数 Blotter 拟合公式系数

组分	A_μ	B_μ	C_μ	D_μ	E_μ	A_k	B_k	C_k	D_k	E_k
O	0.0	0.0	0.0203144	0.4294404	−11.6031403	0.00000	0.00000	0.03310	0.22834	−11.58116
O_2	0.0	0.0	0.044929	−0.0826158	−9.2019475	0.07987	−2.58428	31.25959	−166.76267	321.69820
NO	0.0	0.0	0.0436378	−0.0335511	−9.5767430	0.02792	−0.87133	10.17967	−52.03466	88.67060
N	0.0	0.0	0.0115572	0.6031679	−12.432750	0.00000	0.00000	0.01619	0.55022	−12.92190
NO^+	0.0913	−3.3178	45.1426	−270.3948	586.3300	−0.06836	2.57829	−35.72737	219.09215	−519.00261
O^+	0.0912	−3.3154	45.1290	−270.4211	586.2903	−0.04013	1.32468	−16.22091	89.96782	−208.57442
N^+	0.0895	−3.2573	44.3511	−265.8276	576.1313	0.0	0.0	0.03088	2.06339	−31.51368
O_2^+	0.0908	−3.3020	44.9511	−269.3877	564.4130	−0.08373	2.75459	−33.74529	185.13274	−401.50753
N_2^+	0.0897	−3.2618	44.4079	−266.1462	577.1449	0.0	−0.03723	0.84192	−3.59040	−18.65620
e^-	0.0899	−3.2731	44.5782	−267.2522	574.4149	0.0	0.0	0.00032	2.49375	−27.89805
N_2	0.0	0.0	0.0268142	0.3177838	−11.3155513	0.03607	−1.07503	11.95029	57.90063	93.21782

表 A.5　纯空气 11 组元 Dunn&Kang 化学反应模型

序号	反应式	前向速率系数			后向速率系数		
		$A_{f,r}$	$B_{f,r}$	$C_{f,r}$	$A_{b,r}$	$B_{b,r}$	$C_{b,r}$
1	$O_2+M_1\ \Theta \rightleftharpoons 2O+M_1$	3.60×10^{18}	-1.0	59500.	3.01×10^{15}	-0.5	0.0
2	$O_2+O \rightleftharpoons 2O+O$	9.00×10^{19}	-1.0	59500.	7.50×10^{16}	-0.5	0.0
3	$O_2+O_2 \rightleftharpoons 2O+O_2$	3.24×10^{19}	-1.0	59500.	2.70×10^{16}	-0.5	0.0
4	$O_2+N_2 \rightleftharpoons 2O+N_2$	7.20×10^{18}	-1.0	59500.	6.00×10^{15}	-0.5	0.0
5	$N_2+M_2 \rightleftharpoons 2N+M_2$	1.90×10^{17}	-0.5	113000.	1.09×10^{16}	-0.5	0.0
6	$N_2+N \rightleftharpoons 2N+N$	4.09×10^{22}	-1.5	113000.	2.27×10^{21}	-1.5	0.0
7	$N_2+N_2 \rightleftharpoons 2N+N_2$	4.70×10^{17}	-0.5	113000.	2.72×10^{16}	-0.5	0.0
8	$NO+M_3 \rightleftharpoons N+O+M_3$	3.90×10^{20}	-1.5	75500.	1.00×10^{20}	-1.5	0.0
9	$NO+M_4 \rightleftharpoons N+O+M_4$	7.80×10^{20}	-1.5	75500.	2.00×10^{20}	-1.5	0.0
10	$NO+O \rightleftharpoons O_2+N$	3.20×10^{9}	1.0	19700.	1.30×10^{10}	1.0	3580.
11	$N_2+O \rightleftharpoons NO+N$	7.00×10^{13}	0.0	38000.	1.56×10^{13}	0.0	0.0
12	$N+O \rightleftharpoons NO^++e^-$	1.40×10^{6}	1.5	31900.	6.70×10^{21}	-1.5	0.0
13	$O+e^- \rightleftharpoons O^++e^-+e^-$	3.60×10^{31}	-2.91	158000.	2.20×10^{20}	-4.5	0.0
14	$N+e^- \rightleftharpoons N^++e^-+e^-$	1.10×10^{32}	-3.14	169000.	2.20×10^{20}	-4.5	0.0
15	$O+O \rightleftharpoons O_2^++e^-$	1.60×10^{17}	-0.98	80800.	8.00×10^{21}	-1.5	0.0
16	$O+O_2^+ \rightleftharpoons O_2+O^+$	2.92×10^{18}	-1.11	28000.	7.80×10^{11}	0.5	0.0
17	$N_2+N^+ \rightleftharpoons N+N_2^+$	2.02×10^{11}	0.81	13000.	7.80×10^{11}	0.5	0.0
18	$N+N \rightleftharpoons N_2^++e^-$	1.40×10^{13}	0.0	67800.	1.50×10^{22}	-1.5	0.0
19	$O_2+N_2 \rightleftharpoons NO+NO^++e^-$	1.38×10^{20}	-1.84	141000.	1.00×10^{24}	-2.5	0.0
20	$NO+N_2 \rightleftharpoons N_2+NO^++e^-$	2.20×10^{15}	-0.35	108000.	2.20×10^{26}	-2.5	0.0
21	$O+NO^+ \rightleftharpoons NO+O^+$	3.63×10^{15}	-0.6	50800.	1.50×10^{13}	0.0	0.0
22	$N_2+O^+ \rightleftharpoons O+N_2^+$	3.40×10^{19}	-2.0	23000.	2.48×10^{19}	-2.2	0.0
23	$N+NO^+ \rightleftharpoons NO+N^+$	1.00×10^{19}	-0.93	61000.	4.80×10^{14}	0.0	0.0
24	$O_2+NO^+ \rightleftharpoons NO+O_2^+$	1.80×10^{15}	0.17	33000.	1.80×10^{13}	0.5	0.0
25	$O+NO^+ \rightleftharpoons O_2+N^+$	1.34×10^{13}	0.31	77270.	1.00×10^{13}	0.0	0.0
26	$O_2+NO \rightleftharpoons O_2+NO^++e^-$	8.80×10^{15}	0.35	108000.	8.80×10^{26}	-2.5	0.0

注：M_1=N,NO；M_2=O,O_2,NO；M_3=O_2,N_2；M_4=O,N,NO。

表 A.6　纯空气 11 组元 Gupta 化学反应模型

序号	反应式	前向速率系数			后向速率系数		
		$A_{f,r}$	$B_{f,r}$	$C_{f,r}$	$A_{b,r}$	$B_{b,r}$	$C_{b,r}$
1	$O_2+M_1 \rightleftharpoons 2O+M_1$	3.61×10^{18}	-1.0	59400.	3.01×10^{15}	-0.5	0.0
2	$N_2+M_2 \rightleftharpoons 2N+M_2$	1.92×10^{17}	-0.5	113100.	1.09×10^{16}	-0.5	0.0
3	$N_2+N \rightleftharpoons 2N+N$	4.15×10^{22}	-1.5	113100.	2.32×10^{21}	-1.5	0.0
4	$NO+M_3 \rightleftharpoons N+O+M_3$	3.97×10^{20}	-1.5	75600.	1.01×10^{20}	-1.5	0.0
5	$NO+O \rightleftharpoons O_2+N$	3.18×10^{9}	1.0	19700.	9.63×10^{11}	0.5	3600.
6	$N_2+O \rightleftharpoons NO+N$	6.75×10^{13}	0.0	37500.	1.50×10^{13}	0.0	0.0
7	$N+O \rightleftharpoons NO^++e^-$	9.03×10^{9}	0.5	32400.	1.80×10^{19}	-1.0	0.0
8	$O+e^- \rightleftharpoons O^++e^-+e^-$	3.60×10^{31}	-2.91	158000.	2.20×10^{20}	-4.5	0.0

续表

序号	反应式	前向速率系数			后向速率系数		
		$A_{f,r}$	$B_{f,r}$	$C_{f,r}$	$A_{b,r}$	$B_{b,r}$	$C_{b,r}$
9	$N+e^- \rightleftharpoons N^+ + e^- + e^-$	1.10×10^{32}	−3.14	169000.	2.20×10^{20}	−4.5	0.0
10	$O+O \rightleftharpoons O_2^+ + e^-$	1.60×10^{17}	−0.98	80800.	8.02×10^{21}	−1.5	0.0
11	$O+O_2^+ \rightleftharpoons O_2+O^+$	2.92×10^{18}	−1.11	28000.	7.80×10^{11}	0.5	0.0
12	$N_2+N^+ \rightleftharpoons N+N_2^+$	2.02×10^{11}	0.81	13000.	7.80×10^{11}	0.5	0.0
13	$N+N \rightleftharpoons N_2^+ + e^-$	1.40×10^{13}	0.0	67800.	1.50×10^{22}	−1.5	0.0
14	$O_2+N_2 \rightleftharpoons NO+NO^+ + e^-$	1.38×10^{20}	−1.84	141000.	1.00×10^{24}	−2.5	0.0
15	$NO+M_4 \rightleftharpoons M_4+NO^+ + e^-$	2.20×10^{15}	−0.35	108000.	2.20×10^{26}	−2.5	0.0
16	$O+NO^+ \rightleftharpoons NO+O^+$	3.63×10^{15}	−0.6	50800.	1.50×10^{13}	0.0	0.0
17	$N_2+O^+ \rightleftharpoons O+N_2^+$	3.40×10^{19}	−2.0	23000.	2.48×10^{19}	−2.2	0.0
18	$N+NO^+ \rightleftharpoons NO+N^+$	1.00×10^{19}	−0.93	61000.	4.80×10^{14}	0.0	0.0
19	$O_2+NO^+ \rightleftharpoons NO+O_2^+$	1.80×10^{15}	0.17	33000.	1.80×10^{13}	0.5	0.0
20	$O+NO^+ \rightleftharpoons O_2+N^+$	1.34×10^{13}	0.31	77270.	1.00×10^{13}	0.0	0.0

注：M_1=O,N,O_2,N_2,NO；M_2=O,O_2,N_2,NO；M_3=O,N,O_2,N_2,NO；M_4=O_2,N_2。

表 A.7　纯空气 11 组元 Park 化学反应模型

序号	反应式	前向速率系数			T_k	
		$A_{f,r}$	$B_{f,r}$	$C_{f,r}$	前向	后向
1	$N_2+M_1 \rightleftharpoons 2N+M_1$	3.00×10^{22}	−1.6	113200.	$\sqrt{T\cdot T_V}$	T
2	$N_2+M_2 \rightleftharpoons 2N+M_2$	7.00×10^{21}	−1.6	113200.		
3	$O_2+M_1 \rightleftharpoons 2O+M_1$	1.00×10^{22}	−1.5	59360.		
4	$O_2+M_2 \rightleftharpoons 2O+M_2$	2.00×10^{21}	−1.5	59360.		
5	$NO+M_3 \rightleftharpoons N+O+M_3$	1.10×10^{17}	0.0	75500.		
6	$NO+M_4 \rightleftharpoons N+O+M_4$	5.00×10^{15}	0.0	75500.		
7	$NO+M_5 \rightleftharpoons N+O+M_5$	7.95×10^{23}	−2.0	75500.		
8	$N_2+O \rightleftharpoons NO+N$	5.70×10^{12}	0.42	42938.	T	T_v
9	$NO+O \rightleftharpoons O_2+N$	8.40×10^{12}	0.0	19400.		
10	$N+O \rightleftharpoons$r $NO^+ + e^-$	5.30×10^{12}	0.0	31900.		
11	$N+N \rightleftharpoons N_2^+ + e^-$	4.40×10^{7}	1.5	67500.		
12	$O+O \rightleftharpoons O_2^+ + e^-$	1.10×10^{13}	0.0	80600.		
13	$O+O_2^+ \rightleftharpoons O_2+O^+$	4.00×10^{12}	−0.09	18000.		
14	$N_2+N^+ \rightleftharpoons N+N_2^+$	9.85×10^{12}	−0.18	12100.		
15	$O+NO^+ \rightleftharpoons NO+O^+$	2.75×10^{13}	0.01	51000.		
16	$N_2+O^+ \rightleftharpoons O+N_2^+$	9.00×10^{11}	0.36	22800.		
17	$O_2+NO^+ \rightleftharpoons NO+O_2^+$	2.40×10^{13}	0.41	32600.		
18	$N+NO^+ \rightleftharpoons O+N_2^+$	7.20×10^{13}	0	35500.		
19	$N+e^- \rightleftharpoons N^+ + e^- + e^-$	2.50×10^{33}	−3.82	168200.	T_V	T_V
20	$O+e^- \rightleftharpoons O^+ + e^- + e^-$	3.90×10^{33}	−3.78	158500.		

注：M_1=O,N；M_2=O_2,N_2,NO, ions；M_3=O,N,NO；M_4=O_2,N_2；M_5=ions。

表 A.8　纯空气 11 组元碰撞效率

催化体		M_1	M_2	M_3	M_4	e^-
$Z_{j-ns,i}$		1,i	2,i	3,i	4,i	5,i
相对于 Ar 的效率	$O_2(i=1)$	9	1	1	4	0
	$N_2(i=2)$	2	2.5	1	1	0
	$O(i=3)$	25	1	20	0	0
	$N(i=4)$	1	0	20	0	0
	$NO(i=5)$	1	1	20	0	0
	$NO^+(i=6)$	0	0	0	0	1
	$O_2^+(i=7)$	0	0	0	0	1
	$N_2^+(i=8)$	0	0	0	0	1
	$O^+(i=9)$	0	0	0	0	1
	$N^+(i=10)$	0	0	0	0	1

附录B　N-S 方程及其无黏通量特征分裂

B.1　N-S 方程无量纲化

N-S 方程涉及不同量值范围的物理量，为避免方程求解过程中出现量值相差太大的数据运算而损失精度，可将方程无量纲化再求解。

以长度 L_{ref}、速度 V_{ref}、密度 ρ_{ref}、温度 T_{ref} 和黏性系数 μ_{ref} 作为基本参考量，无量纲化方法如下 (上标 “*” 表示有量纲物理量)：

$$t=\frac{t^*}{L_{\mathrm{ref}}/V_{\mathrm{ref}}},\quad x=\frac{x^*}{L_{\mathrm{ref}}},\quad y=\frac{y^*}{L_{\mathrm{ref}}},\quad z=\frac{z^*}{L_{\mathrm{ref}}}$$

$$u=\frac{u^*}{V_{\mathrm{ref}}},\quad v=\frac{v^*}{V_{\mathrm{ref}}},\quad w=\frac{w^*}{V_{\mathrm{ref}}}$$

$$\rho=\frac{\rho^*}{\rho_{\mathrm{ref}}},\quad p=\frac{p^*}{\rho_{\mathrm{ref}}V_{\mathrm{ref}}^2},\quad T=\frac{T^*}{T_{\mathrm{ref}}}$$

$$R=\frac{R^*}{V_{\mathrm{ref}}^2/T_{\mathrm{ref}}},\quad c_v=\frac{c_v^*}{V_{\mathrm{ref}}^2/T_{\mathrm{ref}}},\quad c_p=\frac{c_p^*}{V_{\mathrm{ref}}^2/T_{\mathrm{ref}}}$$

$$E=\frac{E^*}{V_{\mathrm{ref}}^2},\quad H=\frac{H^*}{V_{\mathrm{ref}}^2}$$

$$D=\frac{D^*}{\mu_{\mathrm{ref}}/\rho_{\mathrm{ref}}},\quad \mu=\frac{\mu^*}{\mu_{\mathrm{ref}}},\quad k=\frac{k^*}{\mu_{\mathrm{ref}}V_{\mathrm{ref}}^2/T_{\mathrm{ref}}}$$

$$\omega=\frac{\omega^*}{\rho_{\mathrm{ref}}V_{\mathrm{ref}}/L_{\mathrm{ref}}}$$

无量纲化后，微分形式 N-S 方程为

$$\frac{\partial\tilde{Q}}{\partial t}+\frac{\partial\tilde{E}}{\partial x}+\frac{\partial\tilde{F}}{\partial y}+\frac{\partial\tilde{G}}{\partial z}=\frac{1}{Re}\left(\frac{\partial\tilde{E}_v}{\partial x}+\frac{\partial\tilde{F}_v}{\partial y}+\frac{\partial\tilde{G}_v}{\partial z}\right)+\tilde{S}$$

各通量的表达式与国际单位制下 N-S 方程完全相同，只相当于换了度量单位；方程黏性项出现的系数 Re 为雷诺数：

$$Re=\frac{\rho_{\mathrm{ref}}V_{\mathrm{ref}}L_{\mathrm{ref}}}{\mu_{\mathrm{ref}}}$$

也可将 $1/Re$ 写进黏性通量表达式，从而确保无量纲 N-S 方程与有量纲 N-S 方程形式上一致，在三维结构网格下采用格心有限体积方法写为

$$\begin{cases} \dfrac{\partial Q}{\partial t} = \dfrac{1}{\Omega} \displaystyle\sum_{m=i,j,k} \left[\left(F_{m+1}^{v} - F_{m}^{v}\right) - \left(F_{m+1} - F_{m}\right)\right] + S \\ Q \equiv \dfrac{1}{\Omega} \displaystyle\int_{\Omega} \tilde{Q} \mathrm{d}\Omega \\ F^{v} \equiv |\boldsymbol{s}| \left(\tilde{E}^{v} n_x + \tilde{F}^{v} n_y + \tilde{G}^{v} n_z\right) \\ F \equiv |\boldsymbol{s}| \left(\tilde{E} n_x + \tilde{F} n_y + \tilde{G} n_z\right) \\ S \equiv \dfrac{1}{\Omega} \displaystyle\int_{\Omega} \tilde{S} \mathrm{d}\Omega \end{cases}$$

其中，$\boldsymbol{s} = |\boldsymbol{s}|\,\boldsymbol{n}$ 为网格面积矢量，$\boldsymbol{n} = (n_x, n_y, n_z)$ 为面积法向单位矢量。则

$$Q = \begin{bmatrix} \rho & \rho u & \rho v & \rho w & \rho E & \rho_j \end{bmatrix}^{\mathrm{T}}$$

$$S = \frac{L_{\mathrm{ref}}}{\rho_{\mathrm{ref}} V_{\mathrm{ref}}} \begin{bmatrix} 0 & 0 & 0 & 0 & 0 & \omega_j \end{bmatrix}^{\mathrm{T}}$$

$$F = |\boldsymbol{s}| \begin{bmatrix} \rho V_n & \rho V_n u + p n_x & \rho V_n v + p n_y & \rho V_n w + p n_z & (\rho E + p) V_n & \rho_j V_n \end{bmatrix}^{\mathrm{T}}$$

$$F^{v} = \frac{|\boldsymbol{s}|}{Re} \begin{bmatrix} 0 & \tau_{xn} & \tau_{yn} & \tau_{zn} & u\tau_{xn} + v\tau_{yn} + w\tau_{zn} + q_n & J_{j,n} \end{bmatrix}^{\mathrm{T}}$$

式中，下标 j 为组元编号，取值范围 $1 \sim ns - 1$(ns 为总组元数)；$V_n = \boldsymbol{V} \cdot \boldsymbol{n}$。

B.2 雅可比矩阵及其特征值

无黏通量雅可比矩阵为

$$K \equiv \frac{\partial F}{\partial Q} = \frac{|\boldsymbol{s}|}{\Omega} \left[\begin{array}{ccc} 0 & n_x & n_y \\ n_x \alpha - u V_n & V_n + (2-\gamma) n u & n_y u - (\gamma - 1) n_x v \\ n_y \alpha - v V_n & n_x v - (\gamma - 1) n_y u & V_n + (2-\gamma) n_y v \\ n_z \alpha - w V_n & n_x w - (\gamma - 1) n_z u & n_y w - (\gamma - 1) n_z v \\ V_n \alpha - H V_n & n_x H - (\gamma - 1) u V_n & n_y H - (\gamma - 1) v V_n \\ -c_s V_n & n_x c_s & n_y c_s \end{array} \right.$$

$$
\left.\begin{matrix}
n_z & 0 & 0 \\
n_z u-(\gamma-1)\,n_x w & (\gamma-1)\,n_x & n_x\alpha_s \\
n_z v-(\gamma-1)\,n_y w & (\gamma-1)\,n_y & n_y\alpha_s \\
V_n+(2-\gamma)\,n_z w & (\gamma-1)\,n_z & n_z\alpha_s \\
n_z H-(\gamma-1)\,wV_n & V_n\gamma & V_n\alpha_s \\
n_z c_s & 0 & V_n
\end{matrix}\right]
$$

其中，$\alpha=\dfrac{\partial p}{\partial\rho}$，$\alpha_s=\dfrac{\partial p}{\partial\rho_s}$，$H=E+\dfrac{p}{\rho}$，$V_n=\boldsymbol{V}\cdot\boldsymbol{n}$。

K 的特征值为 $\lambda_1=\lambda_2=\lambda_3=\lambda_s=\dfrac{|\boldsymbol{s}|}{\Omega}V_n$，$\lambda_4=\dfrac{|\boldsymbol{s}|}{\Omega}(V_n+\theta)$，$\lambda_5=\dfrac{|\boldsymbol{s}|}{\Omega}(V_n-\theta)$，其中，$\theta=\sqrt{\gamma\dfrac{p}{\rho}}$。

雅可比矩阵 K 特征分裂为

$$
K=R\Lambda(\lambda_i)\,L
$$

$$
R=\frac{1}{\theta}\left[\begin{matrix}
n_x & n_y & n_z \\
n_x u & n_y u+n_z\theta & n_z u-n_y\theta \\
n_x v-n_z\theta & n_y v & n_z v+n_x\theta \\
n_x w+n_y\theta & n_y w-n_x\theta & n_z w \\
V_1\theta+n_x\left(H-\dfrac{\theta^2}{\gamma-1}\right) & V_2\theta+n_y\left(H-\dfrac{\theta^2}{\gamma-1}\right) & V_3\theta+n_z\left(H-\dfrac{\theta^2}{\gamma-1}\right) \\
n_x c_s & n_y c_s & n_z c_s
\end{matrix}\right.
$$

$$
\left.\begin{matrix}
\dfrac{1}{\sqrt{2}} & \dfrac{1}{\sqrt{2}} & 0 \\
\dfrac{u+n_x\theta}{\sqrt{2}} & \dfrac{u-n_x\theta}{\sqrt{2}} & 0 \\
\dfrac{v+n_y\theta}{\sqrt{2}} & \dfrac{v-n_y\theta}{\sqrt{2}} & 0 \\
\dfrac{w+n_z\theta}{\sqrt{2}} & \dfrac{w-n_z\theta}{\sqrt{2}} & 0 \\
\dfrac{H+V_n\theta}{\sqrt{2}} & \dfrac{H-V_n\theta}{\sqrt{2}} & \dfrac{-\alpha_s}{\gamma-1} \\
\dfrac{c_s}{\sqrt{2}} & \dfrac{c_s}{\sqrt{2}} & 1
\end{matrix}\right]
$$

$$L=\frac{1}{\theta}\left[\begin{array}{ccc} n_x\left(\theta^2-\alpha\right)-V_1\theta & (\gamma-1)\,n_x u & (\gamma-1)\,n_x v-n_z\theta \\ n_y\left(\theta^2-\alpha\right)-V_2\theta & (\gamma-1)\,n_y u+n_z\theta & (\gamma-1)\,n_y v \\ n_z\left(\theta^2-\alpha\right)-V_3\theta & (\gamma-1)\,n_z u-n_y\theta & (\gamma-1)\,n_z v+n_x\theta \\ \dfrac{\alpha-V_n\theta}{\sqrt{2}} & \dfrac{-(\gamma-1)\,u+n_x\theta}{\sqrt{2}} & \dfrac{-(\gamma-1)\,v+n_y\theta}{\sqrt{2}} \\ \dfrac{\alpha+V_n\theta}{\sqrt{2}} & \dfrac{-(\gamma-1)\,u-n_x\theta}{\sqrt{2}} & \dfrac{-(\gamma-1)\,v-n_y\theta}{\sqrt{2}} \\ -\theta^2 c_s & 0 & 0 \end{array}\right.$$

$$\left.\begin{array}{ccc} (\gamma-1)\,n_x w+n_y\theta & -n_x(\gamma-1) & -n_x\alpha_s \\ (\gamma-1)\,n_y w-n_x\theta & -n_y(\gamma-1) & -n_y\alpha_s \\ (\gamma-1)\,n_z w & -n_z(\gamma-1) & -n_z\alpha_s \\ \dfrac{-(\gamma-1)\,w+n_z\theta}{\sqrt{2}} & \dfrac{\gamma-1}{\sqrt{2}} & \dfrac{\alpha_s}{\sqrt{2}} \\ \dfrac{-(\gamma-1)\,w-n_z\theta}{\sqrt{2}} & \dfrac{\gamma-1}{\sqrt{2}} & \dfrac{\alpha_s}{\sqrt{2}} \\ 0 & 0 & \theta^2 \end{array}\right]$$

B.3　以特征值表达的雅可比矩阵

$$K(\lambda)=S\begin{bmatrix} k_{11} & k_{12} & k_{13} & k_{14} & k_{15} & k_{1s} \\ k_{21} & k_{22} & k_{23} & k_{24} & k_{25} & k_{2s} \\ k_{31} & k_{32} & k_{33} & k_{34} & k_{35} & k_{3s} \\ k_{41} & k_{42} & k_{43} & k_{44} & k_{45} & k_{4s} \\ k_{51} & k_{52} & k_{53} & k_{54} & k_{55} & k_{5s} \\ k_{s1} & k_{s2} & k_{s3} & k_{s4} & k_{s5} & k_{ss} \end{bmatrix}$$

令

$$X_1=\frac{2\lambda_1-\lambda_4-\lambda_5}{2\theta^2},\quad X_2=\frac{\lambda_4-\lambda_5}{2\theta}$$

则矩阵 $K(\lambda)$ 中各项为 (下标 $j=s+5$，$m=i+5$，i、s 取值范围为 $1\sim ns-1$)

$$k_{11}=\lambda_1-\alpha X_1-V_n X_2$$

$$k_{21}=\left(\theta^2 n_x V_n-\alpha u\right)X_1+\left(\alpha n_x-uV_n\right)X_2$$

$$k_{31}=\left(\theta^2 n_y V_n-\alpha v\right)X_1+\left(\alpha n_y-vV_n\right)X_2$$

$$k_{41}=\left(\theta^2 n_z V_n-\alpha w\right)X_1+\left(\alpha n_z-wV_n\right)X_2$$

$$k_{51} = \left[V_n^2\theta^2 - \alpha\left(h + \frac{V^2}{2}\right)\right]X_1 + V_n\left[\alpha - \left(h + \frac{V^2}{2}\right)\right]X_2$$

$$k_{j1} = -c_s\left[\alpha X_1 + V_n X_2\right]$$

$$k_{12} = (\gamma - 1)\,uX_1 + n_x X_2$$

$$k_{22} = \lambda_1 + \left[(\gamma - 1)\,uu - n_x n_x\theta^2\right]X_1 + \left[n_x u - (\gamma - 1)\,n_x u\right]X_2$$

$$k_{32} = \left[(\gamma - 1)\,uv - n_x n_y\theta^2\right]X_1 + \left[n_x v - (\gamma - 1)\,n_y u\right]X_2$$

$$k_{42} = \left[(\gamma - 1)\,uw - n_x \cdot n_z\theta^2\right]X_1 + \left[n_x w - (\gamma - 1)\,n_z u\right]X_2$$

$$k_{52} = \left[(\gamma - 1)\,u\left(h + \frac{V^2}{2}\right) - \theta^2 n_x V_n\right]X_1 + \left[n_x\left(h + \frac{V^2}{2}\right) - (\gamma - 1)\,V_n u\right]X_2$$

$$k_{j2} = c_s\left[(\gamma - 1)\,uX_1 + n_x X_2\right]$$

$$k_{13} = (\gamma - 1)\,vX_1 + n_y X_2$$

$$k_{23} = \left[(\gamma - 1)\,uv - n_x n_y\theta^2\right]X_1 + \left[n_x v - (\gamma - 1)\,n_y u\right]X_2$$

$$k_{33} = \lambda_1 + \left[(\gamma - 1)\,vv - n_y n_y\theta^2\right]X_1 + \left[n_y v - (\gamma - 1)\,n_y v\right]X_2$$

$$k_{43} = \left[(\gamma - 1)\,vw - n_y n_z\theta^2\right]X_1 + \left[n_z v - (\gamma - 1)\,n_y w\right]X_2$$

$$k_{53} = \left[(\gamma - 1)\,v\left(h + \frac{V^2}{2}\right) - \theta^2 n_y V_n\right]X_1 + \left[n_y\left(h + \frac{V^2}{2}\right) - (\gamma - 1)\,V_n v\right]X_2$$

$$k_{j3} = c_s\left[(\gamma - 1)\,vX_1 + n_y X_2\right]$$

$$k_{14} = (\gamma - 1)\,wX_1 + n_z X_2$$

$$k_{24} = \left[(\gamma - 1)\,uw - n_x n_z\theta^2\right]X_1 + \left[n_z u - (\gamma - 1)\,n_x w\right]X_2$$

$$k_{34} = \left[(\gamma - 1)\,vw - n_y n_z\theta^2\right]X_1 + \left[n_z v - (\gamma - 1)\,n_y w\right]X_2$$

$$k_{44} = \lambda_1 + \left[(\gamma - 1)\,ww - n_z n_z\theta^2\right]X_1 + \left[n_z w - (\gamma - 1)\,n_z w\right]X_2$$

$$k_{54} = \left[(\gamma - 1)\,w\left(h + \frac{V^2}{2}\right) - \theta^2 n_z V_n\right]X_1 + \left[n_z\left(h + \frac{V^2}{2}\right) - (\gamma - 1)\,V_n w\right]X_2$$

$$k_{j4} = c_s\left[(\gamma - 1)\,wX_1 + n_z X_2\right]$$

$$k_{15} = -(\gamma - 1)\,X_1$$

$$k_{25} = (\gamma - 1)\,(-uX_1 + n_x X_2)$$

$$k_{35} = (\gamma - 1)\,(-vX_1 + n_y X_2)$$

$$k_{45} = (\gamma - 1)\,(-wX_1 + n_z X_2)$$

$$k_{55} = \lambda_1 + (\gamma - 1)\left[-\left(h + \frac{V^2}{2}\right)X_1 + V_n X_2\right]$$

$$k_{j5} = -c_s\,(\gamma - 1)\,X_1$$

$$k_{1j} = -\alpha_s X_1$$

$$k_{2j} = \alpha_s \left(-uX_1 + n_x X_2\right)$$

$$k_{3j} = \alpha_s \left(-vX_1 + n_y X_2\right)$$

$$k_{4j} = \alpha_s \left(-wX_1 + n_z X_2\right)$$

$$k_{5j} = \alpha_s \left[-\left(h + \frac{V^2}{2}\right) X_1 + V_n X_2\right]$$

$$k_{jm} = \begin{cases} -c_s \alpha_i X_1, & s \neq i \\ \lambda_1 - c_s \alpha_i X_1, & s = i \end{cases}$$

B.4　以特征值表达的无黏通量

$$F = \left[F_{n1}, F_{n2}, F_{n3}, F_{n4}, F_{n5}, F_{nj}\right]^{\mathrm{T}}$$

其中, 下标 $j = s + 5$，s 取值范围为 $1 \sim ns - 1$。则

$$F_{n1} = \frac{\rho}{\gamma} \left[(\gamma - 1)\lambda_1 + \frac{\lambda_4 + \lambda_5}{2}\right]$$

$$F_{n2} = F_{n1} u + n_x \frac{\rho}{\gamma} \frac{\lambda_4 - \lambda_5}{2}$$

$$F_{n3} = F_{n1} v + n_y \frac{\rho}{\gamma} \frac{\lambda_4 - \lambda_5}{2}$$

$$F_{n4} = F_{n1} w + n_z \frac{\rho}{\gamma} \frac{\lambda_4 - \lambda_5}{2}$$

$$F_{n5} = F_{n1} H - p\lambda_1 + V_n \frac{\rho}{\gamma} \frac{\lambda_4 - \lambda_5}{2}$$

$$F_{nj} = F_{n1} c_s$$

B.5　无黏通量 Van Leer 分裂表达式

定义网格面法向马赫数:

$$Ma_n = \frac{V_n}{c}$$

则

$$F = |\boldsymbol{s}| \begin{bmatrix} \rho V_n \\ \rho u V_n + p n_x \\ \rho v V_n + p n_y \\ \rho w V_n + p n_z \\ (\rho E + p) V_n \\ \rho_s V_n \end{bmatrix}$$

$$F^{+}=\begin{cases} F, & Ma_n \geqslant 1 \\ 0, & Ma_n \leqslant -1 \end{cases}$$

$$F^{-}=\begin{cases} 0, & Ma_n \geqslant 1 \\ F, & Ma_n \leqslant -1 \end{cases}$$

$$F^{\pm}=|\boldsymbol{s}|\,f_1^{\pm}\begin{bmatrix} 1 \\ u+n_x\dfrac{-V_n\pm 2c}{\gamma} \\ v+n_y\dfrac{-V_n\pm 2c}{\gamma} \\ w+n_z\dfrac{-V_n\pm 2c}{\gamma} \\ p+\dfrac{1}{2}V^2 \\ c_s \end{bmatrix},\quad -1<Ma_n<1$$

其中，s 取值范围为 $1\sim ns-1$，$f_1^{\pm}=\pm\rho c\dfrac{(Ma_n\pm 1)^2}{4}$。

附录C　化学源项及黏性通量雅可比矩阵

C.1　化学源项雅可比矩阵

$$W=\frac{\partial S}{\partial Q}=\begin{bmatrix}0&0&0&0&0&0\\0&0&0&0&0&0\\0&0&0&0&0&0\\0&0&0&0&0&0\\0&0&0&0&0&0\\\dfrac{\partial\omega_i}{\partial\rho}&\dfrac{\partial\omega_i}{\partial(\rho u)}&\dfrac{\partial\omega_i}{\partial(\rho v)}&\dfrac{\partial\omega_i}{\partial(\rho w)}&\dfrac{\partial\omega_i}{\partial(\rho E)}&\dfrac{\partial\omega_i}{\partial\rho_j}\end{bmatrix}$$

式中，

$$\frac{\partial\omega_i}{\partial\rho}=\sum_{r=1}^{nr}\frac{\partial\omega_{i,r}}{\partial\rho},\quad\frac{\partial\omega_i}{\partial(\rho u)}=\sum_{r=1}^{nr}\frac{\partial\omega_{i,r}}{\partial\rho u},\quad\frac{\partial\omega_i}{\partial(\rho v)}=\sum_{r=1}^{nr}\frac{\partial\omega_{i,r}}{\partial\rho v},$$

$$\frac{\partial\omega_i}{\partial(\rho w)}=\sum_{r=1}^{nr}\frac{\partial\omega_{i,r}}{\partial\rho w},\quad\frac{\partial\omega_i}{\partial(\rho E)}=\sum_{r=1}^{nr}\frac{\partial\omega_{i,r}}{\partial\rho E}$$

$$\begin{aligned}\frac{\partial\omega_{i,r}}{\partial\rho}=&M_i\left(\beta_{r,i}-\alpha_{r,i}\right)\left[\frac{C_{r,ns}}{M_{ns}}\left(R_{f,r}-R_{b,r}\right)+P_r\left(\frac{\alpha_{r,ns}}{\rho_{ns}}R_{f,r}+\frac{1}{k_{f,r}}\frac{\mathrm{d}k_{f,r}}{\mathrm{d}T}R_{f,r}\cdot\frac{\partial T}{\partial\rho}\right.\right.\\&\left.\left.-\frac{\beta_{r,ns}}{\rho_{ns}}R_{b,r}-\frac{1}{k_{b,r}}\frac{\mathrm{d}k_{b,r}}{\mathrm{d}T}R_{b,r}\cdot\frac{\partial T}{\partial\rho}\right)\right],\qquad\text{有碰撞体}\end{aligned}$$

$$\begin{aligned}\frac{\partial\omega_{i,r}}{\partial\rho}=&M_i\left(\beta_{r,i}-\alpha_{r,i}\right)\left[P_r\left(\frac{\alpha_{r,ns}}{\rho_{ns}}R_{f,r}+\frac{1}{k_{f,r}}\frac{\mathrm{d}k_{f,r}}{\mathrm{d}T}R_{f,r}\cdot\frac{\partial T}{\partial\rho}\right.\right.\\&\left.\left.-\frac{\beta_{r,ns}}{\rho_{ns}}R_{b,r}-\frac{1}{k_{b,r}}\frac{\mathrm{d}k_{b,r}}{\mathrm{d}T}R_{b,r}\cdot\frac{\partial T}{\partial\rho}\right)\right],\qquad\text{无碰撞体}\end{aligned}$$

$$\begin{aligned}\frac{\partial\omega_{i,r}}{\partial\rho_j}=&M_i\left(\beta_{r,i}-\alpha_{r,i}\right)\left\{\left(\frac{C_{r,j}}{M_j}-\frac{C_{r,ns}}{M_{ns}}\right)\left(R_{f,r}-R_{b,r}\right)\right.\\&+P_r\left[\left(\frac{\alpha_{r,j}}{\rho_j}-\frac{\alpha_{r,ns}}{\rho_{ns}}\right)R_{f,r}+\frac{1}{k_{f,r}}\frac{\mathrm{d}k_{f,r}}{\mathrm{d}T}R_{f,r}\cdot\frac{\partial T}{\partial\rho_j}\right.\\&\left.\left.-\left(\frac{\beta_{r,j}}{\rho_j}-\frac{\beta_{r,ns}}{\rho_{ns}}\right)R_{b,r}-\frac{1}{k_{b,r}}\frac{\mathrm{d}k_{b,r}}{\mathrm{d}T}R_{b,r}\cdot\frac{\partial T}{\partial\rho_j}\right]\right\},\qquad\text{有碰撞体}\end{aligned}$$

$$\frac{\partial\omega_{i,r}}{\partial\rho_j}=M_i\left(\beta_{r,i}-\alpha_{r,i}\right)\left\{P_r\left[\left(\frac{\alpha_{r,j}}{\rho_j}-\frac{\alpha_{r,ns}}{\rho_{ns}}\right)R_{f,r}+\frac{1}{k_{f,r}}\frac{\mathrm{d}k_{f,r}}{\mathrm{d}T}R_{f,r}\cdot\frac{\partial T}{\partial\rho_j}\right.\right.$$

$$-\left(\frac{\beta_{r,j}}{\rho_j}-\frac{\beta_{r,ns}}{\rho_{ns}}\right)R_{b,r}-\frac{1}{k_{b,r}}\frac{\mathrm{d}k_{b,r}}{\mathrm{d}T}R_{b,r}\cdot\frac{\partial T}{\partial\rho_j}\Bigg]\Bigg\},\qquad \text{无碰撞体}$$

$$\frac{\partial\omega_{i,r}}{\partial(\rho u)}=M_i(\beta_{r,i}-\alpha_{r,i})\left[P_r\left(\frac{1}{k_{f,r}}\frac{\mathrm{d}k_{f,r}}{\mathrm{d}T}R_{f,r}\cdot\frac{\partial T}{\partial(\rho u)}-\frac{1}{k_{b,r}}\frac{\mathrm{d}k_{b,r}}{\mathrm{d}T}R_{b,r}\cdot\frac{\partial T}{\partial(\rho u)}\right)\right]$$

$$\frac{\partial\omega_{i,r}}{\partial(\rho v)}=M_i(\beta_{r,i}-\alpha_{r,i})\left[P_r\left(\frac{1}{k_{f,r}}\frac{\mathrm{d}k_{f,r}}{\mathrm{d}T}R_{f,r}\cdot\frac{\partial T}{\partial(\rho v)}-\frac{1}{k_{b,r}}\frac{\mathrm{d}k_{b,r}}{\mathrm{d}T}R_{b,r}\cdot\frac{\partial T}{\partial(\rho v)}\right)\right]$$

$$\frac{\partial\omega_{i,r}}{\partial(\rho w)}=M_i(\beta_{r,i}-\alpha_{r,i})\left[P_r\left(\frac{1}{k_{f,r}}\frac{\mathrm{d}k_{f,r}}{\mathrm{d}T}R_{f,r}\cdot\frac{\partial T}{\partial(\rho w)}-\frac{1}{k_{b,r}}\frac{\mathrm{d}k_{b,r}}{\mathrm{d}T}R_{b,r}\cdot\frac{\partial T}{\partial(\rho w)}\right)\right]$$

$$\frac{\partial\omega_{i,r}}{\partial(\rho E)}=M_s(\beta_{r,i}-\alpha_{r,i})\left[P_r\left(\frac{1}{k_{f,r}}\frac{\mathrm{d}k_{f,r}}{\mathrm{d}T}R_{f,r}\cdot\frac{\partial T}{\partial(\rho E)}-\frac{1}{k_{b,r}}\frac{\mathrm{d}k_{b,r}}{\mathrm{d}T}R_{b,r}\cdot\frac{\partial T}{\partial(\rho E)}\right)\right]$$

其中，$P_r=\begin{cases}\displaystyle\sum_{j=1}^{ns}C_{r,j}\left(\frac{\rho_j}{M_j}\right), & \text{有碰撞体}\\ 1, & \text{无碰撞体}\end{cases}$

C.2 黏性通量雅可比矩阵及其分裂

记网格单元面的法向单位向量为 $\boldsymbol{n}$，两个切向单位向量分别为 $\boldsymbol{t}$、$\boldsymbol{r}$，定义当地坐标系 $(\boldsymbol{n},\boldsymbol{t},\boldsymbol{r})$。当地坐标系和直角坐标系之间有转换矩阵 R：

$$R=\begin{bmatrix}1&&&&&\\&n_x&n_y&n_z&&\\&t_x&t_y&t_z&&\\&r_x&r_y&r_z&&\\&&&&1&\\&&&&&1\end{bmatrix},\quad R^{-1}=\begin{bmatrix}1&&&&&\\&n_x&t_x&r_x&&\\&n_y&t_y&r_y&&\\&n_z&t_z&r_z&&\\&&&&1&\\&&&&&1\end{bmatrix}$$

记当地坐标系和直角坐标系下的原始变量分别为 H_n 和 H：

$$H_n=\begin{bmatrix}\rho\\u_n\\u_t\\u_r\\T\\c_j\end{bmatrix},\quad H=\begin{bmatrix}\rho\\u\\v\\w\\T\\c_j\end{bmatrix}$$

则

$$
N \equiv \frac{\partial H}{\partial Q} = \begin{bmatrix}
1 & 0 & 0 & 0 & 0 & 0 \\
-\frac{u}{\rho} & \frac{1}{\rho} & 0 & 0 & 0 & 0 \\
-\frac{v}{\rho} & 0 & \frac{1}{\rho} & 0 & 0 & 0 \\
-\frac{w}{\rho} & 0 & 0 & \frac{1}{\rho} & 0 & 0 \\
\frac{\partial T}{\partial \rho} & \frac{\partial T}{\partial (\rho u)} & \frac{\partial T}{\partial (\rho v)} & \frac{\partial T}{\partial (\rho w)} & \frac{\partial T}{\partial (\rho E)} & \frac{\partial T}{\partial \rho_k} \\
-\frac{c_j}{\rho} & 0 & 0 & 0 & 0 & \frac{\delta_{jk}}{\rho}
\end{bmatrix}
$$

其中，下标 j、k 为组元编号，当 $j=k$ 时 δ_{jk}=1，$j \neq k$ 时 δ_{jk}=0。

当地坐标系下通过网格单元面的黏性通量为

$$
F_{vn} = R \cdot F_v |\boldsymbol{s}| = |\boldsymbol{s}| \begin{bmatrix}
0 \\
\tau_{nn} \\
\tau_{nt} \\
\tau_{nr} \\
\tau_{nn} u_n + \tau_{nt} u_t + \tau_{nr} u_r + \kappa \frac{\partial T}{\partial n} + \sum_{j=1}^{ns} h_j \rho D_j \frac{\partial c_j}{\partial n} \\
\rho D_j \frac{\partial c_j}{\partial n}
\end{bmatrix}
$$

式中，κ 为热传导系数。在薄层近似下，F_{vn} 简化为

$$
\begin{aligned}
F_{vn} &\approx |\boldsymbol{s}| \begin{bmatrix}
0 \\
(\lambda + 2\mu) \frac{\partial u_n}{\partial n} \\
\mu \frac{\partial u_t}{\partial n} \\
\mu \frac{\partial u_r}{\partial n} \\
(\lambda + 2\mu) \frac{\partial u_n}{\partial n} u_n + \mu \frac{\partial u_t}{\partial n} u_t + \mu \frac{\partial u_r}{\partial n} u_r + \kappa \frac{\partial T}{\partial n} + \sum_{j=1}^{ns} h_j \rho D_j \frac{\partial c_j}{\partial n} \\
\rho D_j \frac{\partial c_j}{\partial n}
\end{bmatrix} \\
&= M \frac{\partial H_n}{\partial n} |\boldsymbol{s}|
\end{aligned}
$$

其中，

$$M = \begin{bmatrix} 0 & 0 & 0 & 0 & 0 & 0 \\ 0 & \lambda+2\mu & 0 & 0 & 0 & 0 \\ 0 & 0 & \mu & 0 & 0 & 0 \\ 0 & 0 & 0 & \mu & 0 & 0 \\ 0 & (\lambda+2\mu)\,u_n & \mu u_t & \mu u_r & \kappa & h_k\rho D_k - h_{ns}\rho D_{ns} \\ 0 & 0 & 0 & 0 & 0 & \delta_{jk}\rho D_k \end{bmatrix}$$

故

$$F_v = R^{-1}F_{vn} \approx \frac{R^{-1}MRN}{\Delta l}\left(Q_R - Q_L\right)|\boldsymbol{s}|$$

其中，Δl 是从左侧到右侧的有向距离，可近似计算为

$$\Delta l = \frac{S_n}{\Omega_n} = \frac{2S_n}{\Omega_L + \Omega_R}$$

故黏性通量的雅可比矩阵为 $\dfrac{\partial F_v}{\partial Q_R} = L$, $\dfrac{\partial F_v}{\partial Q_L} = -L$，则

$$L = \frac{|\boldsymbol{s}|\,\mu}{\rho\Delta l}\begin{bmatrix} 0 & 0 & 0 & 0 \\ -\frac{1}{3}u_n n_x - u & \frac{1}{3}n_x^2 + 1 & \frac{1}{3}n_x n_y & \frac{1}{3}n_x n_z \\ -\frac{1}{3}u_n n_y - v & \frac{1}{3}n_y n_x & \frac{1}{3}n_y^2 + 1 & \frac{1}{3}n_y n_z \\ -\frac{1}{3}u_n n_z - w & \frac{1}{3}n_z n_x & \frac{1}{3}n_z n_y & \frac{1}{3}n_z^2 + 1 \\ -\left(\frac{1}{3}u_n^2 + V^2\right) + \rho\frac{\kappa}{\mu}\frac{\partial T}{\partial \rho} & \left(\frac{1}{3}u_n n_x + u\right) + \rho\frac{\kappa}{\mu}\frac{\partial T}{\partial \rho u} & \left(\frac{1}{3}u_n n_y + v\right) + \rho\frac{\kappa}{\mu}\frac{\partial T}{\partial \rho v} & \left(\frac{1}{3}u_n n_z + w\right) + \rho\frac{\kappa}{\mu}\frac{\partial T}{\partial \rho w} \\ -c_j\frac{\rho D_j}{\mu} & 0 & 0 & 0 \end{bmatrix}$$

$$
\begin{matrix}
0 & 0 \\
0 & 0 \\
0 & 0 \\
0 & 0 \\
\rho\dfrac{\kappa}{\mu}\dfrac{\partial T}{\partial \rho E} & \rho\dfrac{\kappa}{\mu}\dfrac{\partial T}{\partial \rho_k} + h_k\dfrac{\rho D_k}{\mu} - h_{ns}\dfrac{\rho D_{ns}}{\mu} \\
0 & \delta_{jk}\dfrac{\rho D_k}{\mu}
\end{bmatrix}
$$

则黏性雅可比矩阵可分裂为 $L^{\pm} = \mp L$。

附录D 结构网格半自动生成工具 AutoMesh

一般来说，复杂外形需要借助网格软件手动生成结构网格，但通常需要较长的时间周期，尤其是在应用 GPU 异构算法后，CFD 仿真周期极大地缩短，结构网格生成周期长的缺点被进一步放大了。

AutoMesh 采用法向平均推进的结构网格代数生成方法，在手动生成飞行器表面网格的基础上可自动生成空间结构网格。

假如已知第 m 层网格点，则第 $m+1$ 层网格可按给定推进距离和推进方向确定：

$$\boldsymbol{P}^{m+1}=\boldsymbol{P}^{m}+\Delta l^{m}\boldsymbol{n}^{m} \tag{D.1}$$

其中，为了确保网格正交性和均匀性，第 m 层推进方向可由第 $m-1$ 层推进方向加权平均得到：

$$\boldsymbol{n}_{i,j}^{m}=w_0\boldsymbol{n}_{i,j}^{m-1}+w_1\left(\boldsymbol{n}_{i-1,j}^{m-1}+\boldsymbol{n}_{i+1,j}^{m-1}\right)+w_2\left(\boldsymbol{n}_{i,j-1}^{m-1}+\boldsymbol{n}_{i,j+1}^{m-1}\right) \tag{D.2a}$$

w_0、w_1、w_2 为权重因子，由用户输入。m 取值范围为 $2\sim M-1$ (M 为指数加密网格层数)；$m=1$ 时为物面，推进方向由物面法向确定。

第 m 层推进距离则可根据需要分三段：物面及外围均匀分布、中间段指数加密

$$\Delta l^{m}=\frac{l}{\mathrm{e}^{r}-1}\left(\mathrm{e}^{r\frac{m}{M-1}}-\mathrm{e}^{r\frac{m-1}{M-1}}\right) \tag{D.3}$$

其中，l 为推进路径总长度，r 为加密因子。一般超声速、高超声速流场仿真的物面法向第一排网格间距 Δl^1 应根据流场条件由用户输入，则有

$$\Delta l^{1}=\frac{l}{\mathrm{e}^{r}-1}\left(\mathrm{e}^{r\frac{m}{M-1}}-1\right) \tag{D.4}$$

给定最后一层网格面的函数，则由式 (D.1)、式 (D.2a)、式 (D.3) 和式 (D.4) 最终确定 l、r(由于无法建立简单函数关系，需迭代求解)，然后获得各层网格点位置矢量 $\boldsymbol{P}$。

当飞行器外形比较复杂时，上述算法并不能确保相邻法向网格线相交，故将式 (D.2a) 改为多次平均：

$$\begin{cases}\boldsymbol{n}_{i,j}^{(0)}=\boldsymbol{n}_{i,j}^{m-1}\\ \boldsymbol{n}_{i,j}^{(k)}=w_0\boldsymbol{n}_{i,j}^{(k-1)}+w_1\left(\boldsymbol{n}_{i-1,j}^{(k-1)}+\boldsymbol{n}_{i+1,j}^{(k-1)}\right)+w_2\left(\boldsymbol{n}_{i,j-1}^{(m-1)}+\boldsymbol{n}_{i,j+1}^{(m-1)}\right)\\ \boldsymbol{n}_{i,j}^{m}=\boldsymbol{n}_{i,j}^{(k_{\max})}\end{cases} \tag{D.2b}$$

其中，平均次数 $k_{\max}$ 由用户输入。

对于多区对接结构网格，对接边界处的推进方向需取相邻网格的对接边界推进方向的平均值，以免由误差积累导致相邻网格块在对接边界处产生错位；同理，多区相接的角点，需对所有涉及的网格块角点推进方向做平均处理。

这种代数网格方法通用性并不好，但如果飞行器表面无细长的突起物或凹坑，通过调整权重系数、推进方向平均次数，一般都能生成质量较好的结构网格。而且，由于可方便地控制附面层网格分布，且网格生成周期短 (在积累一定使用经验的前提下，一般只需几分钟即可在已有表面网格的基础上完成空间结构网格生成)，在气动热、摩阻等对附面层网格分布敏感的问题研究中使用较方便。